关系的建筑学

原 作 2010–2021 创 作 实 践

Architecture in Relations

Selected Works of the Original Design Studio, 2010-2021

章 明　张 姿　著

关系的建筑学

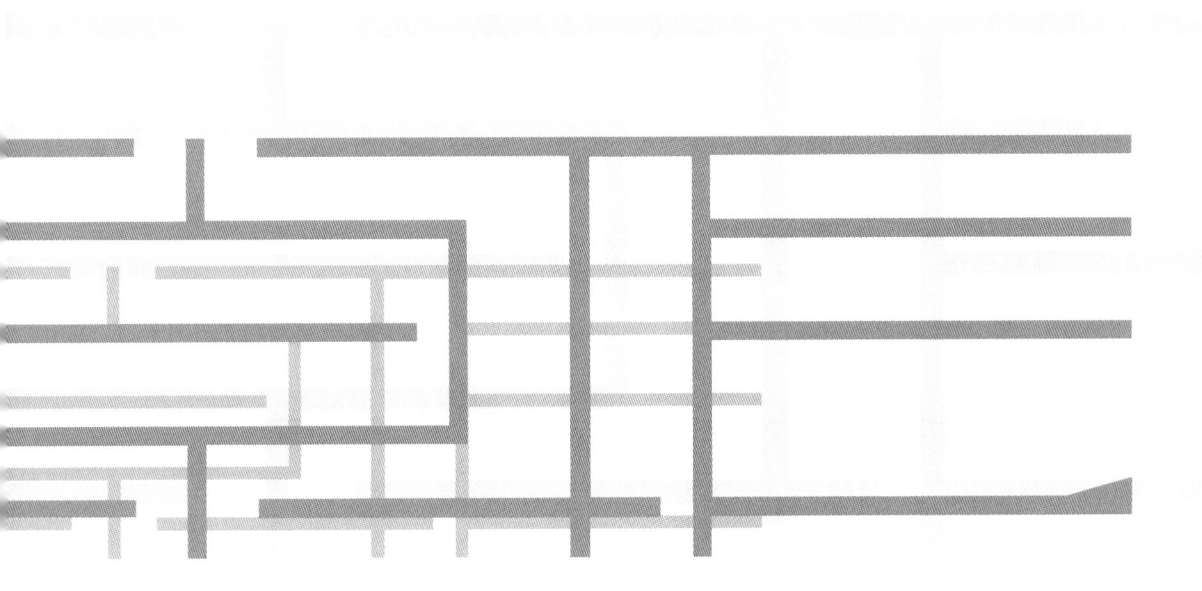

原作2010–2021创作实践

章明 张姿 著

中国建筑工业出版社

FOREWORD: FORM FOLLOWS THOUGHT

序言：形式追随思想

郑时龄

建筑师是工程师，是艺术家，也是思想家，建筑师无所不能，建筑师所创造的艺术是一种综合各种艺术的总体艺术。日本建筑师伊东丰雄认为："建筑师的范畴已经扩展，我发现自己从事许多领域的工作，当然有建筑，也包括城市规划、展示设计、家具设计和产品设计。我也撰写建筑思想和建筑批评。尽管如此，我把自己称作建筑师。"这段话用来描述原作设计工作室正合适。

由青年建筑师章明和张姿创建的原作设计工作室近年来在建筑创作领域十分活跃，设计了一批优秀的建筑和城市景观。同时，也以多元的方式探讨建筑的哲理，不仅用作品表达思想，也用散文、绘画和展览加以阐述。形式被表现为追随功能，表现为追随形式，甚至表现为追随利润。而原作设计工作室的作品形式源自于思想，正如西班牙当代建筑师巴埃萨所说："建筑是通过形式表达的思想。"

原作设计工作室在建筑师事务所中属于中等规模，而作品的数量和获得的国内外建筑奖项极为可观，可以说建筑界的奖项都落在了这家建筑师事务所上。他们的作品涵盖了城市设计、项目策划、博物馆、美术馆、文化中心、市民活动中心、公园景观、滨水景观、景观建筑、旧建筑改造、工业遗存更新等。既参展，也策展；既设计，也教学；既在学校，也积极参与社会工作，广泛参与学术活动。在2019年担任杨浦滨江城市空间艺术季的总建筑师时，原作也与艺术家和规划师共同工作，创造了优异的成绩。为何他们的作品如此丰富多彩而又充满活力？正如宋代思想家朱熹所赞颂的"为有源头活水来"，思想的源泉赋予建筑师神性般的魔力。原作设计工作室的实践代表了当代青年建筑师的一个发展方向，既埋头于创作实践，又抬头仰望未来，既思考作品的结构和内涵，也思考建筑的意义。

原作设计工作室的设计思想源自对建筑理想的探索，源自与环境的融合，以及对环境的感悟，舒展的散文般对建筑的领悟，就是以诗意的形式表达建筑的意义，伴随着每一件作品的是创作的构思和设计的过程，思想的火花经常在闪光。用散文可以不拘泥于形式，随感而发，可深邃，亦可浅涉，可长篇大论，亦可点到为止。环境被理解为关系和情境，成为设计的前置，任由思想在空间之中驰骋，宛如自然有机生成的形式跃然于建筑师的脑海中，散放出智慧和异样的光彩。作品有可能淹没在历史的大海中，而思想则会成为无形的丰碑永存。

郑时龄

2021 年 5 月 14 日

PREFACE: ESSAYS OF RELATION

前言：关系的散文

章明/张姿

偏爱散文的原因，是因其不拘韵律，不雕章琢句、铺采摛文，不着意堆砌典故。“一石之嶙，可以为文。一水之波，可以写意。一花之瓣，可以破题。”[1]它的灵活疏放、散漫不拘、见闻感悟，十分契合我们对建筑的理解。

散文不似小说，需周全完整的情节，一切有因有果，线索明晰，结尾是个周正的句号。散文不似戏剧，需跌宕起伏的冲突，谋篇布局，抑扬顿挫，处处是大写的问号。散文不似诗歌，需淋漓尽致的情怀，有情有境，结尾是粗重的感叹号。散文则可大可小，可长可短，可急可徐，结尾是个意味深长的省略号。

散文的疏放，便于我们从充满逻辑的谋局与大秩序中脱身出来，将关系明显地“前置”于本体之上。从略带松散的局部关系入手，以局部的勾连形成整体的混全。局部的生成建立在自我生长的意义之上，但并不妨碍整体呈现出更多的可能性与丰富度。此谓关系的“前置”。

散文的散漫，便于我们以“游目”的方式看待周遭。在非同时、非同地的景物片段中，局部的关系有如展开式的画卷先后呈现。它们虽然并置于场所之中，却动态地透露出层层递进的关系，最后在人的意识之中形成各自能动性的关联，从而滋生出混全的整体观想。此谓关系的动态。

散文的感悟，便于我们进入一个渐次打开的世界，于循序渐进中呈现舒卷而出的气场。它使我们不再热衷于描述“已经发生的事”，而在于描写“可能发生的事”。对场所可能性的挖掘、对局部间关系的创造性阐释才是最耐人寻味之所在。它使那些埋没于日常的诗意层面得以觉醒。此谓关系的诗学。

CONTENTS

目录

MEDITATION OF RELATION
关系的观想

THE POETICS OF RELATION
关系的诗学

关系的前置

PREPOSITION OF RELATION

有如黑白两色的棋局，棋子本身没有本质的差别，每个棋子的作用是由进入棋盘后的具体位置及棋子间产生的相互关系决定的。它们的码放方式、移动方式体现出中国式谋局的智慧。

– 将关系明显地置于本体之上

- THE OBVIOUS PREPOSITION OF RELATION ABOVE THE NOUMENON

– 不间断的关系与局部的游离

- CONTINUOUS RELATION AND PARTIAL DISSOCIATION

– 局部的简单与整体的复杂

- SIMPLICITY OF THE PART AND COMPLEXITY OF THE WHOLE

– 局部关系的自发生成

- THE SPONTANEOUS GENERATION OF THE RELATION OF PARTS

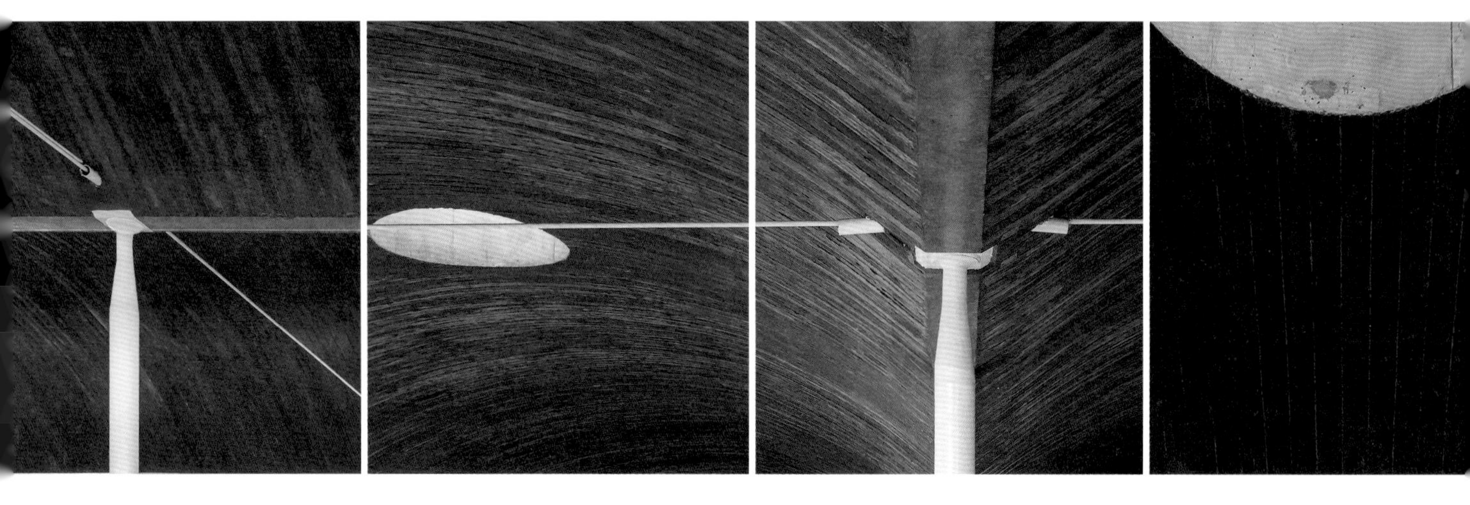

– 将关系明显地置于本体之上

- THE OBVIOUS PREPOSITION OF RELATION ABOVE THE NOUMENON

圆窗洞

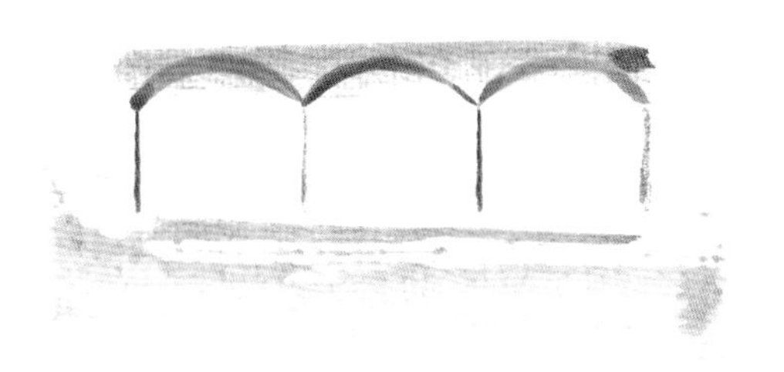

M2 TOURIST TERMINAL

M2 游船码头

码头，是陆地与水面之间的界面，人与货物在这里或是开启，或是终结一段旅程，这使得码头既是空间上的又是时间上的转换口。上海是个飞速发展的城市，白莲泾M2游船码头的出现成为一个锚固点，架起水面与陆地之间的桥梁，嵌入城市的历史与未来，它设计的开始是为了织补滨水公共空间的一个断点。

上海市浦东新区世博大道 970 号 · 2016.08 – 2017.08 · 7230m^2

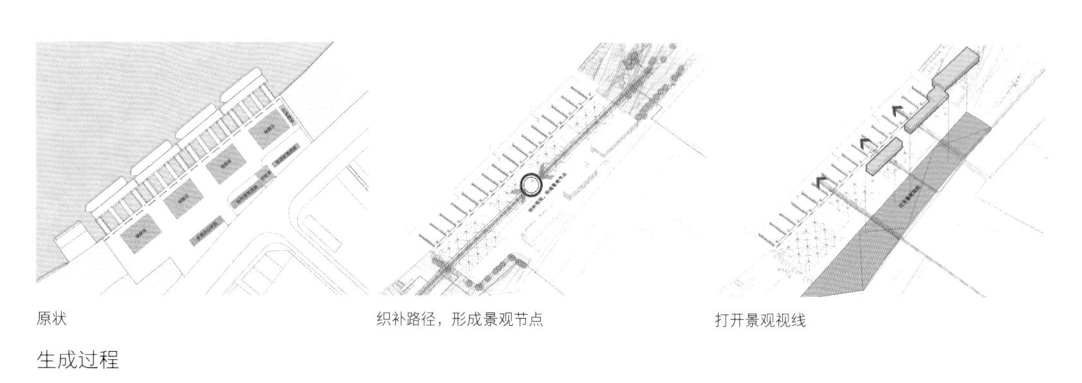

原状　　织补路径，形成景观节点　　打开景观视线

生成过程

1. 访

阴天，上海白莲泾，刚刚竣工的M2游船码头。

两排朴树标记出了主入口前的小广场，广场两侧是倾斜而上的草坡，只有入口向后退缩进了背后的光明里。广场的黑色沥青铺地微微抬升，向上蔓延。远处，入口的玻璃门后，依稀透出了波浪形滚滚向前的屋顶。这一切，都牵引着人想要探索门后的世界。

当玻璃门在身后缓缓合上，连拱、梭柱与拉索的世界在眼前渐次展开，内庭院将承接的天光渲染弧形的切口，落水链滴答着回应昨夜的雨水，空气里浸润着一个异质而又熟悉的景象："……意大利文化里，房子如同废墟，所有的拱券，纯净的虚空，开放的空间，都向天空敞开"[1]3。

文森特·斯卡利认为，古罗马建筑的本质是晕染环境空间和使用自足的结构[1]10。而这也是M2游船码头形式背后所表现的。那么，它所要晕染的环境空间是什么？它对于结构的设想又是什么？

码头候船大厅夜景

码头与水面的关系

梭柱与拉杆体系示意图

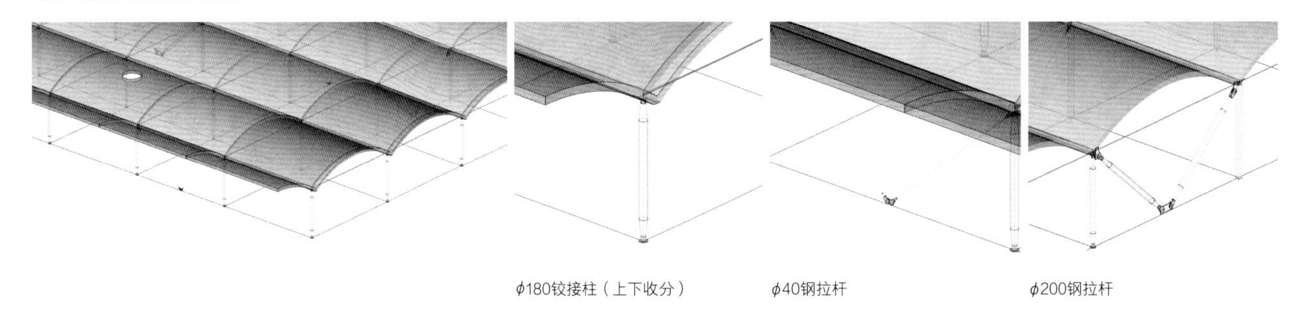

ϕ180铰接柱（上下收分）　ϕ40钢拉杆　ϕ200钢拉杆

2．织补

曾经的世博亭临时建筑权且用作候船亭，靠近道路的地方建设了三栋条状的2层临时板楼充作世博办公用房、临时售票用房和现场管理用房，中间夹杂着安检亭。

然而这也为白莲泾码头的再造提供了两个关键性的出发点：其一是在东西方向上，衔接两侧的城市公园，与城市滨江景观体系编织在一起，也就是说，码头还要承担滨水公共休憩空间的功能；其二则是在南北方向上，打开面江的景观视线，从城市腹地既能快速下到江边码头，也能共享亲水氛围。前者是码头作为一个界面，对陆地与水面呈现的姿态；后者是码头作为一个衔接，对陆地与水面完成的转换。

因此，设计问题转化为一个单层建筑如何在尽可能压低层高的限制条件下，既满足候船大厅作为公共建筑的净高要求，又能满足上方景观廊道植物的覆土需求。

答案是连拱。对于下方的候船空间而言，拱券从起拱点到拱顶的高度变化是在竭尽全力争取室内空间的净高，能够缓解高度限制下大空间中可能造成的压抑，形成更为丰富的空间效果；而对于上方的景观体系来说，能够利用拱与拱之间下凹的部分进行覆土，获得更多的覆土高度，从而反过来有利于下方的净高。

超过300m的筒拱体量

五连拱

3.“弧”步舞

M2游船码头对拱的使用是在建筑层面上实现城市策略。回到设计问题中对于高度的限制。一方面要保证候船大厅的室内净高，另一方面要降低覆土高度以减小对江景的影响，这就要求结构板尽量薄，同时又要具有一定的刚度和荷载能力。薄壳拱是实现这种城市策略的切入点。这种拱最初可以追溯至古罗马时期，它是以薄砖和快干、高黏性的砂浆形成弧度较小的薄壳，由于砖与砂浆的整体性好，侧推力小，传力清晰，因而具有用料少、厚度薄、结构稳定的优点[2]。而当代混凝土整体现浇技术为达到这一要求提供了有力保证，使得薄壳真正实现了整体性。

经过结构计算，M2游船码头候船大厅以混凝土壳屋盖+钢索框架—屈曲约束为结构体系，基于传统的薄壳拱又超脱其上。连拱采用200mm混凝土薄壳，并以上翻反梁在屋面上形成井格状，作为二层种植池、铺地层和排水沟。为了使结构轻盈，降低净高，在水平方向上辅以贯通的拉杆体系来平衡拱的侧推力，通过柱头上的接口共同落在下方的支撑梭柱上，使得直径180mm的梭柱仅承受竖向轴力，完成了主体结构体系。同时为了达到抗震要求，采用了直径180mm和直径40mm的屈曲约束支撑，也通过柱头上的接口搭接在梭柱上，使得垂直与水平方向的结构成为一体。M2游船码头的结构设计将注意力从单个拱转向了拱的体系，从降低拱板厚度出发，使用了与之相匹配的拉杆、梭柱和支撑，形成一个轻盈的系统，完成了薄壳拱结构体系的当代进化。

设计逻辑推演

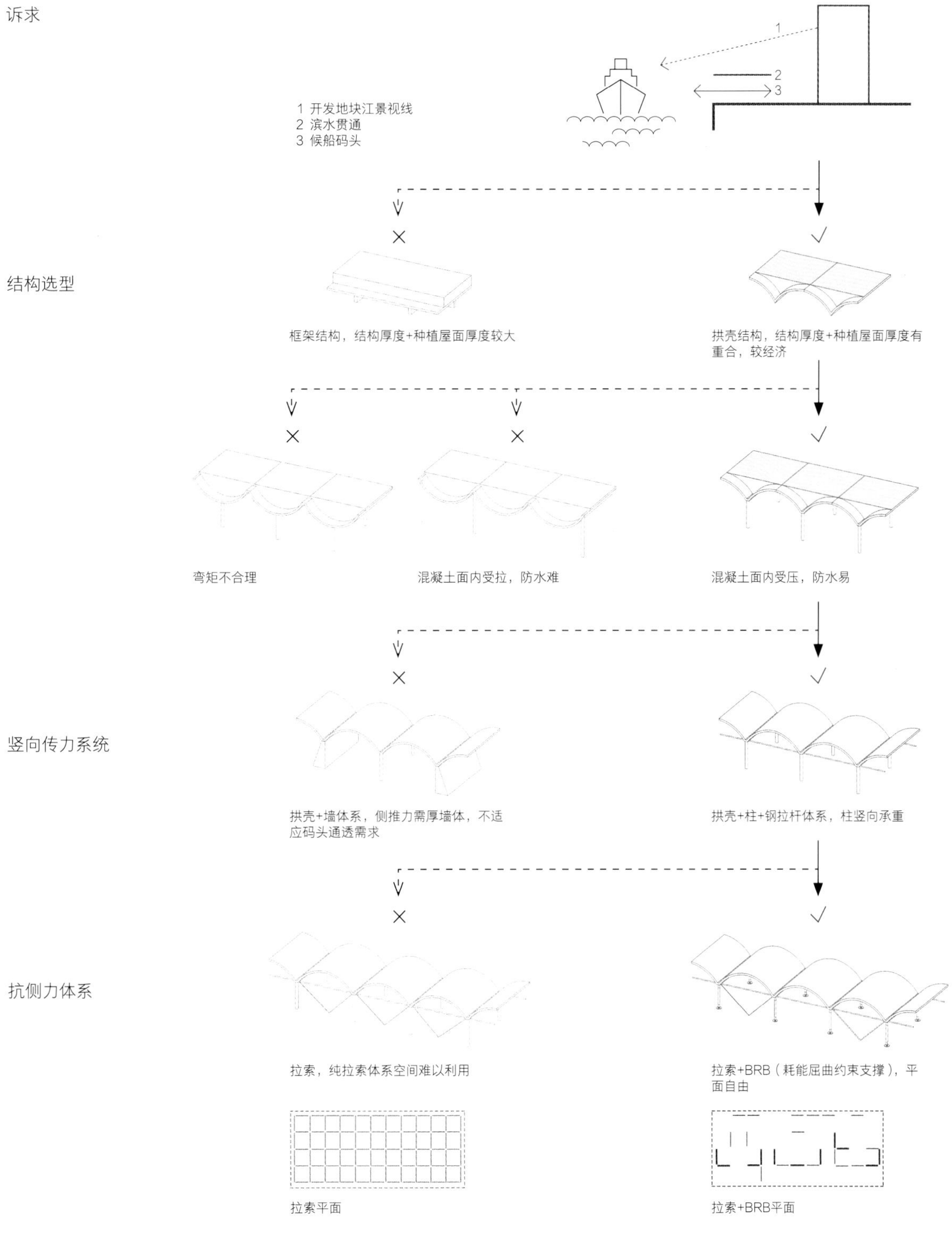

诉求

1
2
3

1 开发地块江景视线
2 滨水贯通
3 候船码头

×
√

结构选型

框架结构，结构厚度+种植屋面厚度较大

拱壳结构，结构厚度+种植屋面厚度有重合，较经济

×
×
√

弯矩不合理

混凝土面内受拉，防水难

混凝土面内受压，防水易

×
√

竖向传力系统

拱壳+墙体系，侧推力需厚墙体，不适应码头通透需求

拱壳+柱+钢拉杆体系，柱竖向承重

×
√

抗侧力体系

拉索，纯拉索体系空间难以利用

拉索+BRB（耗能屈曲约束支撑），平面自由

拉索平面

拉索+BRB平面

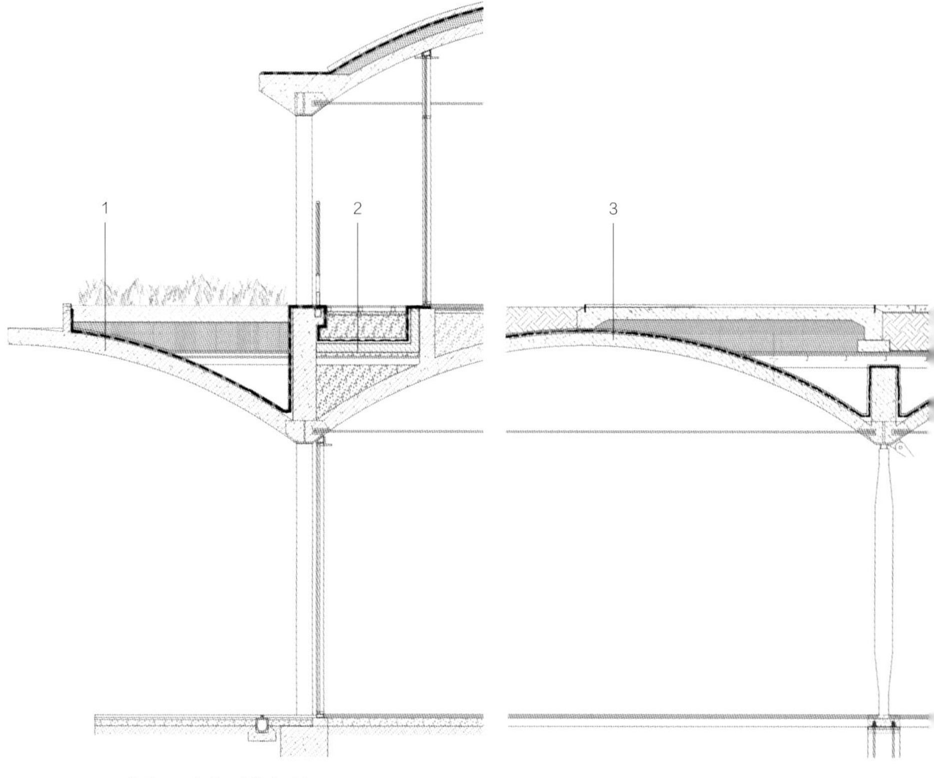

M2游船码头典型节点剖面

1

200厚种植土
土工布
疏水板
泡沫混凝土垫层
15厚胶合板+80厚C30ϕ8@150厚单层双向钢筋混凝土板置于拉结钢板上（有结构钢板处）
40厚C20细石混凝土保护层
4厚聚酯胎基化学阻根型改性沥青耐穿刺防水卷材
3厚SBS改性沥青防水卷材（聚酯胎）
2厚聚合物水泥防水涂料
钢筋混凝土楼面

2

20厚复合企口
防腐木地板50×50木龙骨@400防腐漆涂刷
50厚C20细石混凝土垫层
泡沫混凝土垫层
30厚C20细石混凝土保护层
4厚聚酯胎基化学阻根型改性沥青耐穿刺防水卷材
30厚C20细石混凝土保护层
110厚泡沫玻璃保温层
泡沫混凝土，漫过拉结钢板
2厚聚合物水泥防水涂料
钢筋混凝土楼面

3

环氧漆，做法同高架步道
120厚钢筋混凝土板。ϕ8@150单层双向
轻质EPS板垫层
20厚DP20水泥砂浆保护层
4厚聚酯胎基化学阻根型改性沥青耐穿刺防水卷材
3厚SBS改性沥青防水卷材（聚酯胎）
2厚聚合物水泥防水涂料
20厚DP15水泥砂浆找平
钢筋混凝土楼面

4

80厚预制混凝土板
粗砂浆层，最薄处50厚
轻质种植土，容重小于700kg/m³
上工布过滤层
成品塑料疏水板
40厚玻璃钢格栅置于拉结钢板上
20厚DP20水泥砂浆保护层
4厚聚酯胎基化学阻根型改性沥青耐穿刺防水卷材
3厚SBS改性沥青防水卷材（聚酯胎）
2厚聚合物水泥防水涂料
20厚DP15水泥砂浆找平
钢筋混凝土楼面

码头候船大厅

拱的使用除了在结构层面上实现了城市策略，在空间上也就着结构的特性，进一步刻画了码头在城市中的在地性，塑造了其作为界面和桥梁的角色。传统的薄壳拱结构整体性良好，只需要在局部进行垂直方向上力的传递，虽然开洞在一定程度上获得了自由，但仍主要依靠承重墙，限制了空间的通透。M2游船码头的候船大厅，通过钢索框架—屈曲约束的使用，将承重墙抽象为点式支撑，几乎去掉了所有分隔墙造成的阻碍，创造了空间的连续性，与候船大厅的大运量交通功能相吻合。只要一进入候船大厅，就会即刻暴露在拱、拉杆、梭柱和支撑交织构成的世界里。头顶上是连续的筒拱，因为压得低，混凝土薄壳上清晰的木模印痕标定出纵深的方向，引导人们前往码头。而长达300多米的筒拱体量却是横向的，使得人们往来穿梭于候船大厅的不同部分。同样，拱上减少侧推力的拉杆是纵向的，保证抗震和整体结构稳定性的支撑是横向的。它们都在反复诉说着码头在东西方向上对滨江景观带的接续，以及在南北方向上由城市到江面的转换。只有细长的梭柱是没有方向的，它们和拉杆、支撑一道为白漆裹覆，在混凝土粗砺木模的对照下，后者的抽象愈发显得轻盈无物，它们仿若舞者落在地上的脚尖，举重若轻地将拱的构造形式、建筑体量与结构方式标定出一个三维的矩阵，在这个矩阵里是柯林·罗笔下一片片“透明的”浅空间[3]，暗示了经由身体运动去对建筑进行体验。

主入口

4. 城市记忆

M2游船码头在设计之初就以织补城市为切入点，这一织补并不局限于对城市肌理的缝合，而是将着眼点放在整合城市功能、塑造城市特性之上，整个建筑成为上海船运基础设施的一环，同时又嵌入到黄浦江两岸公共开放空间体系之中。而这一城市层面的选择所带来的矛盾又转化为建筑生成的法则——单层覆土的连拱建筑，并通过现代建造手段使得城市策略物质化、具体化。此外，城市策略也贯穿于整个空间刻画的过程，以体量、材质肌理所塑造的横向与纵向运动流线，勾连上下交流的庭院和圆形天窗，无不回应着整个建筑向城市展现出的姿态。而拱的形式与场地的过去和现在相互映衬，仿佛描摹了一幅迟来的“看不见的城市”[4]，绘入明日上海。在黄浦江畔，M2游船码头跳出了一曲和城市共生的“弧”步舞。

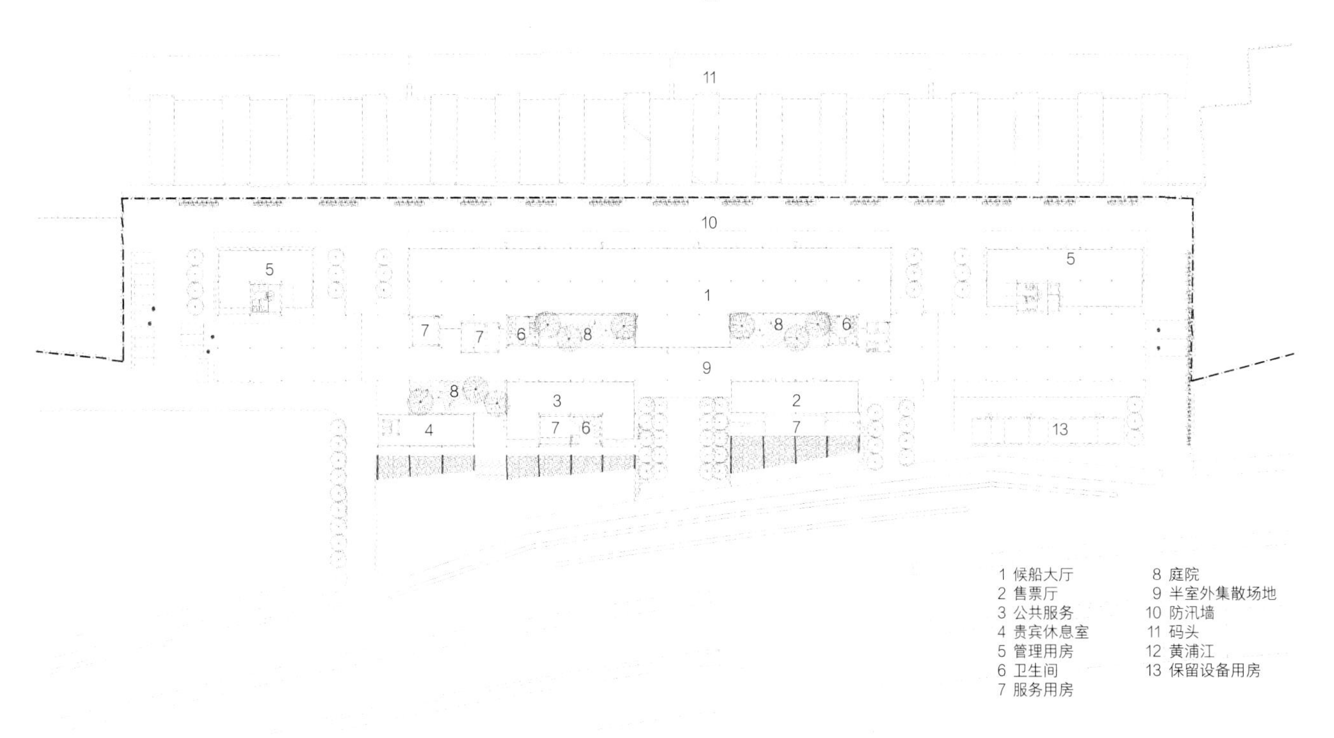

1 候船大厅
2 售票厅
3 公共服务
4 贵宾休息室
5 管理用房
6 卫生间
7 服务用房
8 庭院
9 半室外集散场地
10 防汛墙
11 码头
12 黄浦江
13 保留设备用房

一层平面图

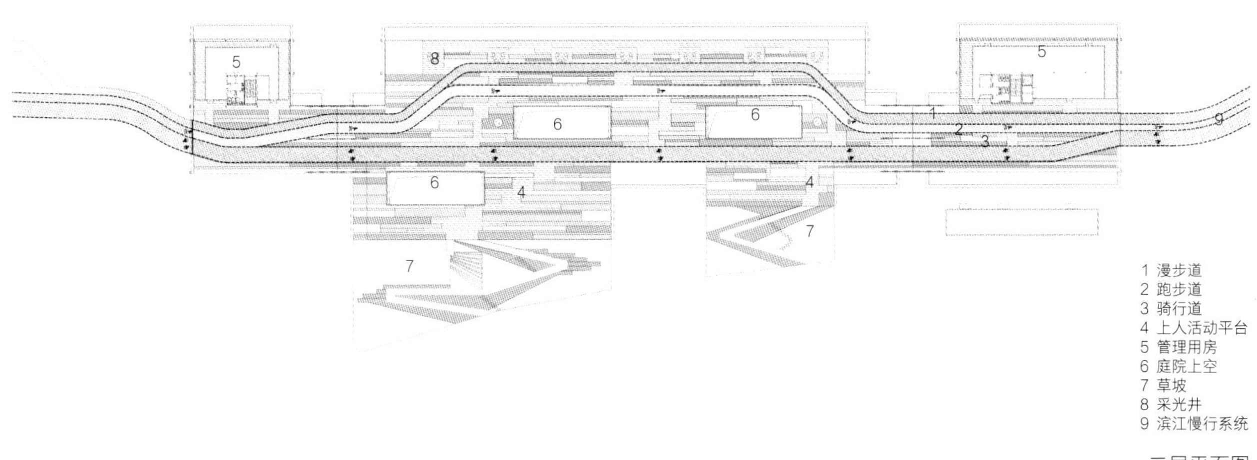

1 漫步道
2 跑步道
3 骑行道
4 上人活动平台
5 管理用房
6 庭院上空
7 草坡
8 采光井
9 滨江慢行系统

二层平面图

梭柱与光影

拱、梭柱、钢索形成的空间

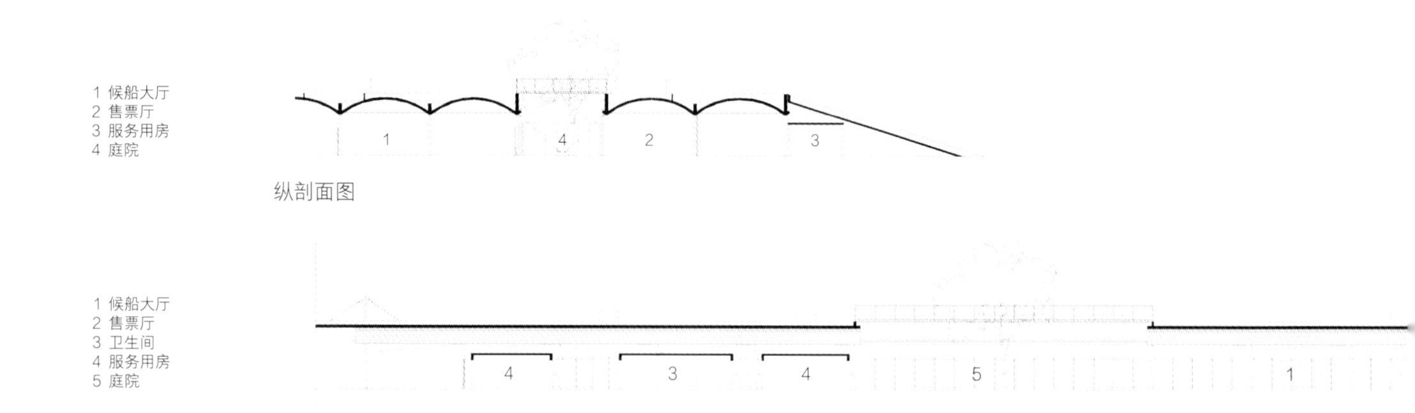

纵剖面图

横剖面图

筒拱纵深方向引导人流

5 4 3 2

- 不间断的关系与局部的游离

- CONTINUOUS RELATION AND PARTIAL DISSOCIATION

浮萍般的运动场

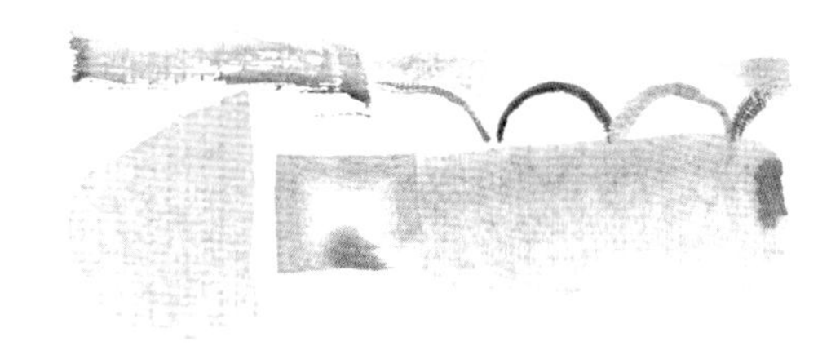

YANLUO SPORTS PARK

燕罗体育公园

流连不断的动线建构了筑物中不间断的关系，不同于由场所本身复杂性所形成的繁复关系，缺乏逻辑性的梳理所形成的状态似一团迷雾，千头万绪却无法畅读；而精心构建的关系之间所具有的连缀、起伏、转折直至结束，不间断的线索所形成的可读性是布局谋篇后才有的完整呈现。

深圳市宝安区燕罗街道牛角路 · 2020.02 – 2020.05 · 46000m^2

黄昏的燕罗体育公园

在这种水平向的城市化方式（horizontal urbanization）之中，景观具有了一种新发现的适用性，它能够提供一种丰富多样的媒介来塑造城市的形态，尤其是在具备复杂的自然环境、后工业场地以及公共基础设施等背景之下。

——查尔斯·瓦尔德海姆（Charles Waldheim），《基本宣言》（*A Reference Manifesto*）[1]

与湿地交织的体育公园

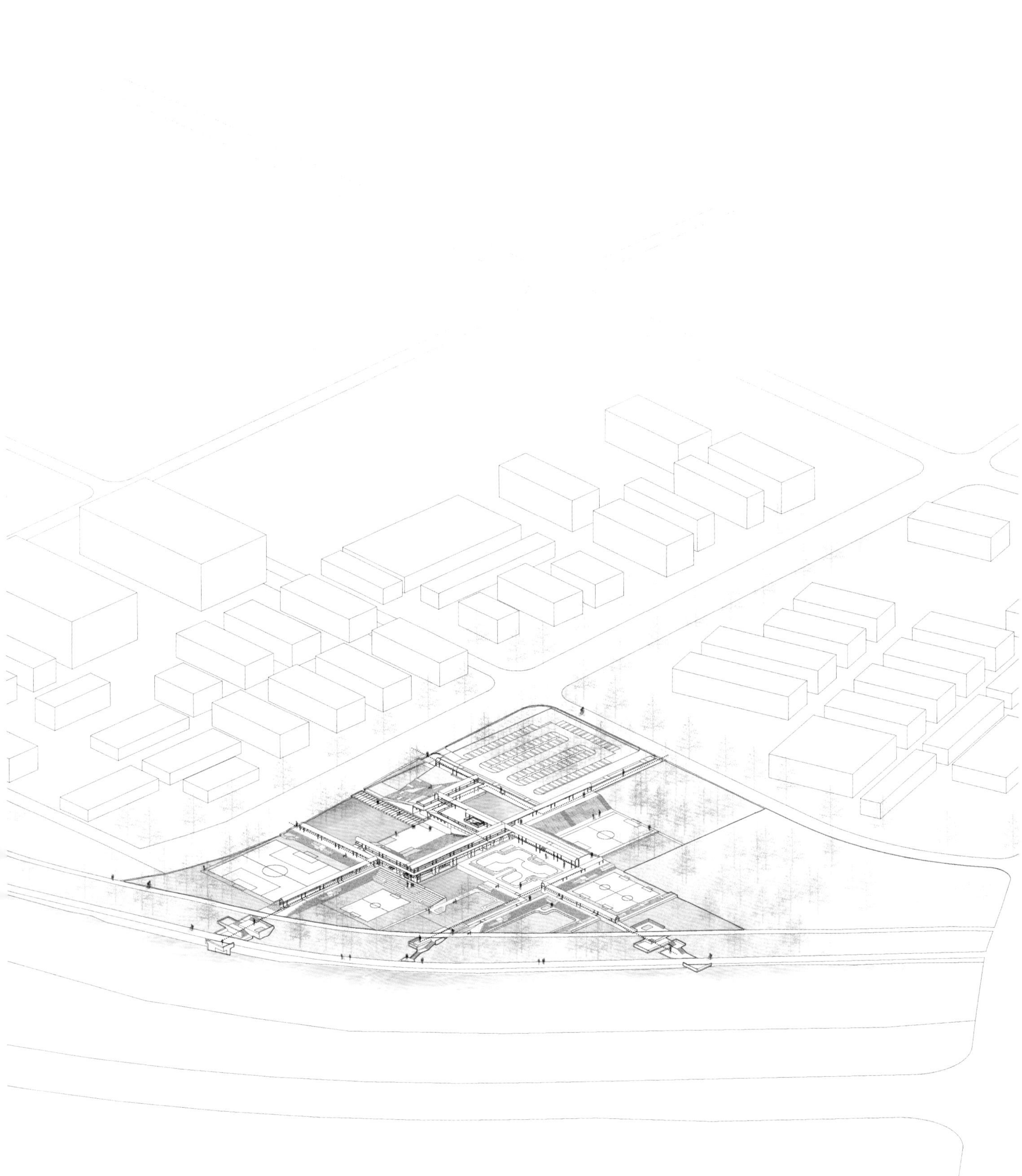

整体轴测图

水平向的檐廊

1. 茅洲池畔

从深圳市中心出发，向西北方向驱车将近一个小时，在几乎接壤东莞的地方，流淌着深圳的母亲河之一——茅洲河。这条蜿蜒曲折、横跨深圳多个区域的河流发端于其北侧和东侧的山体冲沟，最终向西经由交椅湾汇入珠江口，沿途哺育了村陇田舍、市镇瓦肆和工业园区。茅洲河两岸具有典型的珠三角城市地景特征，农耕渔猎时代的村落在原址上就地拔起，四周是密密匝匝、低矮的工业厂房，山体与河流如斑块和动脉一般在这一底图上若隐若现，这是城中村亦是村中城。

燕罗体育公园的前身就位于这样一种地景之中，是茅洲河某段河道拐弯处临水的一片三角地。在深圳市于2020年初推行"碧道"工程之前，这里因为处于工业城市组织的边缘而成为一片建筑垃圾堆场，被工业厂区包围，是北侧社区遗忘的角落。对于这样的一个区域，水务部门计划将其建设成为一个湿地公园，调蓄雨水涵养生态。而所属街道则希望建设一个体育公园补助区域文体设施不足的问题。随着城市建设的深化，深圳需要调整前40年高歌猛进式的工业化和现代化进程，转向以人为导向，生产、生活、生态相融合的后工业城市修补，这不禁让人想起查尔斯·瓦尔德海姆对融合了自然环境、后工业场地和公共基础设施等复杂建成环境的水平城市的预言，也将注意力引向了针对这片场地的景观重构。

燕罗

筒拱在驿站主入口挑出形成停留空间

这一景观重构被理解为“从景观的视野来理解都市化”，是一种兼顾“设计、文化表达及生态构成等技术的同时”，对整个城市区域尺度的“空间组织技巧”[2]。燕罗体育公园的设计首要的出发点正是基于对整个基地在城市功能上的补足：在功能、美学和象征性空间之上叠加了生态导管和通道的功能。首先，基地卡在了东西两侧两条汇水渠之间，且地面平均标高低于堤顶路，在茅洲河高水位时将会部分被淹没，需要承担一部分生态调蓄池的功能；其次，作为茅洲河碧道工程的一个公共空间节点，这片场地具有嵌入城市运动休闲生活、调节单调的工业城市面貌的契机。综合以上的考虑，设计毅然抛弃了任务书中并置500m^{2}综合驿站和若干块体育活动场地的要求，采用了一种叠合交错的布局模式，以隆起的步道围合出一池池洼地，在这些洼地中布置广场、运动场地、休憩咖啡、运动驿站、生态湿地、停车场等不同功能，并用游廊串起主要的行走路径，提供遮阳避雨的空间。这一布局模式打破了孤立建筑物矗立于场地的单一关系，而是在复写这一地区山脉与河流斑块状景观的同时，使城市功能与场地发生更为密切的联络。交叠的网格向城市方向延伸，提供了广场、停车场等服务性设施；向河道方向延伸，将湿地纳入整个场地，与箱涵堤岸的悬挑平台、石笼花箱相结合，形成了富有亲和力的滨水空间。在破除城市与水岸的生态与功能隔阂之后，燕罗体育公园努力将其自身建设为一个绿色综合体。

多向交错的双层廊桥

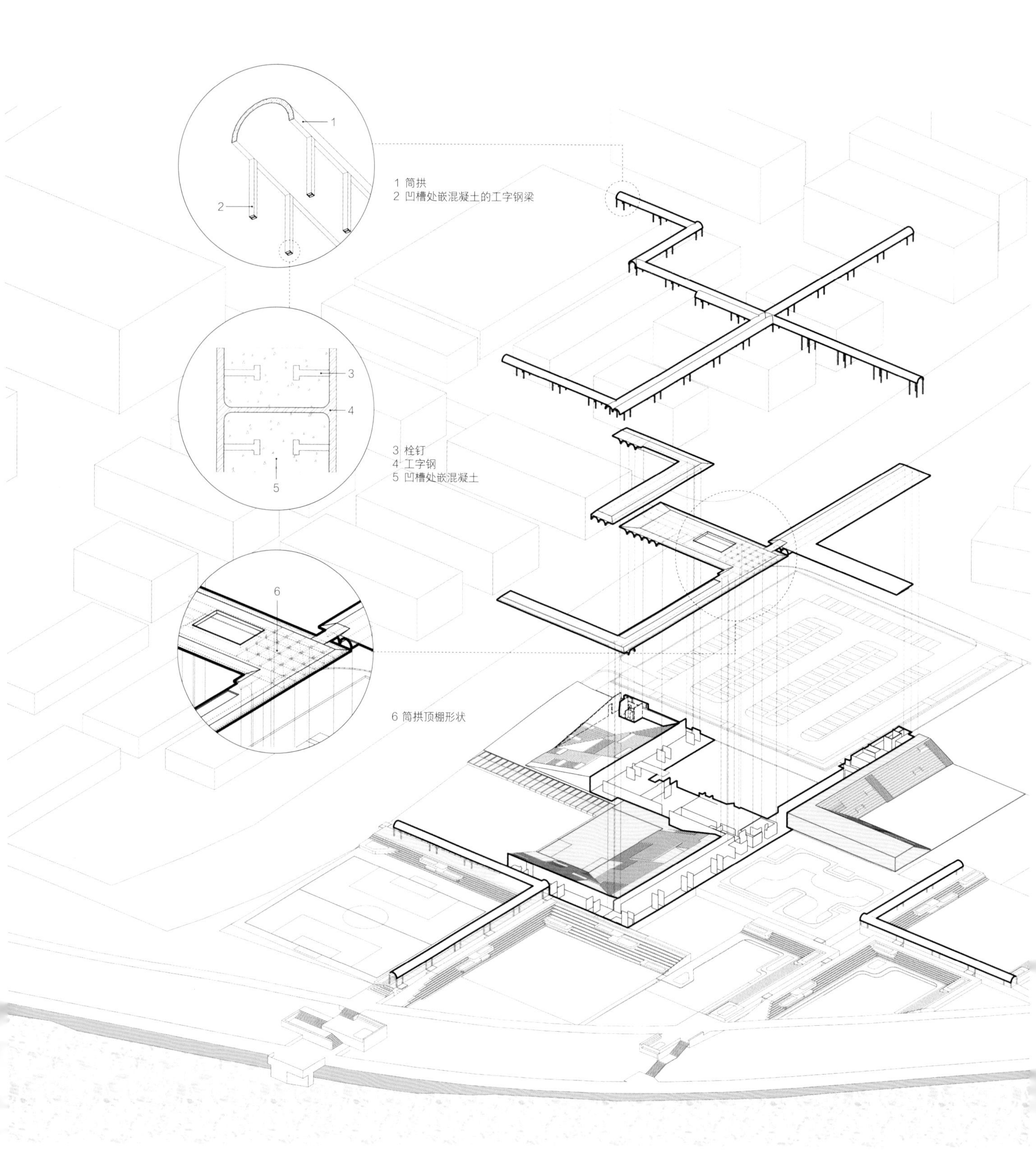

分层示意及构造节点图

连续的廊桥及两侧活动场

庭院与檐廊

景窗外的湿地

2. 田垄浮萍

田垄是分开田亩的土埂或田间种植作物的垄，浮萍则是温暖地区漂浮于静态水域的植物群落，它们是中国南部最为常见的农业景观，也是燕罗体育公园这一绿色综合体形式特征的场地限定条件。

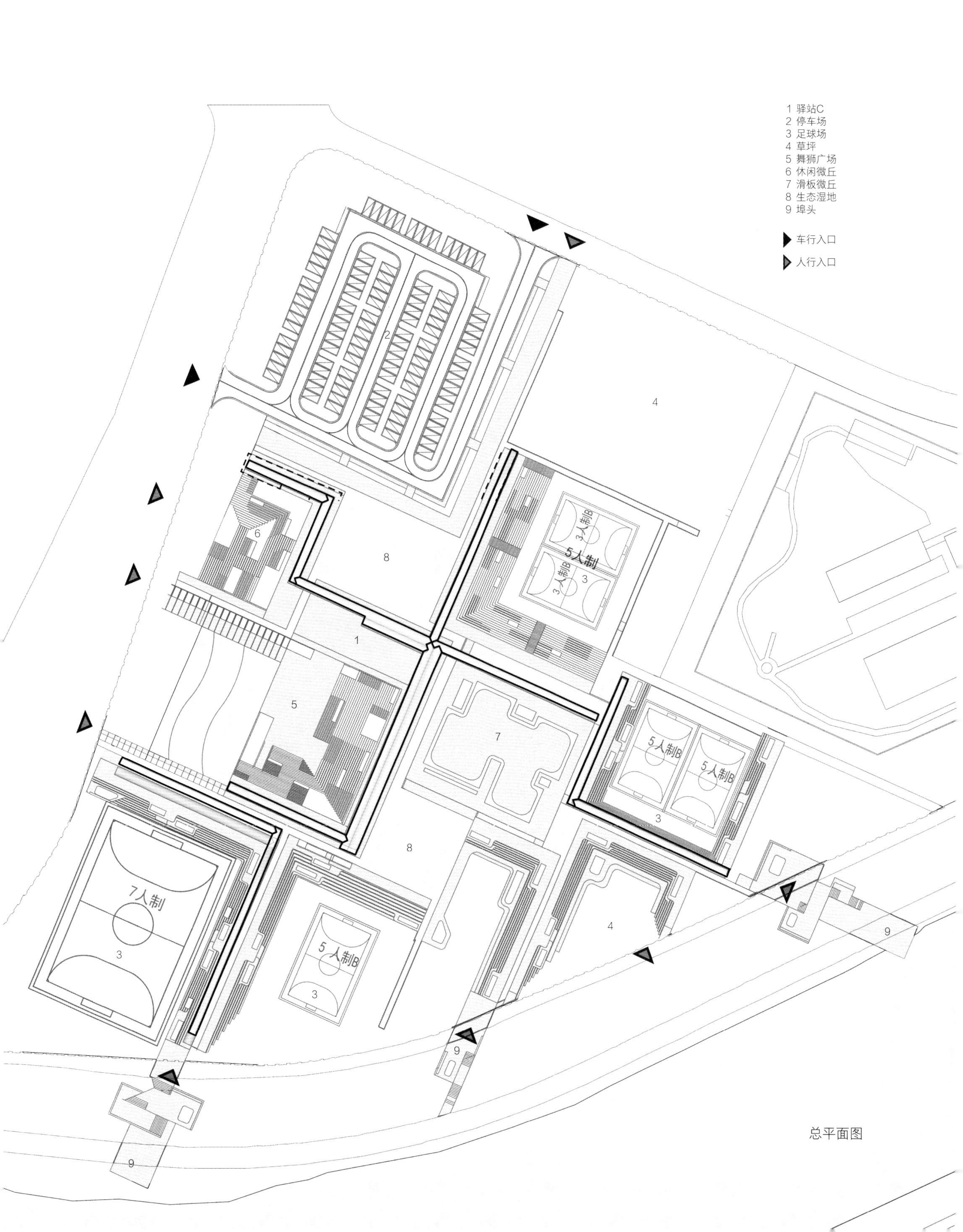
1 驿站C
2 停车场
3 足球场
4 草坪
5 舞狮广场
6 休闲微丘
7 滑板微丘
8 生态湿地
9 埠头
车行入口
人行入口
5人制
3人制B
7人制
5人制B

总平面图

Luo Sports Park

廊桥二层

夕阳中的双层廊桥

这片三角形场地并非平板一块。其平均地面标高较低，呈现了由北面山体逐渐下降至河岸的潜在自然地形，同时又由于堤顶路的防洪标高较高，使场地实际上表现为下凹的状态。而在其西侧靠近汇水渠的部分，由于建筑垃圾的堆放，形成了部分断续隆起于地面的田土坡，使得场地本身的标高情况变得复杂。有鉴于此，设计就势重塑地形，形成垄作为穿越场地的游廊的骨架，对于顺势形成的凹洼地则根据不同标高情况和尺度规模嵌入不同的城市功能，同时兼具多级蓄滞的生态功能。比如西侧地形最为高低不平，缺少大面积平地，可布置舞狮广场和休闲微丘，其洼地与垄的结合适当通过坡道与台阶进行调整。行走在如田垄一般的游廊上向四处观望，几方足球场地、几池绿化与一处运动驿站漂浮在一片水面上，仿佛荷塘中的浮萍游离聚散。

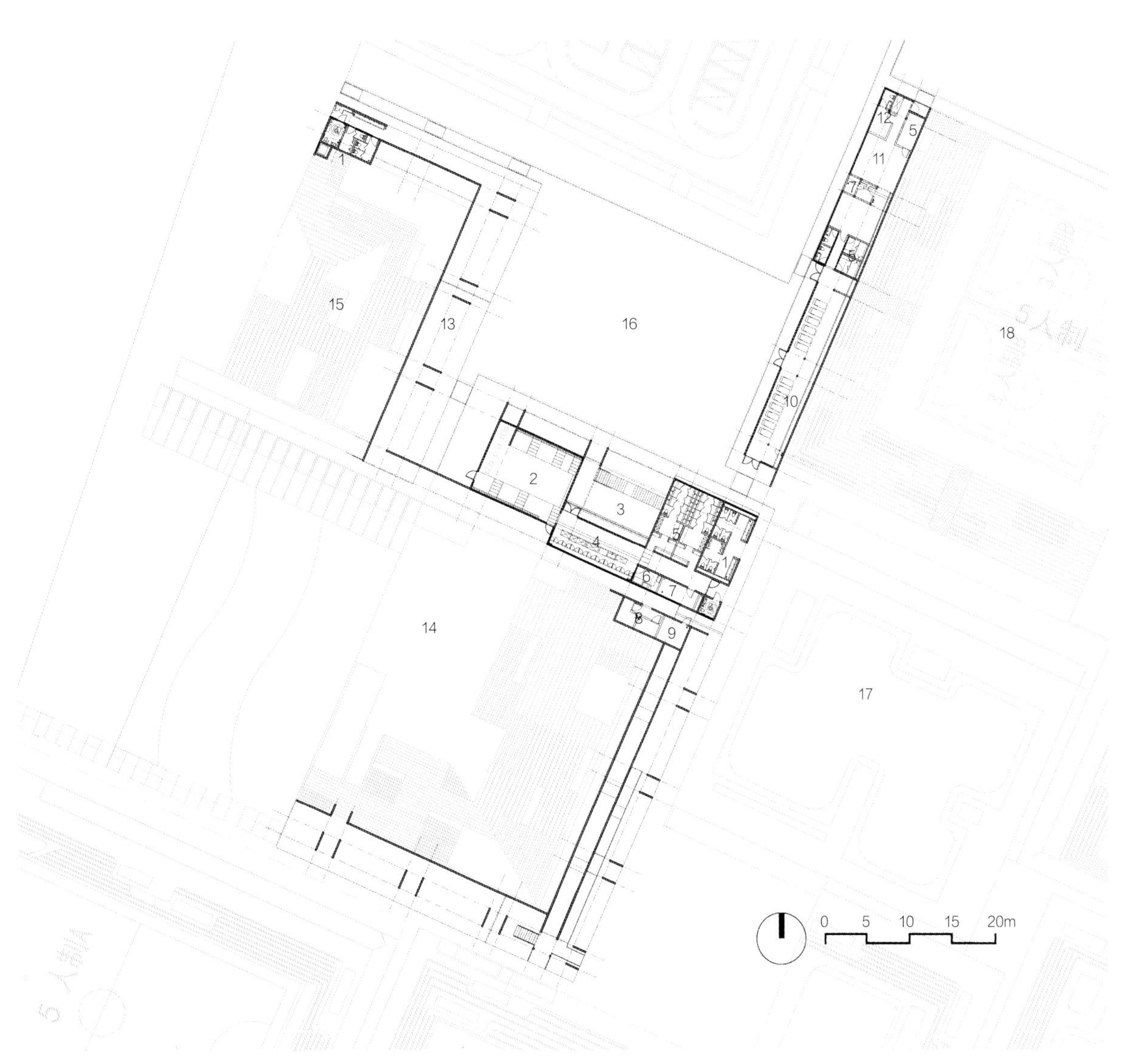

首层平面图

1 公共卫生间
2 驿站C
3 内庭院
4 室内休息区
5 淋浴室
6 储藏/备餐
7 空调室外机
8 配电间
9 热水机房
10 健身房
11 公园管理用房
12 约谈室
13 檐廊
14 舞狮广场
15 休闲微丘
16 生态湿地
17 滑板微丘
18 足球场

“之间”的空间

此外，从类型学角度而言，十字田垄与嵌套于垄上的方形浮萍并非纯粹源于地形，而是对现代建筑中“院”这一母题的当代转译。现代建筑的创始人之一勒·柯布西耶于1907年拜访位于佛罗伦萨南部的艾玛公学（Certosa d'Ema al Galluzzo），其后，居室环绕方形庭院走廊的布局成为柯布西耶对集合单元组织的持续思考[3]，这一类型所涉及的公共与私密的关系受都市化影响不断发生延异与变形。1910年的艺术家联盟（Atelier d'Artistes）项目几乎复刻了修道院围绕中央庭院的组织方式，虽然在庭院上叠加了一层公共空间，但保留了内向而封闭的特征[4]22。到了1922年，空中花园（Immeubles-Villas）虽然住宅仍面向中央的网球庭院，但南北两个短边的走道却被打开，向城市开放。而在柯布西耶晚年的两个作品中，这种对封闭中心庭院的破除，强调走道、重复单元等元素的自组织就显得更为明确[4]40-43。1960年落成的拉图雷特修道院（Couvent de la Tourette）在形制上保留了方形庭院的格局，然而柯布西耶有意将教堂体块拉开，让庭院向外有了开口，同时使庭院中的十字走道错位，暗示了不同体块由于功能的差异而无法直接经由地面联通，庭院只是一个凝视的对象，而非身体运动的对象[5]。1964年完成的威尼斯医院（l'ospitale venezia）提案彻底瓦解了中心庭院，作为单元的病房与城市直接相连，相互之间以风车状的走道联系，从而翻转了封闭的修道院类型，实现了开放和移动的现代城市体验[6]。

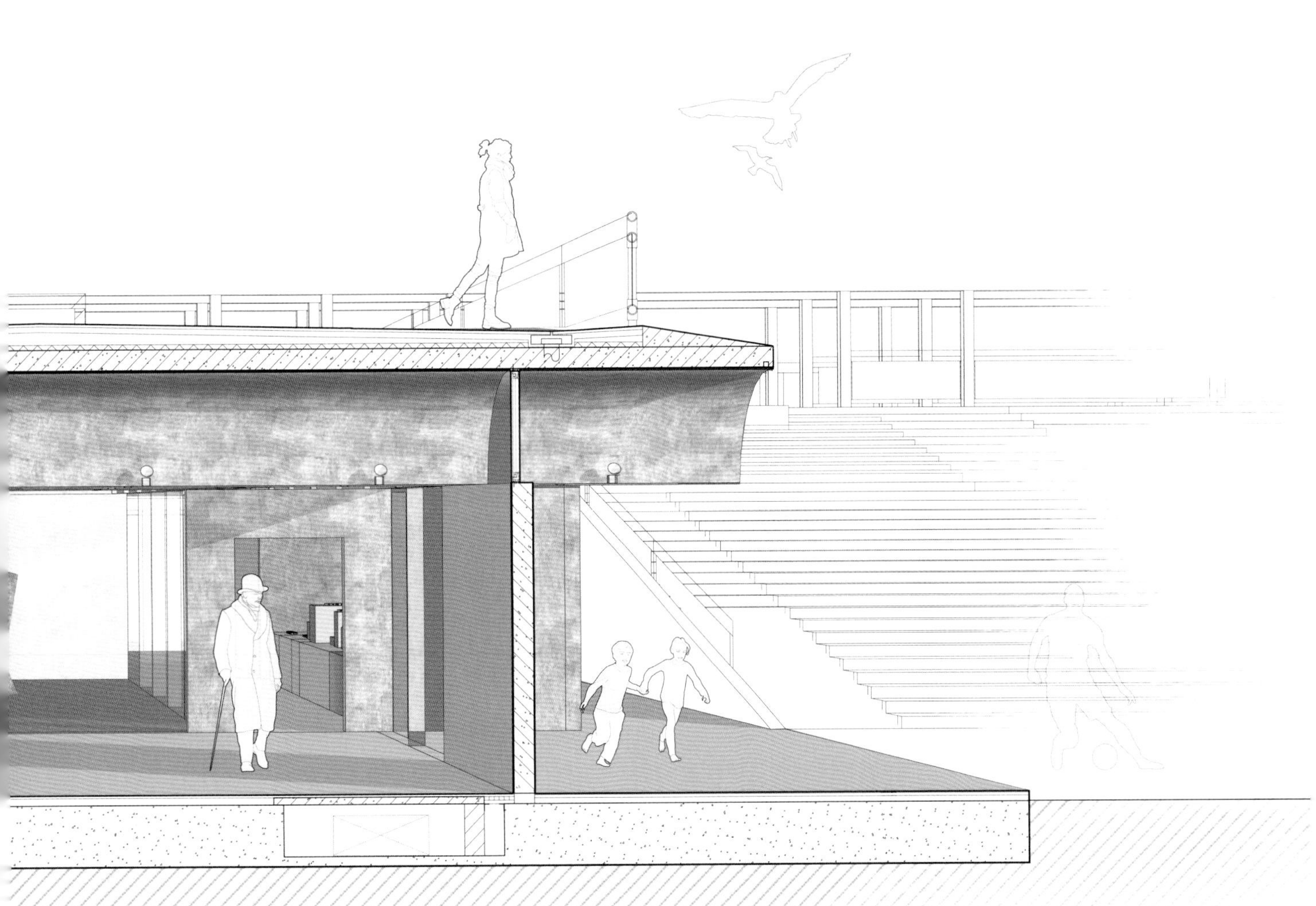
滨江驿站剖透视图

滑板微丘西侧的廊桥

漫游之径

多向入口

与威尼斯医院向城市开放的姿态类似，燕罗体育公园结合场地现状条件，以田垄上的十字走廊组织整个基地。二者所不同的是，这些走道围合出的空间不再是重复的单元，而是功能不一、大小各异的场地，从而进一步接纳城市，完成了翻转修道院封闭的中心院类型的最后一步。

主入口景窗

檐廊与内庭院

驿站的通透空间

3. 风景建构

燕罗体育公园远离深圳繁华的核心城区，设计希望保有场地原始、粗犷的气息，因此选用清水混凝土这一表现形式，去除多余、烦琐的装饰，使结构与空间得到直接的呈现。

从“浮萍”与“田垄”入手的“关系先导、局部游离”的设计策略，促使我们率先确定了空间的雏形：于关系疏朗之处形成“场”，于关系紧致之处形成“间”。整体布局大开大合、层次丰富。同时，多样的功能诉求、复杂的高程关系汇聚至“间”，促使我们在这关系紧致之处，整合身体尺度、结构体系以及各项外部关联关系，将系统的思考与切身的空间体验预演反复比对从而实现独特场所的塑造。

在运动功能以外，公园建设的另一大目标是实现一定的水体蓄滞与净化的功能。为体现这一特质，设计采用2.6m外径、200mm壁厚的钢筋混凝土筒拱来传递“输水管”的意向，使其作为结构水平构件的同时也成为“间”的核心表现元素。

筒拱的引入与不同的空间诉求的结合形成了多样的空间形态：筒拱由细柱支撑，形成“漂浮”于空中的遮雨通廊；筒拱同挡土墙相合，形成“田垄”之间的边廊；筒拱交错组合搁置于片墙之上，形成自由流动的室内空间。“垄上”的遮雨通廊部分，得益于筒拱提供的较好的抗弯性能，支撑体系在立面方向采用了9.6m加2.4m的柱网体系，为实现垄上部分视觉体验的高度通透感。支撑的主体采用了与筒壁同宽的200mm见方的柱截面，然而过细的尺度超出了钢筋混凝土柱截面的规范允许极限，因而设计最终采用工字钢柱，并以在凹槽处内嵌混凝土的方式来实现满足规范要求的较小柱截面。“垄间”的边廊部分，筒拱的一侧从挡土墙一面顺接延伸，另一侧搁置在横向墙面上，最后面向外侧留下半副拱面的悬挑。这样的设计方式在形成长向空间引导的同时也强化了朝向垄间生态沟的开敞与互动，在深圳炎热的气候条件下创造出了涓涓流水、习习清风的安静空间。我们将完全室内的部分设计在“垄间”的边廊汇聚扭结处，通过正向交错的筒拱的组合与相应横墙进行搁置的结构方式，在外部形态上获得了清晰的结构搭接关系和大出挑带来的轻盈感。在内部空间则有效地释放出了布局的灵活度，强化了空间同景观直接的因借导引，激发了空间的流动性。

“田垄”间的边廊

多样的运动场地

筒拱的建构特征

以筒拱的径向轴线距离2.4m为基本模数，根据功能空间对于跨度的使用需求布置剪力墙及工字钢柱。为尽量使建筑轻巧并实现竖向及水平构件的顺畅衔接，设计将筒拱、墙、柱的结构厚度尺寸均控制在200mm。筒拱顺应竖向构件横纵排列，其结构形式有效整合了梁板，化解了高大梁截面的突兀感，实现了9.6m的跨度及4.8m的悬挑距离，从而获得下方自由、弥漫的空间感受。除去装饰面层的清水做法对机电设备管线的隐藏提出了较高要求。我们采取柜体送风及地送风的方式，避免空调内机和管线在空间中的露明。电线等采取墙体和顶面预埋的方式隐藏。

为了在夜间展现筒拱之结构美，设计充分考虑了照明形式。所有单向筒拱采用错位间隔布置的上照灯洗亮，强化顶面空间的节奏感和序列感。对于下方的功能空间采用可调节位置及角度的轨道灯以适应多变的使用需求。局部双向筒拱相交而成的十字拱区域，设计采用定制圆盘灯上照，通过拱顶的反射照亮下方空间，获得四周均匀的照明效果。

勾连四方的筒拱走廊以路径的建立来固化日常事件的发生，走廊与走廊、走廊与功能空间相互衔接，人在行走的过程中产生不同的视觉路径，从而揭示空间纵深，形成复杂的、步移景异的空间体验。在燕罗体育公园中，人行于位于高处的垄上，俯视多样的体育场地、城市广场、运动驿站、生态湿地，又多了一层俯仰之间的错位。这一行走路径和视觉路径的分离与叠合，是大量生成要素相互关联所产生的空间复杂性的体现。另外，筒拱的人体尺度、朴素的清水混凝土表面，无时无刻不在包裹着人体，提供亲密的尺度参照，而下凹的空旷洼地与台地则在诉说着地貌的旷邈与广大，两者之间形成强烈的对比，通过重新塑造人地关系制造另一重分离与叠合。因此，空间不是静态的凝视，而是让身体在空间中漫游，让视线不断移动，在游目与观想中领悟风景的意义。

勾连四方的筒拱走廊

– 局部的简单与整体的复杂

- SIMPLICITY OF THE PART AND COMPLEXITY OF THE WHOLE

东风农场历史与现代交汇

DONGFENG FARM

东风农场

“东风农场”的使用者也是当初的建设者，整整一代人在这里扎根、成长，其中的一草一木、一砖一石都藏着这代人的回忆。“老场部”这个名字本身就有一种惹人回望过去的力量，而今时今日，这里的新任务是展望未来。

上海市崇明区东风公路东风老场部 · 2018.12 – 2020.07 · 14110m^2

改造前场地内道路

改造前场部办公楼

改造前东风礼堂前广场

改造前东风礼堂

改造前鸟瞰

花博会配套项目中，东风农场有其特殊的意味：作为花博会的配套设施，要立足当下，但场所本身的转变又串联着过去和将来。老场部承载过去的记忆、带着新一轮的开发诉求启动了整个东平特色小镇的建设。如何将历史记忆与未来发展相结合成为项目进展的第一个难点。

向史而新的小镇新貌

历史轴中新老相望

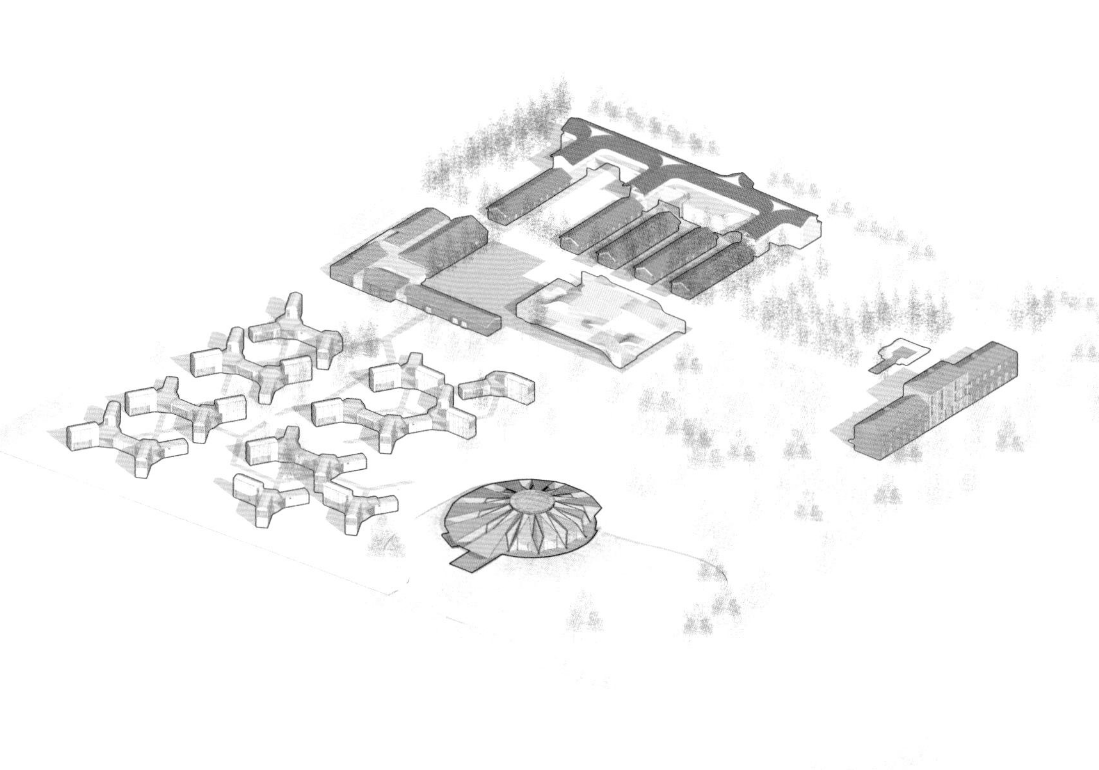

农场整体轴测图

在最初踏入农场的时候，一条笔直的路径直通往远处的场部办公楼，两侧是礼堂、居住区，展现在我们面前的场景与多年前的照片别无二致，满地的落叶似乎将时间封印在了这里。老场部内除了保留建筑外，丰富的景观生态资源也是形成场景记忆的重要组成部分。为保留老场部的独特风貌，在开发时采取了最小干预的策略。这种策略一方面保存了老场部的基地特征，另一方面也为各栋建筑提供了良好的景观视野。因此最初的策划中确定了两条轴线：一条历史轴，最大限度地保留明信片式的历史场景；一条未来轴，与历史轴相互垂直通往西侧地块，串联区域不同的功能区。这两条轴线的确定为整个地块的设计提供了布局的基础。

保留明信片式的历史场景

1. 东风礼堂

东风礼堂作为场地内重点保留建筑，经过修缮后保留了原始功能与风貌特征。拆除原有吊顶后，富有时代特征的混凝土屋架被暴露出来，新增的室内设备全部采用露明方式安装，漆黑后与原始屋架共同营造出独特的历史氛围感。使用高压水枪清洗后的外立面，还原了红砖的原始色彩，使礼堂焕发了原本的活力。

二层挑檐在风貌与形态上弥合新老

扭转的屋面顺势连接复建体量

新老相接

2. 大师工作坊

大师工作坊是结合原有农场宿舍复建、升级形成的功能复合区。延历史轴复原了东风农场原始风貌，一层的体量与东侧老礼堂相互辉映，独立的建筑空间可以植入多种功能，为后续运营提供灵活度。延花博东路一侧形成通长展示面，以扭转的屋面方向顺应、链接复建体量，形成完整的区域空间。二层重檐的状态营造出古今结合的独特风貌。同时，二层挑出的平台提供了多角度观赏小镇风貌的良好视角。内部无分隔的大空间也为产业植入提供了便利条件。

具有通长展示面的新建部分

最小干预的修复策略恢复农场原貌

3. 小镇未来展示馆

小镇未来展示馆选址于历史轴与未来轴的交界处，位于整个场部的核心位置。协调相互垂直的两条轴线、呼应既有场景、引发新建功能区成为设计的难点。

经过几轮尝试，最终确定了一种墙顶一体的形态模式，希望可以让建筑在场地中生长出来——以一种简单的单元作为整体形态的启发点，通过将基本单元进行延伸、拼接，营造地景式的、无边界的空间布局。这种不同于传统的空间模式最大限度地减少了建筑体对外部场地的阻隔。顺应历史轴线与场地脉络方向，一片片的墙体生长出来，墙体上部扭转形成楼板，营造出一体性的展陈空间，形成了标志性小镇未来展示厅。场地脉络蔓延至室内，融入展览空间。墙顶一体的扭转变化形成二层，围合出丰富的挑高空间，漫游路径也由此被自然抬升。在小镇未来展厅，透过悬挑而出的挑板可以在四个方向分别与老场部沟通：保留下来的礼堂和办公楼、漂浮在水上的会议中心、融于保留树林的蜂巢酒店、根据原有肌理复建的大师工作坊，每一个场景都体现着未来与过去的交融。

墙顶一体的小镇未来展示馆

新老交融的场部

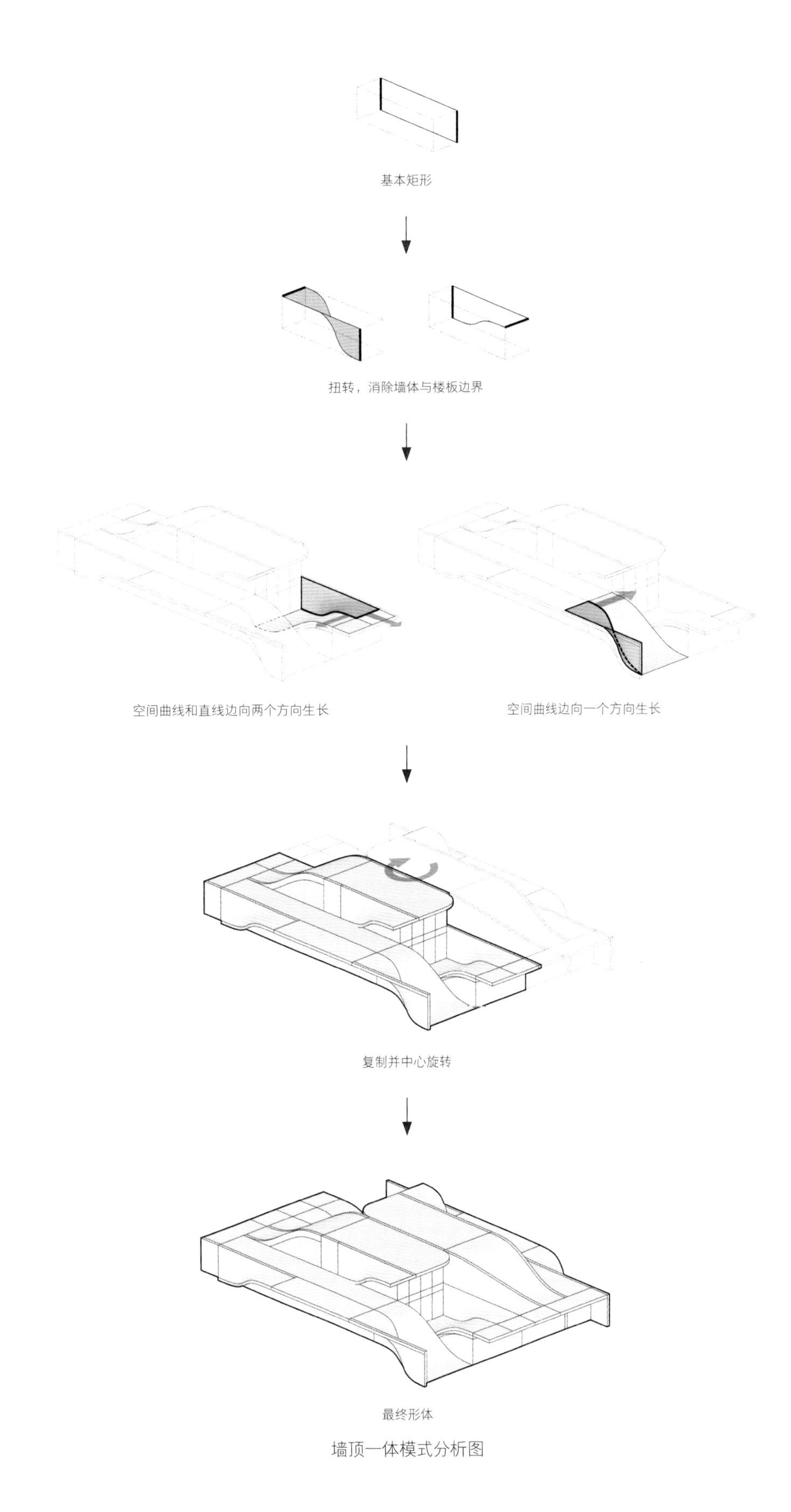
基本矩形
扭转，消除墙体与楼板边界
空间曲线和直线边向两个方向生长
空间曲线边向一个方向生长
复制并中心旋转
最终形体

墙顶一体模式分析图

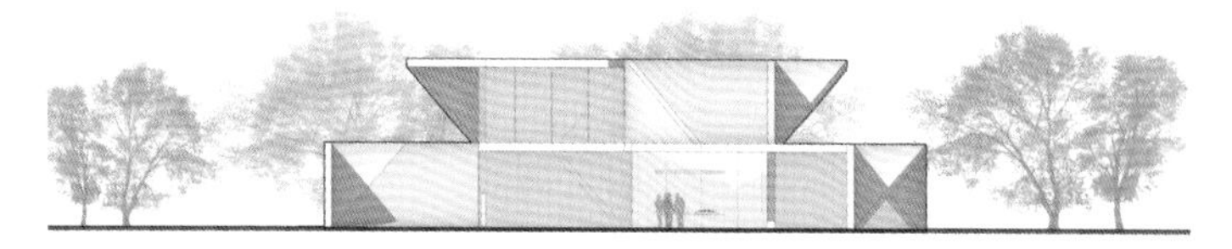

小镇未来展示馆立面图一

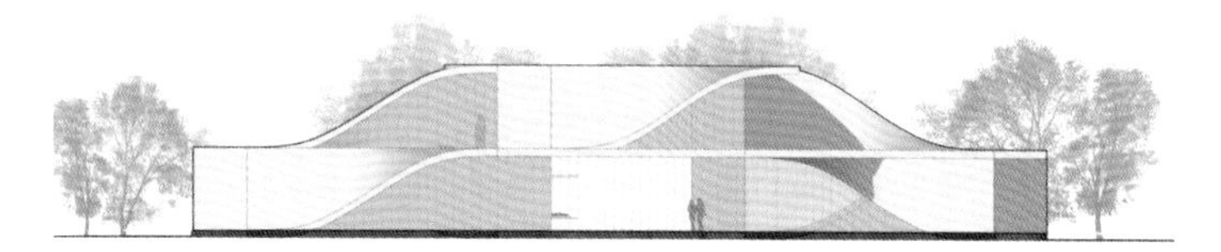

小镇未来展示馆立面图二

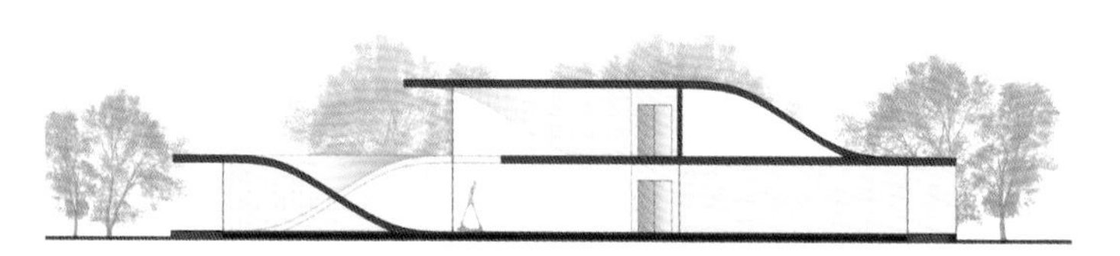

小镇未来展示馆剖面图

由基本单元延伸拼接形成建筑

小镇未来展示馆看向历史轴

小镇未来展示馆挑高空间

二层室内

小镇未来展示馆墙体扭转成楼板

墙顶一体化的室内空间

不同方向的景观渗透

为了配合未来展厅从过去走向未来的建筑氛围，我们需要找到一种符合场部气质且非传统的建筑材料。经过多轮磨合，我们选用了木纹混凝土。一方面，混凝土的材质较为朴素，与老场部的气氛比较融洽，连续的小木纹为其提供了更多质感变化，与场地大量的保留树木相互融合；另一方面，混凝土良好的可塑性也让墙顶一体化的空间有了落地的实际操作性。

将场地脉络延伸至建筑中

融入场景中的无边界性

曲面的造型、木纹肌理、墙顶一体的形态特征，每一项在实际实施时都具有较大的难度。经过与施工单位多轮沟通，确定了一种新型的三层模板体系。最内侧为5cm密拼的通长木模板，中层通过木工板进行固定，最外侧以木龙骨进行加固。所有模板单元通过放样后的钢筋进行曲面拟合，以这种方式完成了整体混凝土模板的建构工作。

为了保证最后的成型效果，同时试验模板体系的可操作性，我们要求在场部内进行了一个曲面单元的1：1样板段试验，经过多次尝试，最终确认了模板及混凝土修复的具体工艺。这为整体浇筑提供了完整的技术流程和效果样板。

与水相依的水上会议中心

4. 水上会议中心

会议中心承担相对独立的功能，在选址时应与小镇其他功能区相对分置，同时遵循场景视野的设计原则，设计希望尽可能避免对既有植被和生态环境造成影响。因此最后选定在基地西南角废弃的鱼塘处。

保留原有水塘是确定下来的第一项原则，与水相依相邻，借水成景才能让原有场地的优势发挥到极致。水上会议中心只是轻轻搭在了水面之上，周边富有野趣的景观成为水上会议中心最突出的外部条件。水上会议中心坐落在鱼塘的东北角，可以充分将水面及场地外的大地景观纳入观景视野。作为内部水面，水池通过坝口与市政水系相连，可以有效维持稳定的水面高度，使观景平台拥有较高的亲水性，同时营造漂浮在水面上的会议中心的视觉感受。

“漂浮”于水面上的会议中心

水上会议中心是临时建筑，需满足拆除后异地重新组装的要求。结合地块自然风貌的特征，最终采用了钢木结构体系来营造整个建筑。其中所有构件都在工厂预制，最后现场拼装，以最大限度地满足工期要求。选材上，木材温暖的气质融入了整体环境中。

相对于标准化、规模化、内向型的传统会议模式，本次设计充分利用周边的景观资源，打造特色型、生态型、景观化的特色会议中心，符合崇明生态岛的总体区域要求。同时希望水上会议中心融入整体环境，采取弱化主次立面的设计方式，设计塑造了多个与周围场所互动的机会，通过一个向心型的结构形成满足150人会议功能的大空间，可进行多向度观赏。VIP室沿半径方向向外延伸，具有独立观景平台，保证了舒适度与私密性。向心型的形态也使得其在最小占地的情况下拥有最大的使用面积。

5. 蜂巢酒店

为了最大限度地发挥场地的特色，蜂巢酒店区域将客房隐藏在了原生态的树林中，营造与自然环境相融合的整体氛围。漫游在花间平台，居住在林间月下，在崇明生态岛感受不同于其他酒店的独特住宿体验。

隐藏于原生态树林中的蜂巢酒店

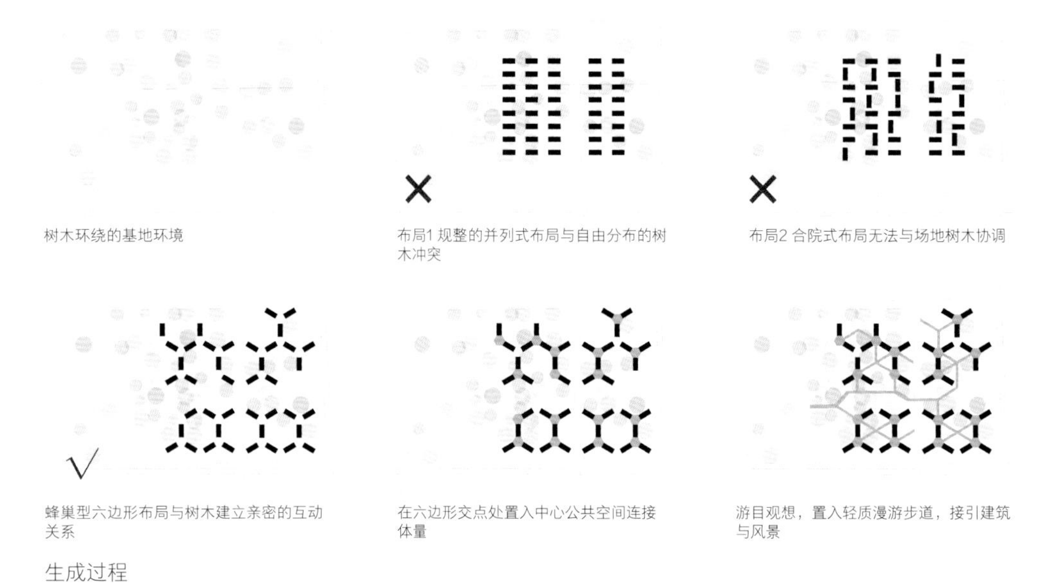

树木环绕的基地环境

布局1 规整的并列式布局与自由分布的树木冲突

布局2 合院式布局无法与场地树木协调

蜂巢型六边形布局与树木建立亲密的互动关系

在六边形交点处置入中心公共空间连接体量

游目观想，置入轻质漫游步道，接引建筑与风景

生成过程

模块化的布局

掩映林间的酒店客房

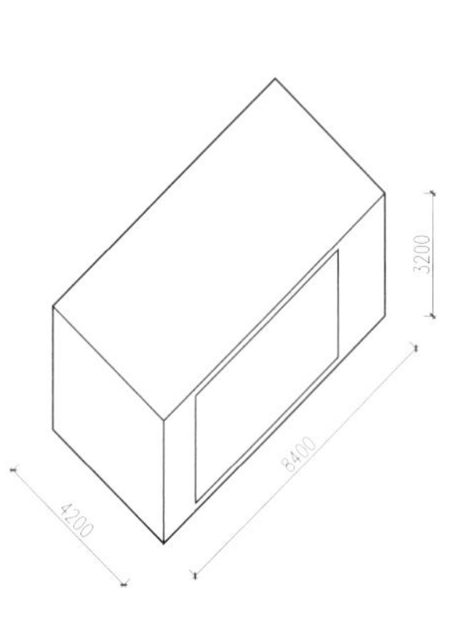

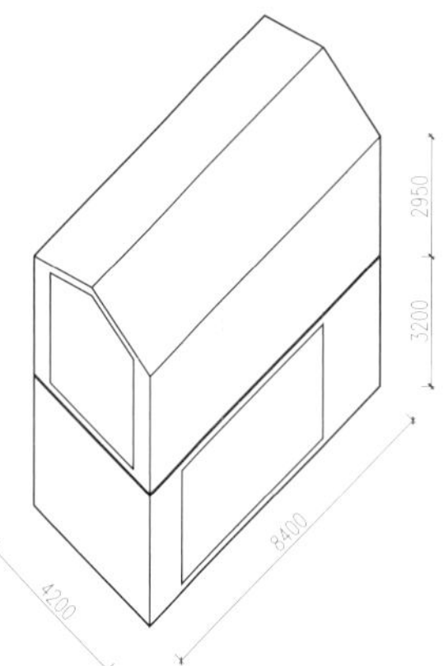

蜂巢酒店模块尺度

视线相避的观景落地窗

为满足后续开发的灵活性，设计采用了模块化建筑这一先进理念进行设计，3.8m×9m的单元模块是常规公路可以运输的最大模块，在尺寸限制的条件下，设计进行了内部布局的多轮研究，确定了套房、标房两种单元模式，并且全部由工厂预加工完成。虽然使用重复的单元，但是以六边形的组织方式进行了排列，保留了大量的场地植被，也提供了公共活动点。居住模块在形体上拟合了老场部既有建筑坡屋顶的建筑元素，在材质上采用铝板复合材料，与相邻的未来展示馆颜色相统一，营造了和谐相融的整体氛围。

形式与材质新老呼应的蜂巢酒店

室内外交融

历史是厚重的，因为记忆的来处拥有重量，这种厚重是我们看向未来的基础。历史又是温暖的，因为场景是由日常点滴的细微之处组成的，这种温暖给了我们走向未来的力量。东风农场项目，以一种反思过去并延续未来的态度守护着场部，静静等待着每一位来者。

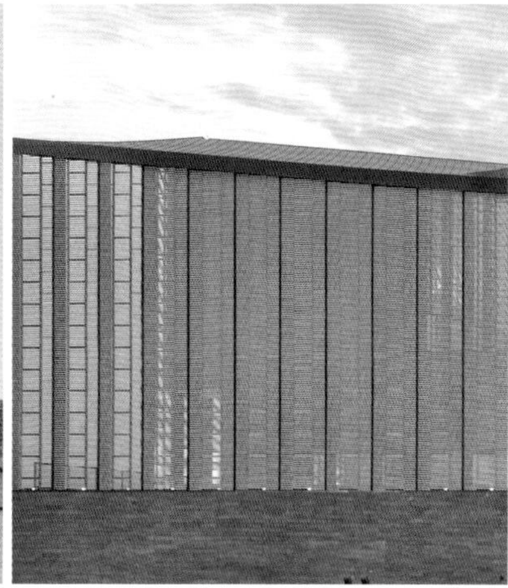

– 局部关系的自发生成

- THE SPONTANEOUS GENERATION OF THE RELATION OF PARTS

保留工业遗存原真性的灰仓艺术空间

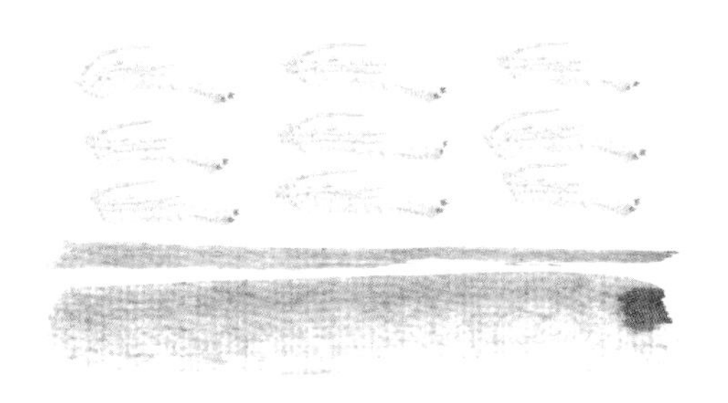

ASH BUCKET ART SPACE

灰仓艺术空间

当我们尝试将“关系”前置于建筑本体时，建筑自身固有的潜质则被激发出统摄形式的力量，不论是打开、连接、交织抑或是相离，经年累月的耗损在建筑本体上产生的断点形成了局部的不确定性，这或许是后续其自身关系生发的关键所在。

上海市杨浦区杨树浦路 2800 号 · 2019 · 3840m^2

临江而望的灰仓艺术空间

1. “整体保护”观念下的局部拆留策略

杨树浦路2800号原为远东第一火力发电厂——杨树浦发电厂。电厂由英商投资，建成于1913年，在这片场地上留有丰富的工业遗存。高180m的烟囱是船只进入上海黄浦江沿岸港区的标志，而江岸上的鹤嘴吊、输煤栈桥、传送带、清水池、湿灰储灰罐、干灰储灰罐等作业设施也有着特殊的体量和形式，令人印象深刻，在杨浦滨江公共空间南段的贯通工程中具有重要意义。

灰仓艺术空间的前身为干灰储灰罐，曾用于暂存燃煤燃烧及其他工序产生的干粉煤灰。为便于煤灰的装船运输与再利用而抵近江边的浮码头修建，是原发电厂生产工艺中重要的一环。由于其特殊的临江位置以及三联筒仓的独特形态，储灰罐成为该地工业景观群中独特的元素。对于往来于黄浦江的水运船只以及曾在杨浦滨江工业带生产生活的居民来说，三个黄白相间的圆柱形罐体是集体记忆中的重要一环。2015年第一次基地踏勘的时候，其巨大的体量、混凝土森林般的柱网就给我们留下了深刻的印象。历经4年的陪伴式设计，从考古式的调研到功能植入的数次波折，再到结构构造的反复推敲，于2019年末完成了这一极具特色的工业遗存再生改造。

改造前的干灰储灰罐

具有独特体量和形式的灰仓艺术空间

混凝土框架之间的
漫游阶梯

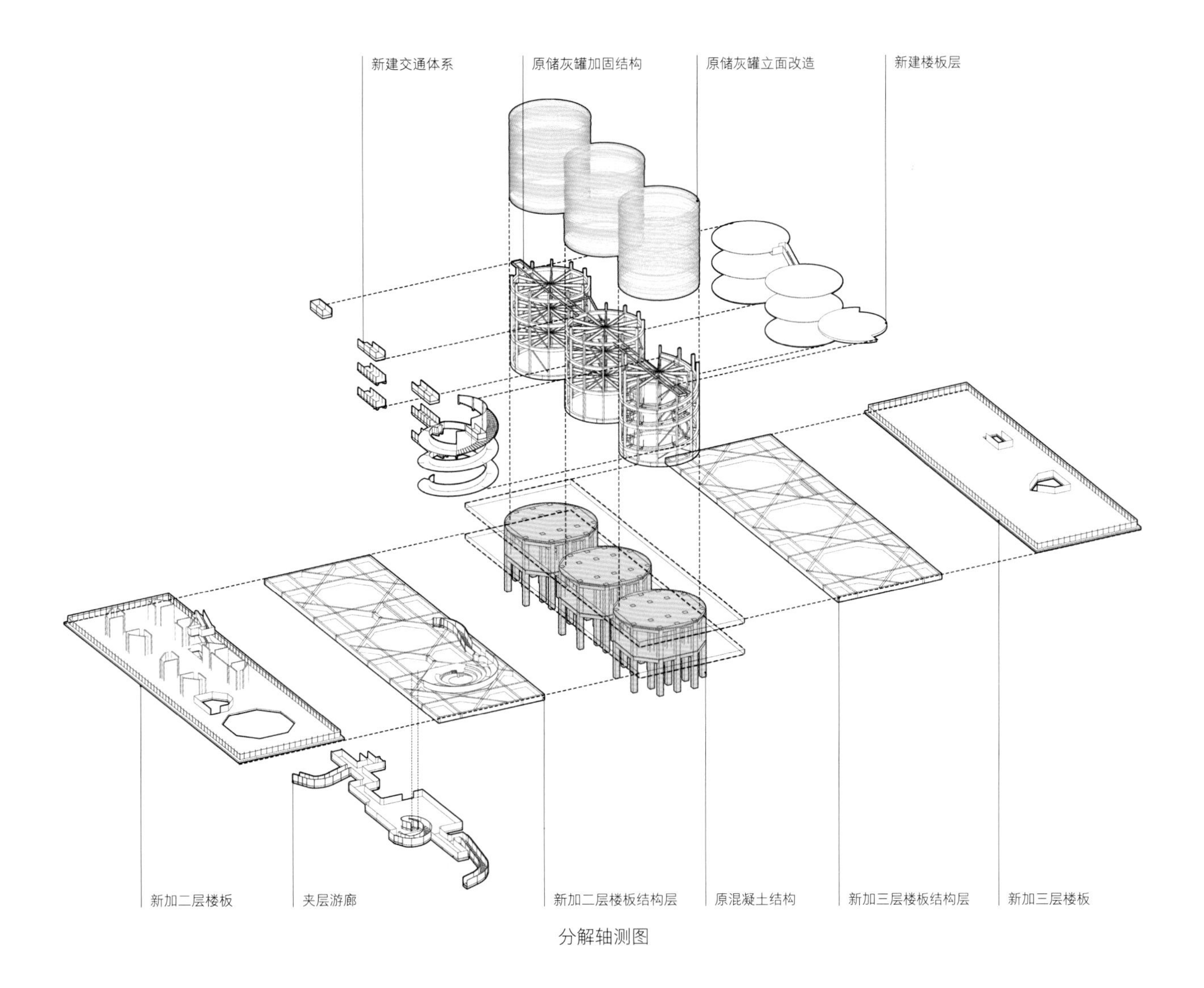

分解轴测图

2．水平江景中的局部竖向变奏

灰仓艺术空间作为上海杨浦滨江南段东部的重要节点，其整体位于规划防汛墙外的独特位置，以及与水平向铺展开来的景观形成鲜明对比的竖向密实阵列的混凝土结构体系，决定了它独特的场所气质。我们的策略是在保留原有风貌和遗存原真性的前提下，植入多个标高层次的开放公共空间以联结原本独立的三个储罐，并将水平流线向上引导，提供不同的视高与景观，作为整个杨浦滨江乃至黄浦江两岸以水平向漫游为主的体验的补充。

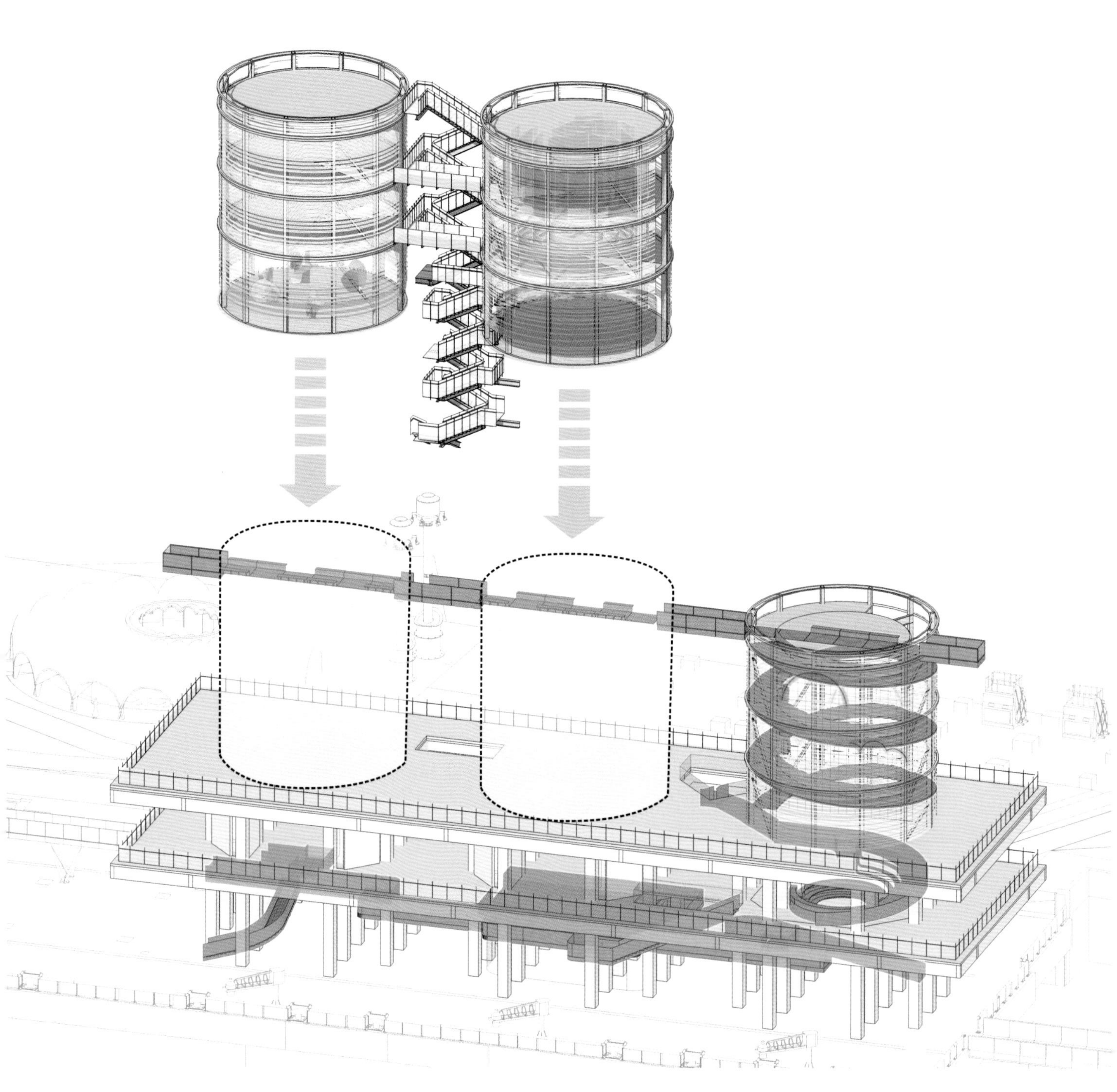

改造后轴测图

勾连室内外的漫游阶梯

灰罐之间的连桥

灰罐内的螺旋漫游路径

以原有构筑物的结构为依托，我们增设了两个公共平台，在储罐中置入了六个功能灵活的半室内展示空间，并以一组盘绕的流线系统将其联系起来，在公共艺术品介入后最终形成了艺术参与和公共漫游紧密咬合的空间触发模式。在2019年9～11月举办的上海城市艺术季（SUSAS）中，灰仓艺术空间作为东段驿馆，由葡萄牙艺术家吉马良斯、日本艺术家高桥启祐，以及中国设计师韩家英和章明四人打造为公共空间与公共艺术品的复合体，成为整个空间艺术季的一个重要节点。以城市大事件为契机，以公共艺术装置为催化剂，沉寂多年的工业遗存得以重新焕发活力，参与到当代城市生活之中。

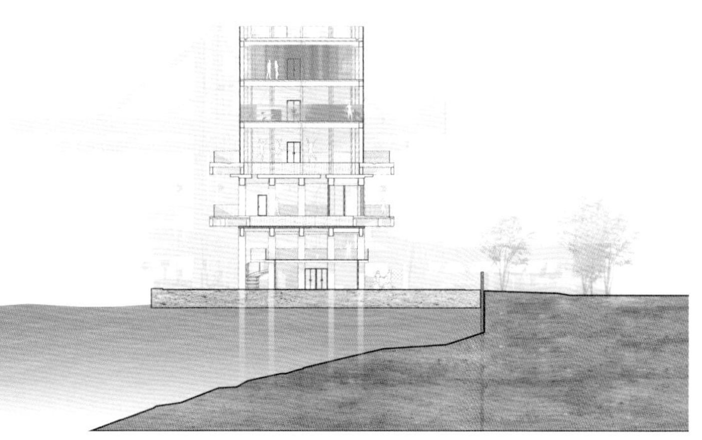

横剖面图

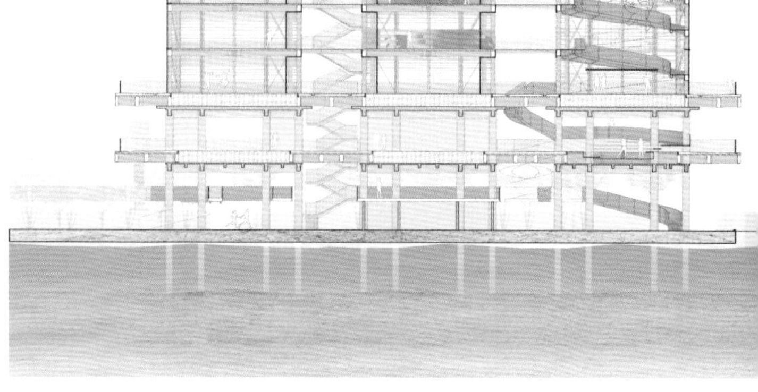

纵剖面图

东立面图

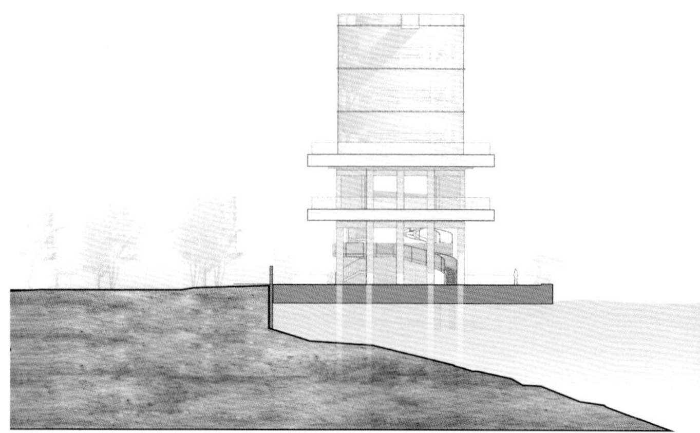

南立面图

3. 嫁接生长的结构策略

原结构由底部的八边形混凝土正交框架和顶部的圆柱金属薄壁储罐组成，两种结构体系的交会处成为新结构介入的原点。改造方案以修复加固的混凝土体系为基础，将新的钢结构体系嫁接植入。钢梁从混凝土结构中呈放射状水平生长，形成平台，并向下悬吊植入的漫游系统。游走其间时，风化粗砺的混凝土丛林与精密钢结构细部之间的反复对比成为强化空间体验的重要元素。

上部储罐由于原金属薄壁结构难以承受集中荷载，于是改造中使用了新的钢结构进行替换，在满足整体风貌保护的前提下提供可使用的空间。钢柱以原混凝土结构为根基向上生长，并在原罐体加劲肋的高度增设辐条状钢梁，与楼板形成使用空间，三个罐体之间以连廊相连，联通空间的同时增强结构的整体性与横向稳定性。

4. 局部生长的片段

在自地面向屋顶运动的过程中，流线将经过几何秩序与空间特质完全不同的各个标高。盘绕而上的游廊系统以各标高之间的转换处为设计出发点，在符合现有空间秩序的前提下加入自身的几何秩序。游廊系统基于局部的新旧结构排布及功能需要植入旋转楼梯，或是放大形成向心的剧场，以及充分利用罐体的通高空间设置螺旋形坡道，在连接各个标高的同时引导视线向内集中或向外辐散，编织其各个方向的江景及城市景观。游廊因地制宜的局部处理使得每次在楼层间切换时的体验均不相同。

5. 虚实相间的表皮策略

为保留原储灰罐的完整外部形象，同时为内部空间营造适宜的光环境和能够环顾城市的全景视野，上部罐体的表皮采用了虚实相间的朦胧化处理方法。构造上，在参照原结构的色彩后，改造方案使用了浅灰与浅黄两色的横向铝制条带为立面主要材料，以相互之间留有缝隙的方式固定于内外层之间的张拉结构钢缆上，并根据室内不同的采光需求和人的视点高度进行条带整体疏密及具体位置的调整与优化，尽可能减小对室内采光及视野的影响。

为最大限度地适应多种展陈需要及未来可能的功能变化，设计中未设置确定的气候边界，而是将展陈空间作为江上自然环境的一部分，充分引入风、雨等自然要素，模糊观者与自然的体感边界；同时，在不影响立面形象的前提下，立面的虚实变化及内部结构构件的排布方式也能够满足需求和功能变化时室内布局的进一步改造。

未设置确定气候边界的
二层展陈空间

底层入口空间

虚实相间的表皮策略

1 夹层观景台
2 夹层游廊

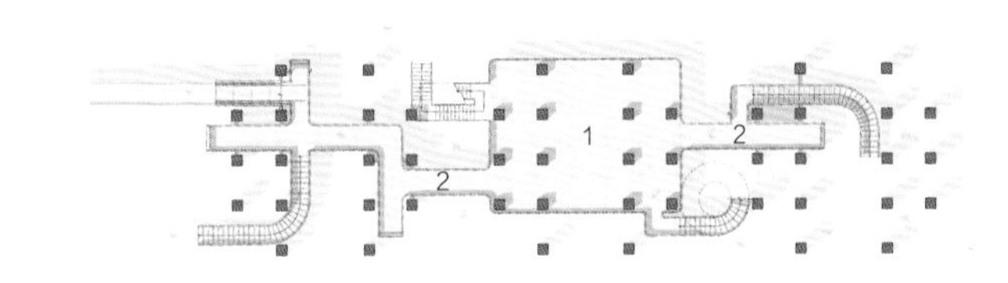

夹层平面图

1 接待厅
2 休息厅
3 小剧场
4 休闲平台
5 弱电间
6 强电间
7 辅助空间

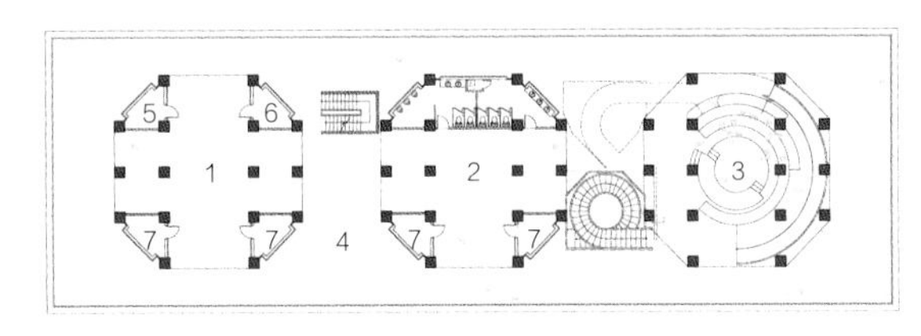

二层平面图

1 展示空间1
2 展示空间2
3 螺旋坡道展示空间
4 休闲平台

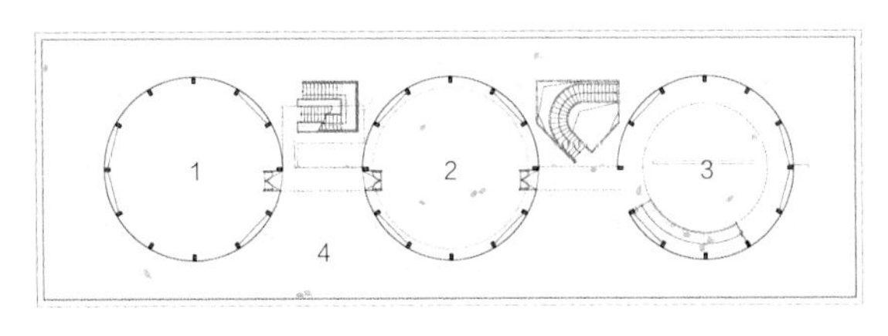

三层平面图

1 展示空间3
2 展示空间4
3 螺旋坡道展示空间
4 休闲平台

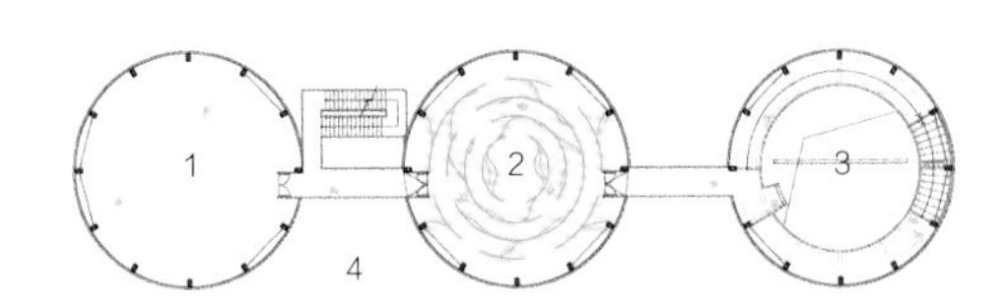

五层平面图

南立面主入口

FAN ZENG ART MUSEUM

范曾艺术馆

南通大学新校区的一大片开阔地中，泛黄的蒿草在寒风中不断地倒伏与挺立着，周边呈现出快速建造后的整饬与空旷，这与我们臆想中的水墨氤氲的人文之乡有些落差。之前并未与范曾先生谈过水墨。一来素有见山不做山、见水不做水的秉性，与其粗浅地描摹勾画，还不如心存敬意地远观更为妥帖。二来水墨的浑厚华滋得益于千年的沉淀，其要义不是只言片语所能概括的。所以摆脱了再现水墨的诉求后，一切似乎变得轻松而简单起来。

南通市南通大学校区内・2010.11 – 2013.01・7029m^2

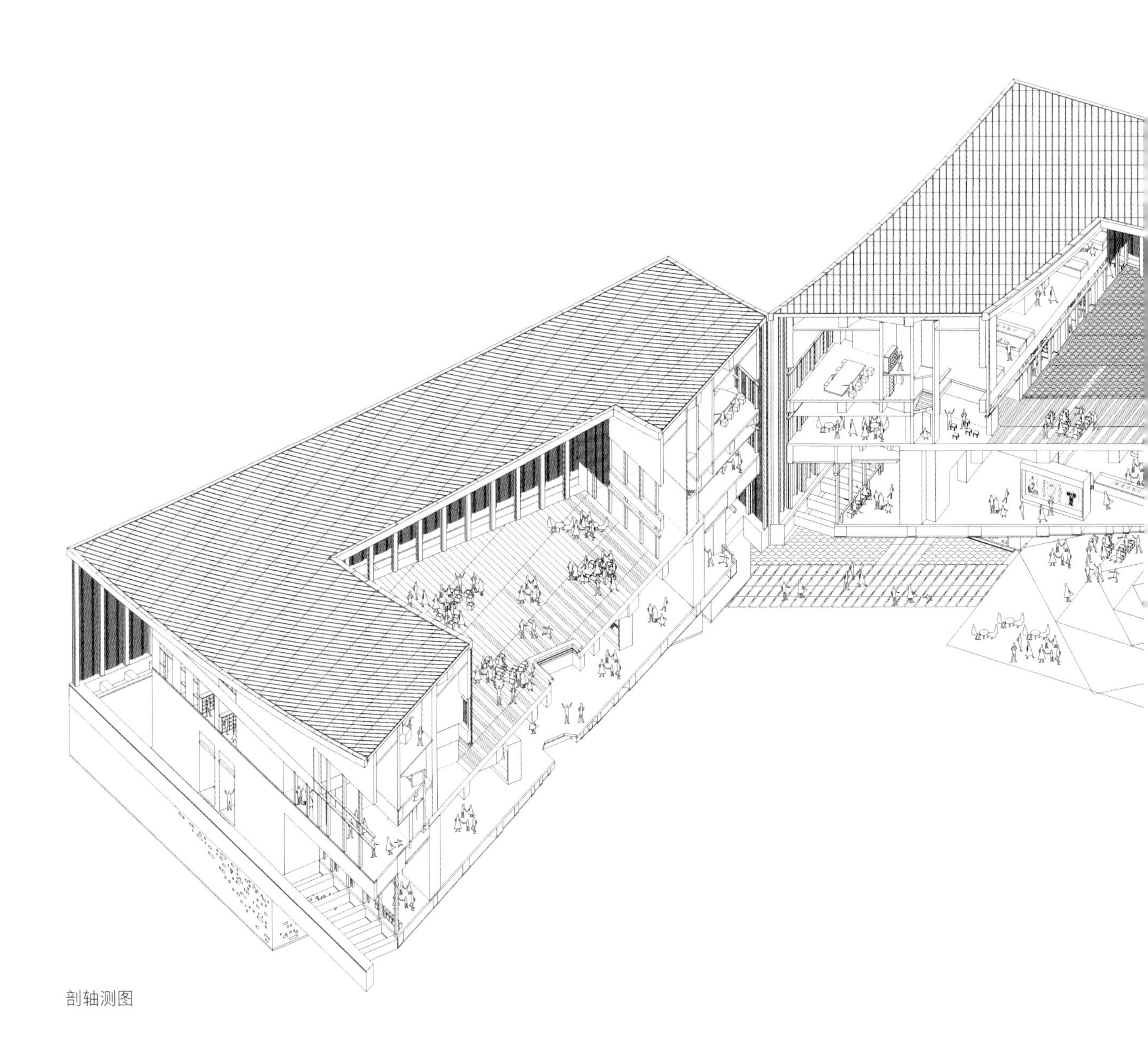

剖轴测图

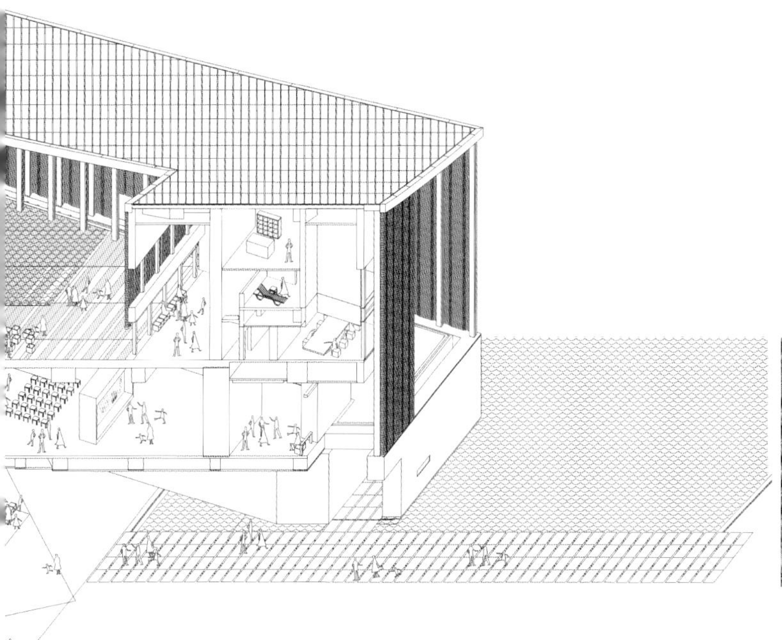

区位图

我们依然希望从“关系前置”的角度入手并试图将其向前推进一步。这次的切入点是和我们一直有着紧密情感关联的“院”。在中国传统的空间中，这种扁平化、通用性的空间模式可以无限拓展，小至家园，大至天下。物象的院可避繁就简地归纳为三个特征：其一，单体对于群体的高依附度和顺应姿态，单体的意义只有在进入群体的构架之中才能彰显出来；其二，位置关系建构的重要性远远强于单体自身的建构，疏密适当、远近相宜的谋局远比起伏跌宕的单体更重要；其三，群体关系的丰富度远远大于单体的丰富度，群体的差异性与丰富度是通过单体关系的变化而实现的。粗看之下，这与我们一直热衷的“关系前置”相当类似。但从关系进化上看，传统空间的单元采取几近相同的模式，单元的趋同性保证了浑全整体的文化意象与要求。此外，单元间的关系建构呈现不断重复的同构性特征。而“关系前置”的主张并不强调单元的趋同性与关系的同构性。相反，我们希望局部的生成建立在自我生长的意义之上，因此局部未必一定是相同或相近的。同时局部之间以非先验性的甚至是异构的关系相连接，使整体呈现出更多的可能性与丰富度。

北向黄昏景

入口门厅（姚力/摄）

三层屋顶合院夜景（姚力/摄）

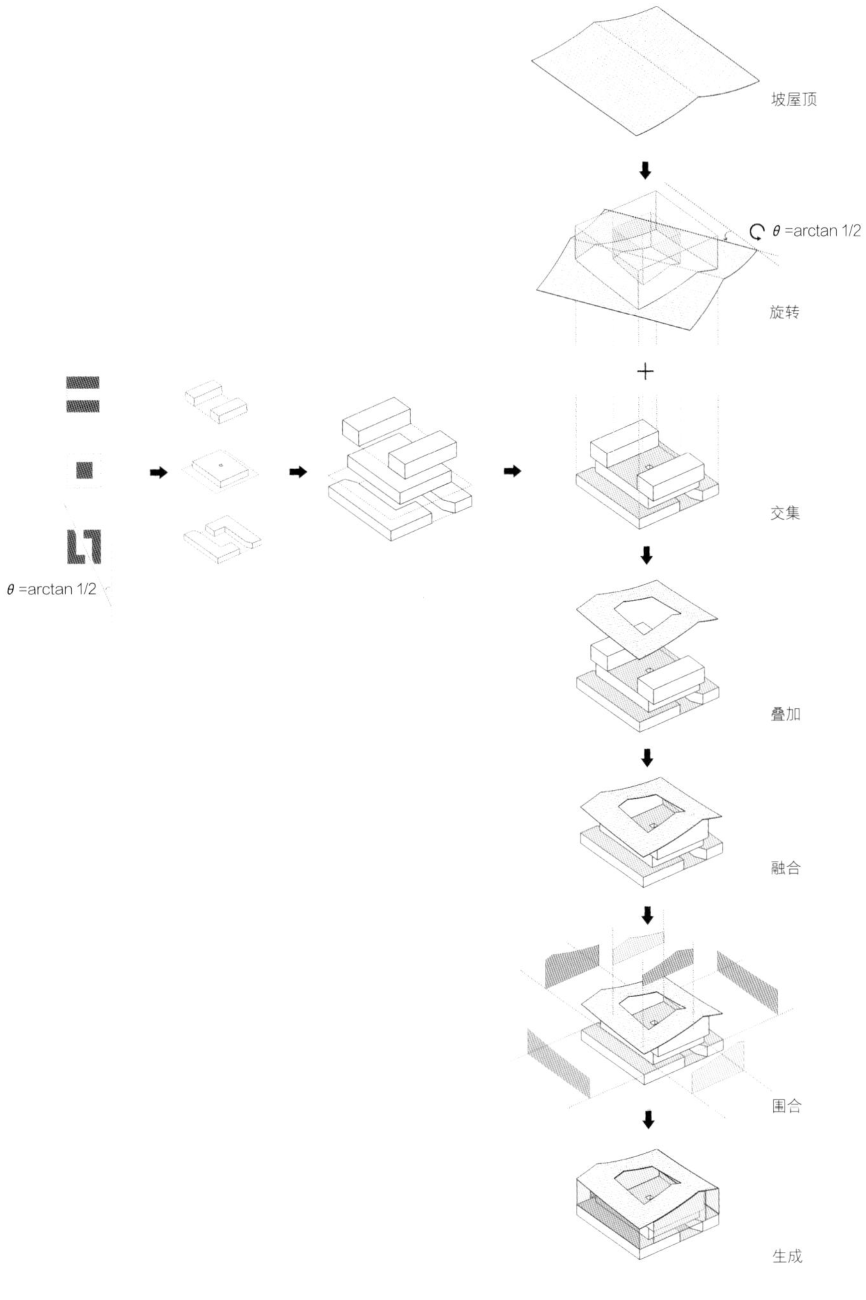

形态生成图

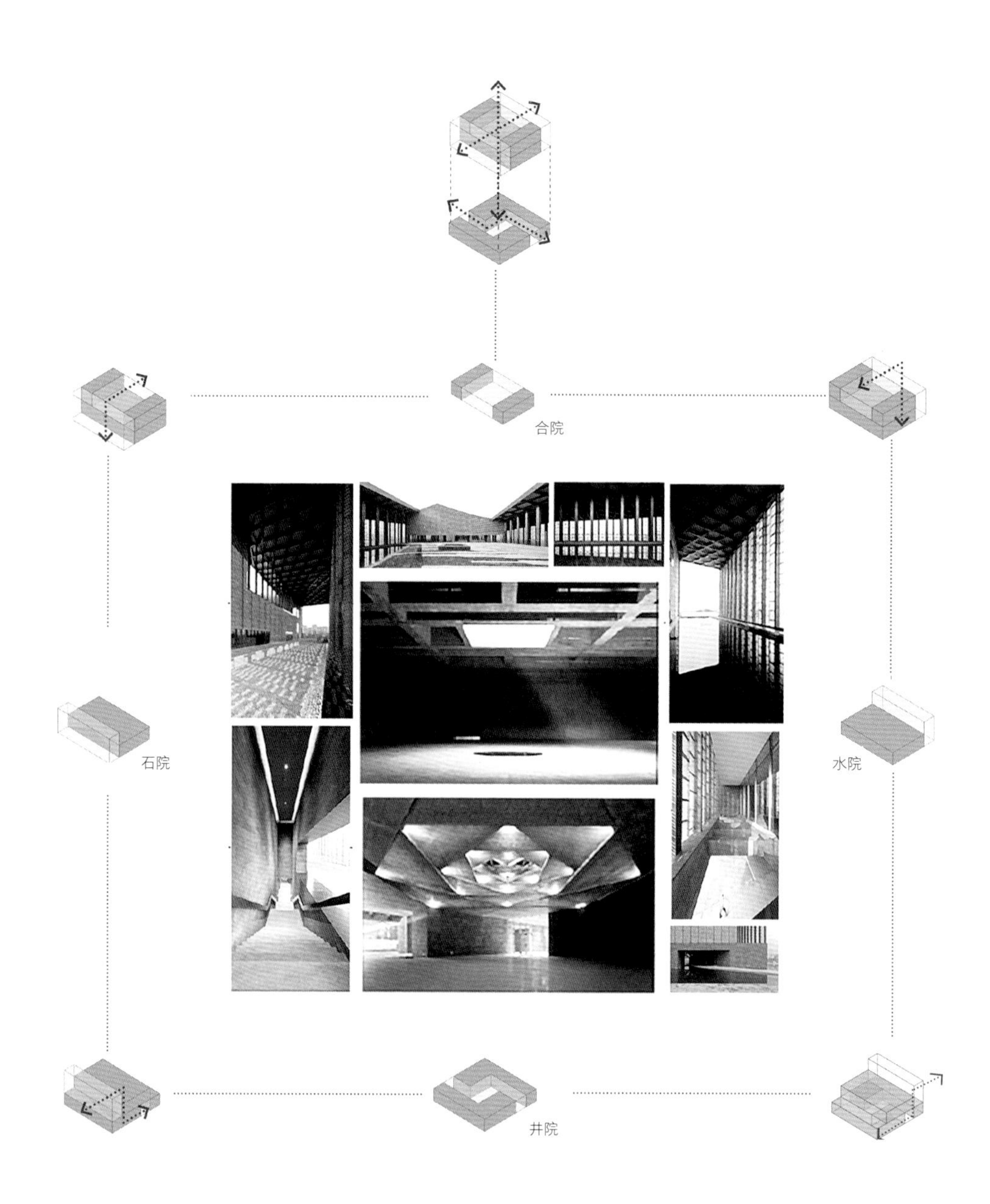

空间结构分析

西南向晨景（苏圣亮/摄）

二层水院（姚力/摄）

范曾艺术馆强调的“关系前置”，首先表现在依照三种不同院落的自发性生成秩序铺展开略带松散的局部关系。这如同一个可以容纳水墨浑融的空灵腔体，为浓进淡出的晕染留有发挥的余地。建筑的底层是一个导引与疏通的院落，两组由门厅与临展厅组成的L形体量错位围合形成略为曲折的穿通性。斜向的穿通空间一面迎向东南向的主入口，另一面则指向北侧滨河的范仲淹的立像。这大概是场地中唯一对范氏家族一脉相承的家学渊源的提示了。灰色的水磨石地面，灰色的洞石墙体，灰色的清水混凝土顶部，在一片冷灰色调的包围下人们进入一个略显灰暗的入口区域，与外部水面倒映天光的清亮状态形成反差。由于穿通的方向从东南角斜穿到西北角，于是从建筑的正面无法看到对角的开口，只是随着人体往前的移动，慢慢显现出来。但光线并不受曲折的限制，顺着青灰色的洞石漫射进来，使整个空间呈现由明到暗的渐变效果。这种只见光影而不见开口方向的曲折，带来隐约的邀请意味，从而引发进入探寻的意愿。斜向的穿通空间是完全开放的公共区域，希望日后与北侧待建的艺术学院和传媒学院共同形成具有人文气息的艺术共享区域。愈往内部移动愈能觉察到深灰色火山石厚重的围和感，直到“井院”的中心，瞬间被一片光晕所笼罩，有如被光沐浴般的体验。光晕将人的视线引至顶部，透过类似于藻井形式的清水混凝土结构，可以观察到自然光通过垂直贯穿展厅的“光井”倾泻而下，故而称之为“井院”。

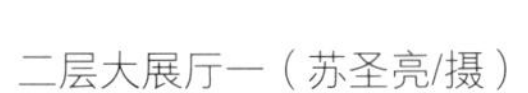
二层大展厅一（苏圣亮/摄）

二层大展厅二

底层入口灰空间（姚力/摄）

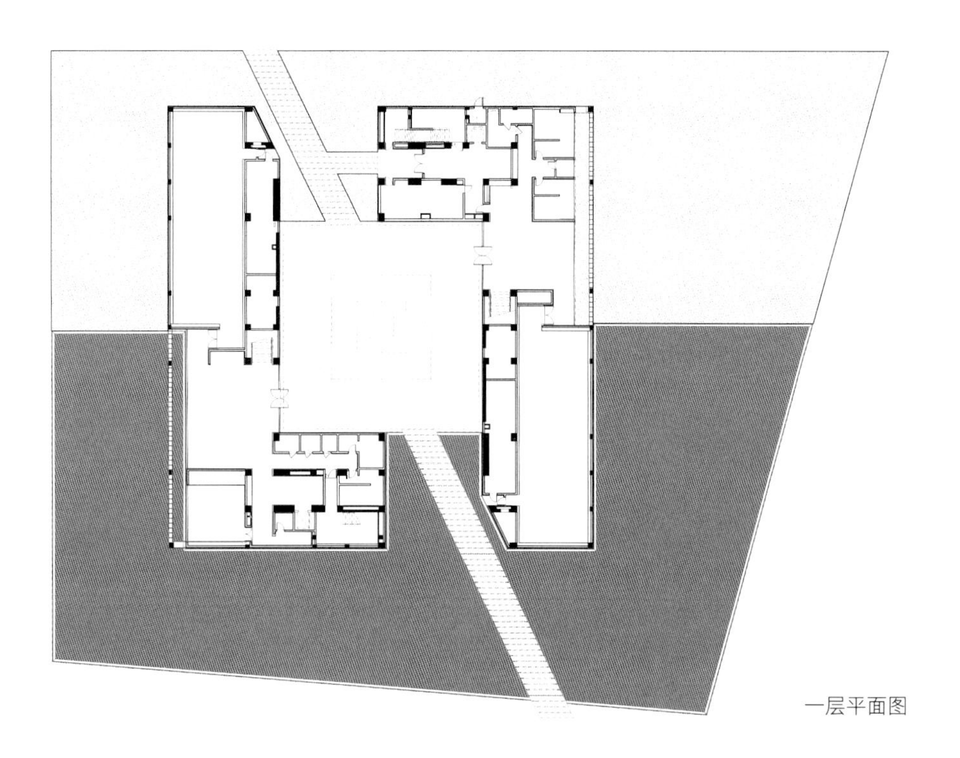

一层平面图

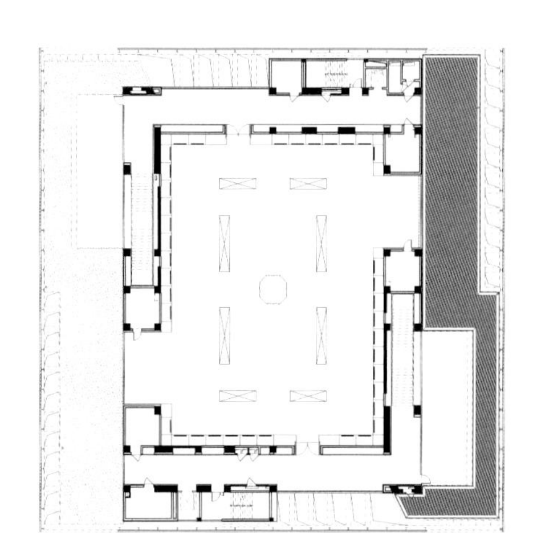

二层平面图

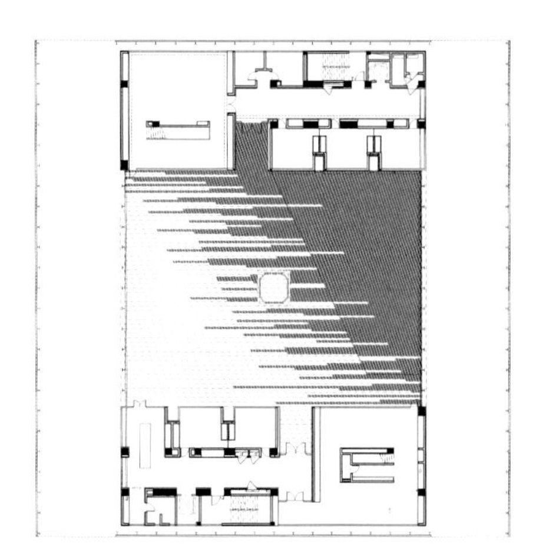

三层平面图

范曾艺术馆主入口（姚力/摄）

西立面黄昏景（姚力/摄）

门厅的入口需要从井院的中心返折向西，它与井院并没有明确的界定。灰色的洞石统一了室外与室内的基调。可以忽略的通透玻璃使门厅对景的镂空墙体十分清晰。室外的日光穿过墙上的小孔散射进来，呈现光影婆娑的逆光效果。入口广场的水面漫过镂空墙体进入墙体与门厅的窄缝空间，将一片水光潋滟反射到门厅顶部。一层的临时展厅就置身于这个迷离路径的尽端。

建筑的二层有两处南北穿通的边院，居于大展厅东西两侧。顶部覆盖的院子成为大展厅的室外延伸区域。沿着厚实的直跑楼梯拾阶而上，高耸的引导性空间忽然被打开，透露出二层边院的局部面貌。这种类似于扁长景窗的序列一直延展到大展厅外侧的走廊，长卷式地呈现出陶棍幕墙过滤后的半朦胧的外部景观。景窗的序列并未在走廊结束，进入中央主展厅后，依然会不时与之相触碰，展厅对称的两个端部留有横向长窗，可直接窥视外部的平静水面与泛着细碎反光的大片砾石。但由于院墙以陶棍幕墙的形式过滤掉了直射的日光，因而使开放展厅的愿望得以实现。通过走廊步入水院和石院，顿时感受到南北通畅的气流和如同被纱帘柔化过的光感，也可以同样明确感知到气流与光感一直蔓延到三层空间。由于两个穿通的边院呈现水与砾石的两种特征，故称之为“水院”与“石院”。水院与石院成为展厅与外部空间的间层。

二层石院（姚力/摄）

剖面图

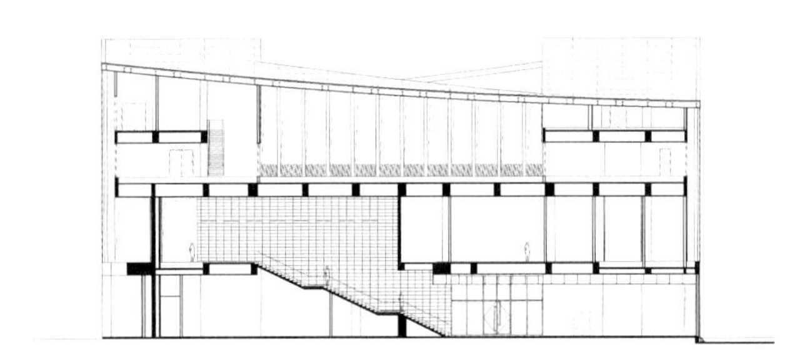

剖面图

三层屋顶合院（姚力/摄）

主入口立面雨后效果（苏圣亮/摄）

二层院落看一层院落（姚力/摄）

公共区大台阶（姚力/摄）

建筑的三层是一个四边围合的内院，南北两侧的办公、研讨室和画室朝向内院采光。而东西两侧以朦胧的院墙作为围合界面。三层的院落提供了从幽闭到豁然开朗的体验。与天空直接相接的围合院落，因借富于质感的砾石地面和舒展飘逸的顶部特征而显得富有趣味。三层院落的东西两侧与二层水院、石院相融通，为使用者提供了更为丰富的观感。场地的铺地以一半砾石和一半水面交融而成，再次提示了暗含于底层场地和二层边院的水石关系。庭院正中有一个类似于井的天窗，在其下的二层展厅也以同样的洞口与之对应，这如同一口虚拟之井，将顶部的日光贯穿三层底板、二层展厅引入到底部架空庭院的地面。于是，由光串联起的感知线索就弥散在整个场所之中。由于我们采取了屋脊与南北向成26.6° 的平缓曲线坡顶，又与正南北向的院子相交，形成舒缓悠扬但完全不同于以往飞檐起翘的屋顶特征。由于此院与上下左右四个方向均有交合，故称之为“合院”。

在此基础上，我们构架起以井院、水院、石院、合院为主体的叠加的立体院落。“叠合院落”的初衷是期望在受限的场地上化解建筑的尺度，将一个完整的大体量化解为三个更局部的小体量，这更便于我们以身体尺度完成对院落的诠释。我们从类似于网格化的控制体系及整合全局的大秩序中脱身出来，从局部的略带松散的关系开始。就像看似不相干的三种院子，由于各自的生长理由被聚在一起，由于连接方式的不同而出乎意料地充满变数。

西南向晨景
（苏圣亮/摄）

立面局部（苏圣亮/摄）

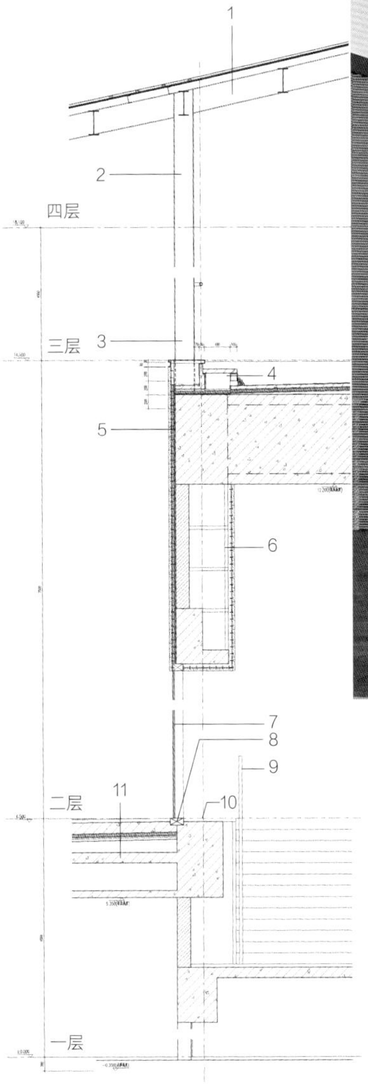

墙身大样图

1 钛锌板屋面（专业厂家深化设计）
钢檩条
350×150 工字梁

2 钢柱

3 3 厚钢盖板外喷深灰色氟碳涂料

4 排水暗沟

5 40 厚黑洞石板干挂
防水透气膜
50 厚岩棉

6 轻钢龙骨

7 断热铝合金框料双层中空 Low-E 玻璃窗

8 窗框

9 楼梯扶手

10 建筑面层

11 金砖，1% 向外找坡
轻质混凝土砌块
刚性防水层
20 厚水泥砂浆
50 厚泡沫玻璃保温
防水涂料
水泥砂浆找平
轻质混凝土找坡
结构板

立面局部（苏圣亮/摄）

三层屋顶合院看水院（苏圣亮/摄）

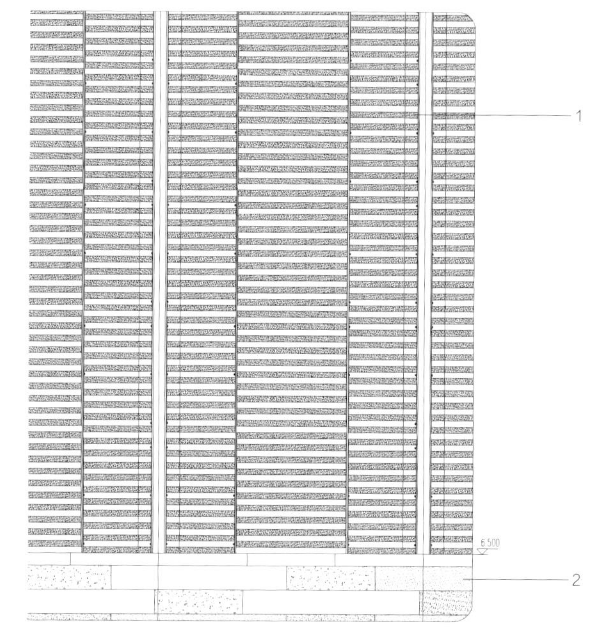

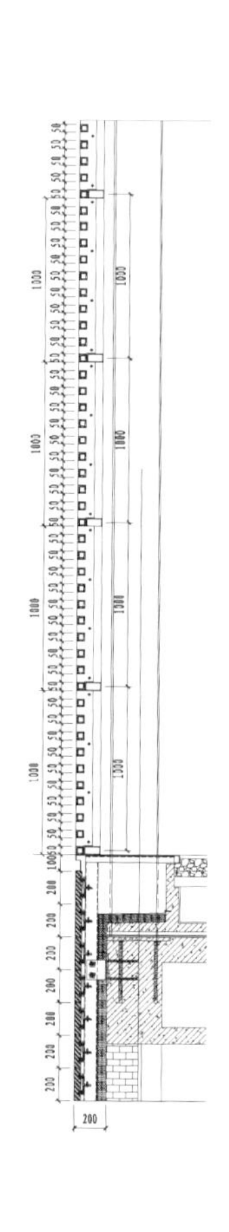

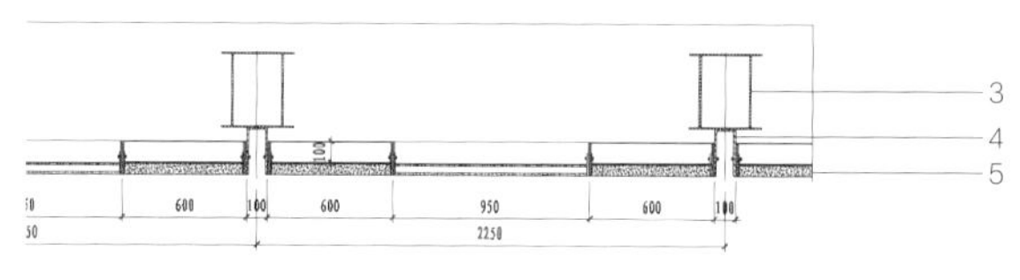

1 50×50×9立方陶（15根陶棍为一个整体）
2 40厚洞石石材
3 主体箱型钢梁（示意）
4 U 型钢 220×100×10，Q235
5 陶棍 50×50×9

陶棍幕墙节点详图

外立面局部（苏圣亮/摄）

三层屋顶合院日景（苏圣亮/摄）

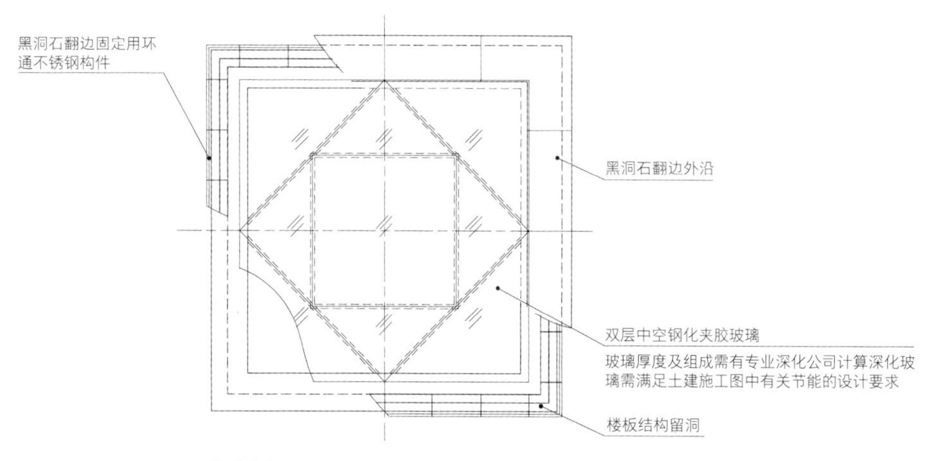

藻井大样图

底层架空藻井局部（苏圣亮/摄）

底层架空井院局部（姚力/摄）

关系的进化

THE EVOLUTION OF RELATION

中国传统文化中，位置关系的建构与人际关系的建构如出一辙。亲疏得宜、有度有节、不卑不亢的关系尺度是最符合中国人的人文传统与理想的，因此建筑谋局中少有大开大合的激荡之作，而多为疏密适当的平稳布局。

– 之间的状态
- THE STATE OF IN-BETWEEN

– 错位产生的间层
- LIP-PAR-LIT GENERATED BY MISMATCH

– 既非内部也非外部的所在
- NEITHER INTERIOR NOR EXTERIOR

– 并置产生的交集与简单的多样性
- INTERSECTION GENERATED BY JUXTAPOSITION AND SIMPLE DIVERSITY

– 之间的状态

- THE STATE OF IN-BETWEEN

北侧通往二层的公共台阶

QINGPU SPORTS AND CULTURAL ACTIVITY CENTER

青浦区体育文化活动中心

青浦体育文化活动中心位于上海市青浦区新城一站大型居住社区，以满足举办全国性赛事、国际性单项赛事要求的同时，兼顾周边社区的体育文化活动诉求。本项目尽管在规模上定位为上海的区级体育中心，但在功能上强调专业化与社区化的结合与平衡，增强社区属性，以“内紧外松”的姿态融入周边的大型居住区。

上海市青浦区 · 2014.05 – 2019.12 · 30880m²

“体育大事件”（sportsmega-events）建筑往往倾向于宏大叙事：举办大型赛事或成为城市地标，这样精准而强烈的目的成为此类项目工具性的源发点，“自然而然”地激发出对“宏大”的追求——“符号化”的底层诉求加剧了造型手法的过量应用，而基于城市大型活动的承办功能也“默许”了对于“小事件”的无视。大型体育建筑往往以“孤岛”般的形态存在，割裂了延续城市生活的城市空间。市民日常性的使用被选择性地放弃后，大型体育建筑中的功能空间便“高效”地集中服务于大型活动。在资本“极权”式的控制下，细碎烦琐的日常生活被忽视的现状一度成为新的“日常”。

青浦体育中心正是试图在“宏大”与“日常”中寻求一种“之间的状态”，以此摆脱成为“体育大事件”建筑的桎梏，启发了一场对于全时、全天候服务城市居民的体育建筑新型应用常态的探索。

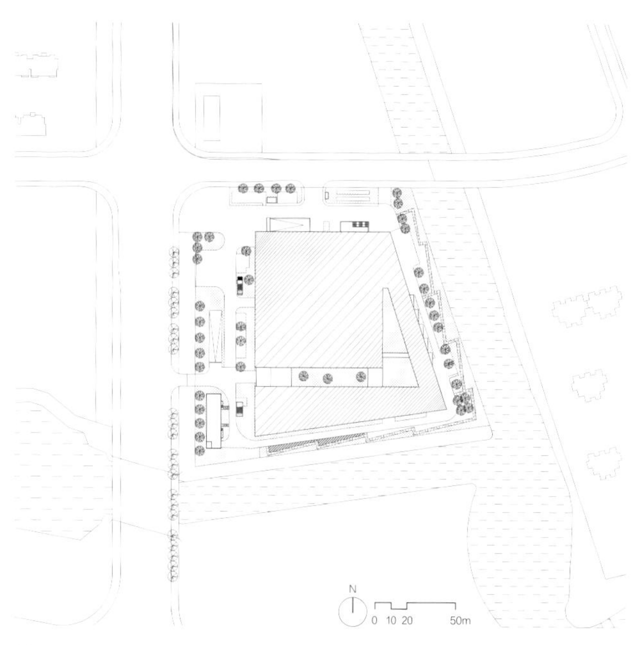

总平面图

屋面上翘的曲线

东南两侧临夏阳河

在赋予体育建筑日常性的过程中，深层建设理念与实际建造做法的错位，难免造成建筑与日常生活在实际使用层面的二次断裂。因此，建设理念与实际建造一以贯之的连续性尤为重要。借用中国古代哲学中“体用”的概念，即应使建筑的自身特点及其实际使用皆符合日常生活所需。中国传统儒家哲学从初期的本源论至宋代向体用论的转变，超越了本源论形象化的哲学模式，形成了明确的思辨哲学思维方式。朱熹提出的体用论释义代表性地阐明了其含义：“体是这个道理，用是他用处”[1]，意即“形而上的道理为体，道理的具体应用为用”[2]。体育建筑宏大性对日常生活的“排斥”在自上而下的日常性设计与建设中被化解。

体用为常，青浦体育中心在其设计建造的理念（“体”）以及其具体实现方式（“用”）双重意义上实现了日常化：其建造定位较以往大型体育场馆更为社区化，在专业性场馆与日常性文体设施之间求得平衡，通过还原日常的使用、融入日常的环境、延续日常的文化，转变了体育建筑脱离日常生活已久的现状，真正面向大众，服务于民。

1 门厅
2 贵宾休息室
3 数据处理
4 新闻发布
5 会议室
6 仓库
7 办公室
8 记者休息室
9 比赛场地
10 运动员休息室
11 训练场地

一层平面图

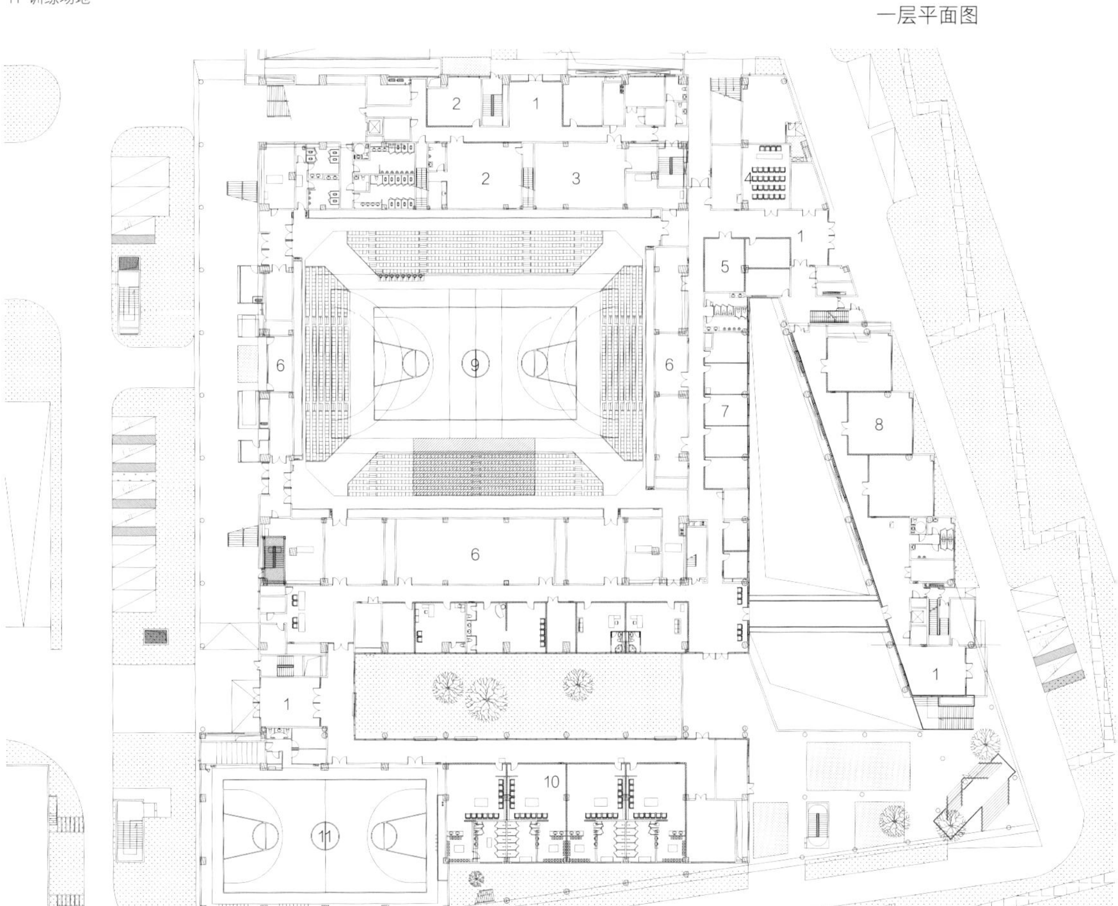

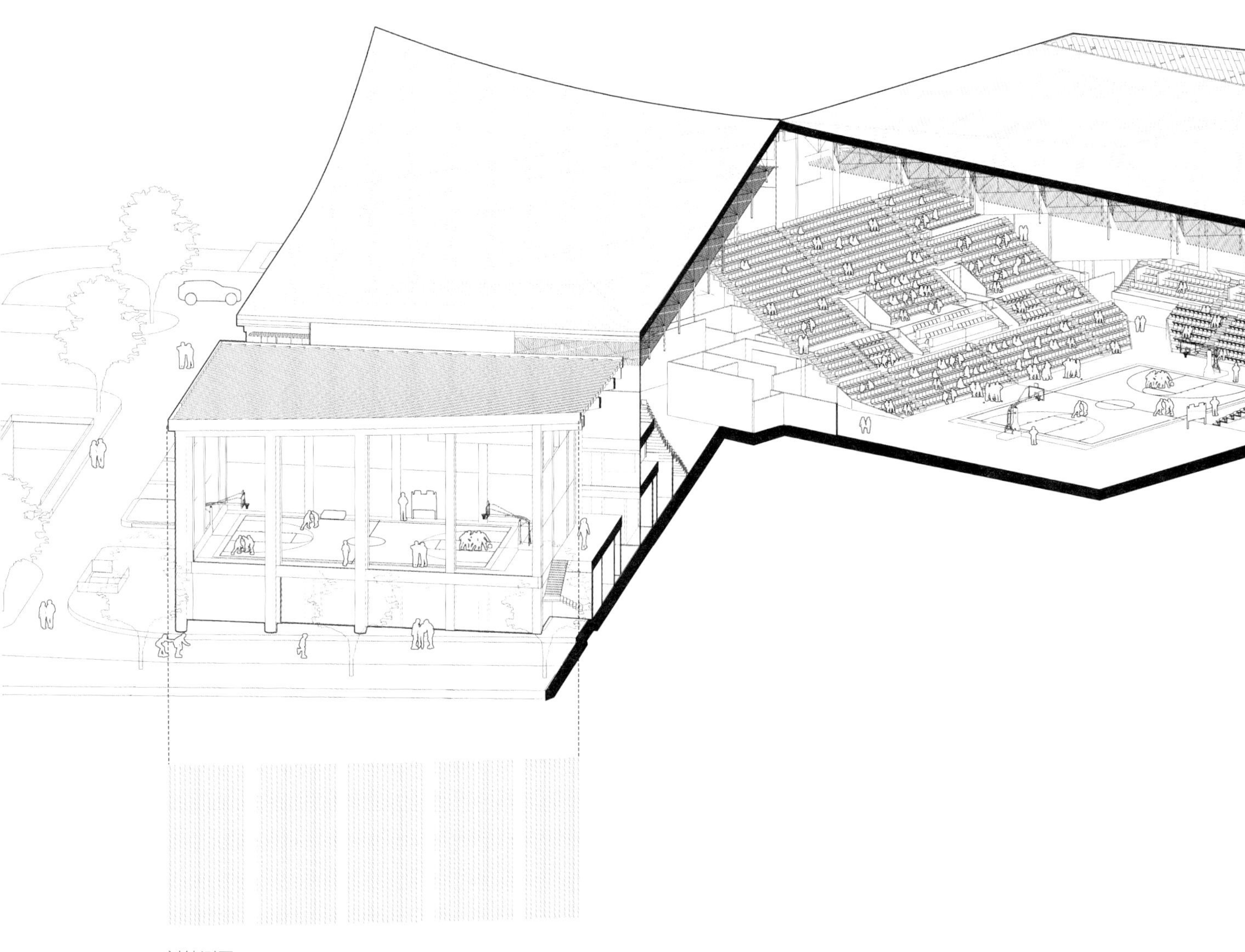

剖轴测图

“社区体育圈”中的体育场馆，主要服务周边居民，供日常休闲健身等体育活动使用[3]，因此对其可达性、可入性要求较高[4]。青浦体育中心尽管被高密度的住区环抱，却具有开放性特征，如广场般可自由进入，居民可以无碍地行动其间。这种功能上的开放性，得益于其对功能空间的精巧布局和创新演绎——青浦体育中心在功能空间上被分为内外两层：内层是场馆的功能核心，主场馆大厅和训练馆以专业的体育建筑标准设计建造，满足体育中心专业化的功能需求；外层则对传统交通空间进行了异质功能的复合性“升级”，环绕着功能核的，不仅仅是具有观众疏散功能的消极灰空间，而且形成了一条贯穿建筑的半室外绿色运动带，其间置入了全民健身运动项目，相应的运动空间被串联起来。原本的穿越性空间转变为驻留性空间，原本的消极空间活化为积极的半室外交往空间，原本仅有的赛时疏散和辅助服务功能“沦为次要”，而日常的居民健身运动功能成为主导。

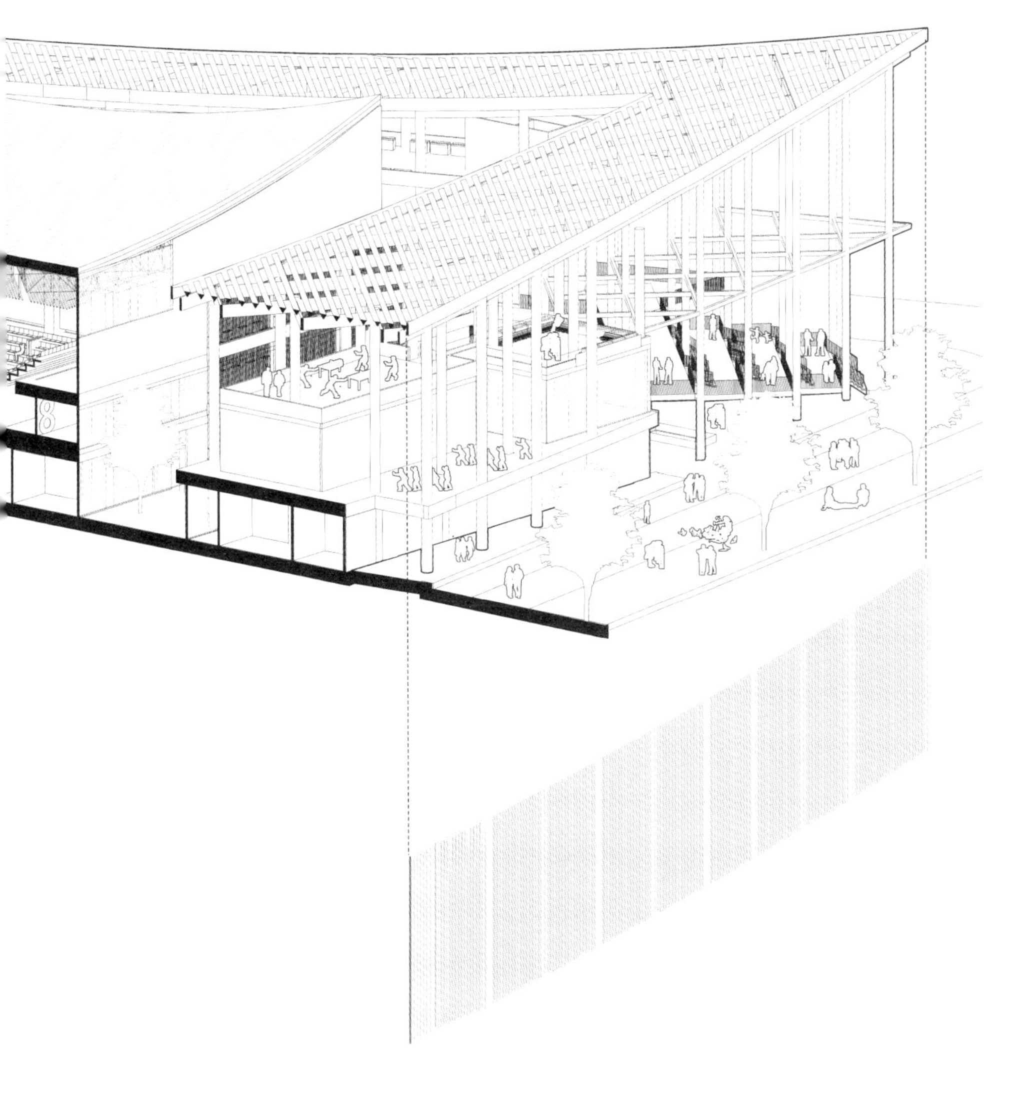

地处高密度住区却具有开放性特征

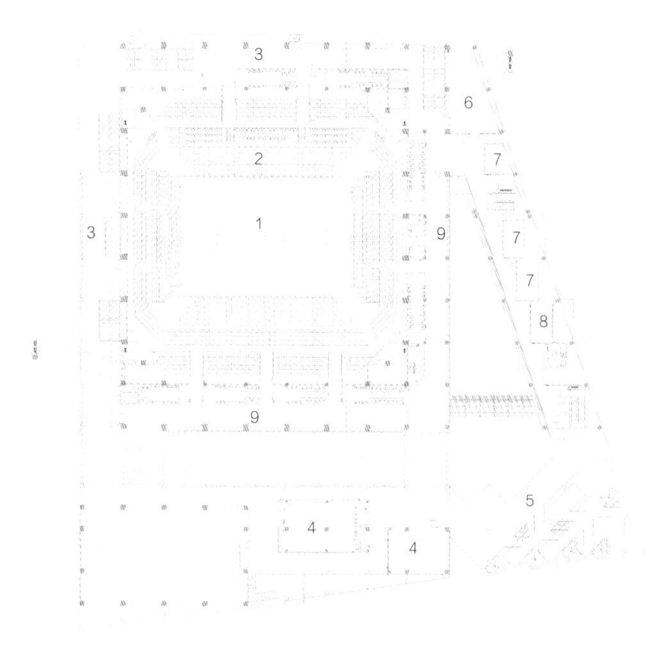

二层平面图

1 比赛场地上空
2 主席台
3 半室外走廊
4 运动俱乐部
5 钢结构平台
6 无障碍培训室
7 办公室
8 康复室
9 休息厅

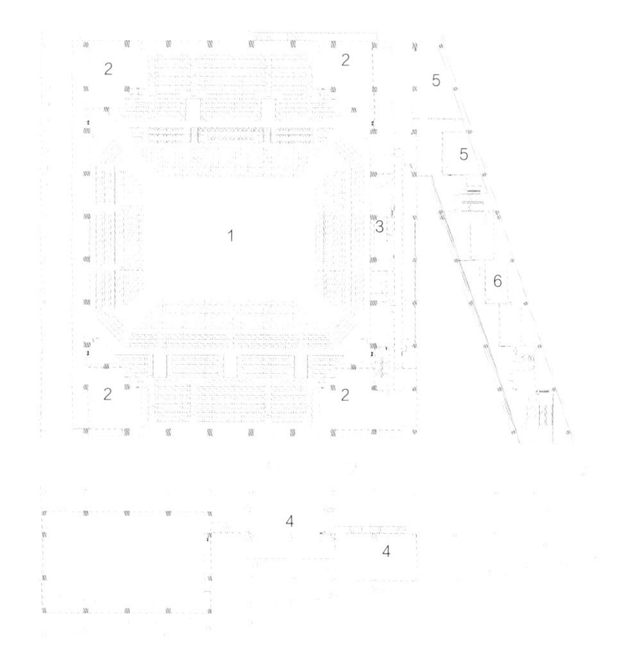

三层平面图

1 比赛场地上空
2 空调机房
3 控制室
4 上人屋面
5 展厅
6 体训室

公共台阶连接二层多义性空间

入口开放与城市界面相交

“绿色运动带”在闭馆期间也全部对公众开放。这一环绕建筑功能核的开放空间，对社区体育发展而言，完善了日常设施配置；对周边居民而言，具备了最大的全时可入性；对建筑本体而言，其半室外的空间形式，形成了建筑内外的柔性过渡，层层铺开的空间序列提升了场馆整体的空间体验。

为全面增强人们的日常性使用，体育中心面对公众呈现的开放性姿态，不仅体现在其“半开放”运动带的设置上，在更大尺度中亦有考量。在与城市相交的界面上，没有围墙阻隔场地与城市相接，人们可以自由选择进入的方向；在建筑与外界相交的界面上，没有逼仄狭窄的出入口限制通行，或贴邻立面或面向街角设置的大型公共阶梯将人自然引向内部的活动空间。唯一封闭管理的是专业赛事启用的主赛场核心空间。开放性空间在建筑与外界之间穿透融合，形成了体育场馆与居民互动的纽带，成为公共建筑对公众生活的有效日常性介入[5]。青浦体育中心则将固有的单一而封闭的线性空间转译为多层次的复合性开放空间，使体育中心在功能核以外，形成适合人们自在行走的“公园”场所，将宏大的秩序消解在对自在日常生活的回应中。

充分可达的多义性空间为人们的日常使用提供了基本面，灵活可变的功能核使用方式增加了场馆的使用场景，平衡了空间尺度和场馆日常使用率：“主场馆大厅共4000座，其中近2000座为活动座椅，通过分区域调节可灵活满足展览、演出等多种日常文化休闲功能，以及多种类、多级别体育赛事的场地需求。”[6]在居民日常活动的场所中举行大型活动，创造了将非日常的活动与日常生活结合起来的“契机”[7]，居民得以体验的日常生活因此更为精彩。

水网纵横的青浦作为“水色水都、生态宜居”之城，绿色健康的生活理念寓于城市文化之中。青浦体育中心地处河滨，东、南两侧临夏阳河。将建筑融入城市环境中成为设计面临的一大挑战——专业场馆的硬性空间要求无法缩减，自成其“大”的体量若不能在日常生活的语境中被人们自然接纳，则会成为破坏城市肌理、打断城市生活的“非日常”存在[8]。青浦体育中心通过营造一系列连续的、联系内外的“轻”空间，使其成为城市内陆空间与滨水空间的纽带，将人们对城市日常环境的体验延续、贯穿到对建筑自由地使用中来，消除了人们对异质空间的不适感，使人自发、自在地活动。

在场地层面，环场地布置的绿化健身步道，使滨水城市生活的亲水性在这里得以延续。在建筑层面，从立面设计、交通组织到多层级组织的公共空间，都使城市日常环境与建筑相渗透，人们可以保持惯常的多样性使用方式。沿河虚化的幕墙立面便于人们的视线自由穿越，确保了人们视觉感知的连贯，这不仅从客观的体量上削弱了建筑实体对空间场所的统摄性，更将临水一侧的建筑在人们感知的层面“透明化”，在人们的主观上化解了“大”体量的阻滞感。首层与二层相通的多向通道，使人们得以轻松漫游于各处休闲活动空间：建筑外的步道、首层的主庭院、二层的社区运动带，在不同层级上与水面建立起行为上的关联。主庭院成为区别于“实体”功能核的“虚”中心：东西向的主庭院顺接基地的主要出入口，又衔缀东南角的滨水开敞空间，庭院两侧以半室外的社区运动带和通透的功能围合区连通了西侧集散场地、社区运动场地、滨水漫步空间。这个由“虚”中心贯通起的“轻”空间序列将建筑宏大的体量打散，融入城市既有的日常环境中。

1 比赛场地上空
2 地下车库
3 通信网络机房
4 库房
5 药检
6 空调机房

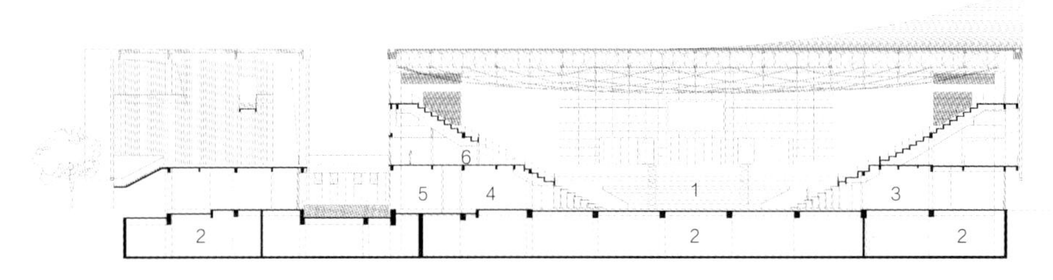

剖面图

另一种对于大体量封闭性的疏解，在于其内部空间与环境的联结：核心主赛场空间的外界面也不完全封闭，多级散布的绿地与院落在建筑内部形成的外向开口，作为“有窗的体育馆”使建筑具有了“透气性”，不仅让人们在观看比赛的同时能感受到周边的盎然绿意，还综合解决了赛场空间的自然通风和采光、能源损耗、维护保养等问题。

核心体育场内部空间

核心体育场内部空间

楼梯细节

陶棍幕墙形成的光影效果

公共台阶通往二层公共空间

由于中国传统体育运动和体育文化普遍的弱竞技性（除蹴鞠、马球等个别竞技性强的体育运动），中国传统体育文化场所中较少有专用的体育场地，许多都是非正式的，且体育活动的方式也因循传统文化，一如在山水游玩中产生的踏青、登高、骑射等所需的“体育建筑”则为自然山水环境[9]。文化基础投射出人们日常生活的需求[10]，因而文化性诉求往往会瓦解对建筑“宏大”秩序追求的必要性。现代体育建筑具有专业性竞技的空间尺度，因此，无法回避的是如何消除当地居民对庞然巨构的陌生文化感知，如何将“宏大”的意志化解在对当地日常文化的延续中。

水乡文化的转译体现在不同尺度上

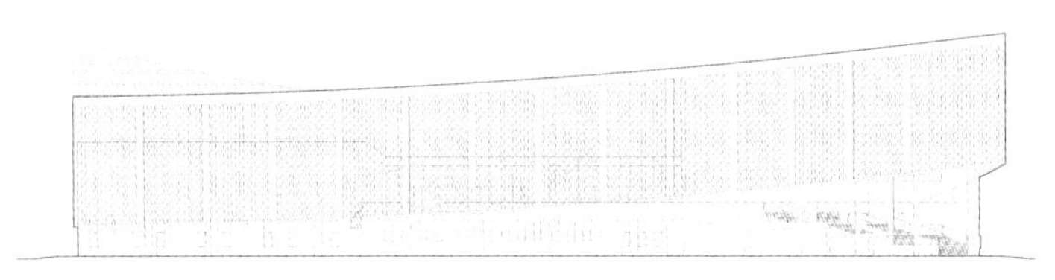

南立面图

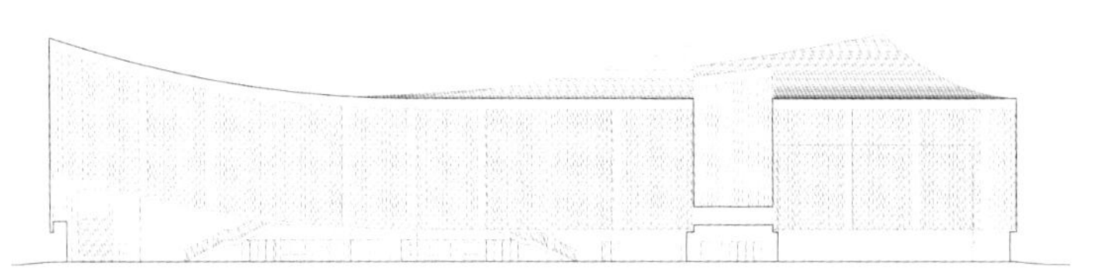

西立面图

内部院落空间和绿化

青浦体育中心地处江南，水乡文化在建筑中以文化符码转译的形式体现在了不同尺度上，以日常可见可感的文化意象或隐喻引起当地居民的文化认同，乃至唤起城市的历史记忆。建筑体量的处理上，打散分置的各主要功能空间和缀于外层的错落庭院，是对江南庭院文化的现代演绎，映射着江南民居聚落的肌理。造型处理中，西北角和东南角屋面起翘形成自然舒展的曲线，是对古韵飞檐的抽象提取。景观环境的处理上，临河而踞的地理优势被建筑的开放性放大，外化的主入口与连续性开放空间将滨水河景纳入其中。交织纷呈的意象引导着使用者体临江南水乡之风韵，地域性语言润物无声地传达着传统江南建筑的人居文化。而更有温度的是其双层陶棍幕墙——现代性极强的幕墙结构隐藏其间，消除了场所中的文化异质性。陶棍作为一种表面并不完美光滑的材料，给人以温柔乡土的质感。双层陶棍所形成的立面在内外观看时所形成的丰富光影效果，也具有这种类似的“柔软”特性，在其中叠入的类似水墨纹理的传统文化意象则进一步形成了对当地文化的回溯。漫游建筑之中，递进展开的地域文化意象消解了人们对异质巨构的排斥感，形成了对城市文脉的涵构，日常文化在体育建筑中延续，使宏大的建筑有了宜人的温度。

回归对人的关注，实现自由的城市生活，依存社会文脉与城市共生，青浦体育中心以此进行了一场对“宏大”的解离，体现了体用为常的理念，将“庞大”的体育建筑融入日常生活，成为人们轻松自在的日常性去处。

体用为常的理念，不仅仅囿于对体育建筑的解读。在城市更新的背景下，城市公共建筑和城市公共空间的营造，在建设理念和实现途径两个层面上都应回归日常生活[11]。“设计应让人感到自然而非刻意”[12]，设计者在实践中忠实于日常性的设计哲学，将使人们的城市生活更为自由惬意。

半室外空间融入社区日常生活

泵坑中保留的连通管

PIT ART SPACE

泵坑艺术空间

1911年建造的杨树浦发电厂，前身为1882年英商上海电光公司，在运作的百年过程中，不断为上海城市输送着电力与热力，其虽于2010年关停，但过去的工业设备、场地的工业遗存仍在整个杨浦滨江留下了深深的印记。

上海市杨浦区杨树浦路2800号 · 2015.05 – 2018.12 · 370m^2

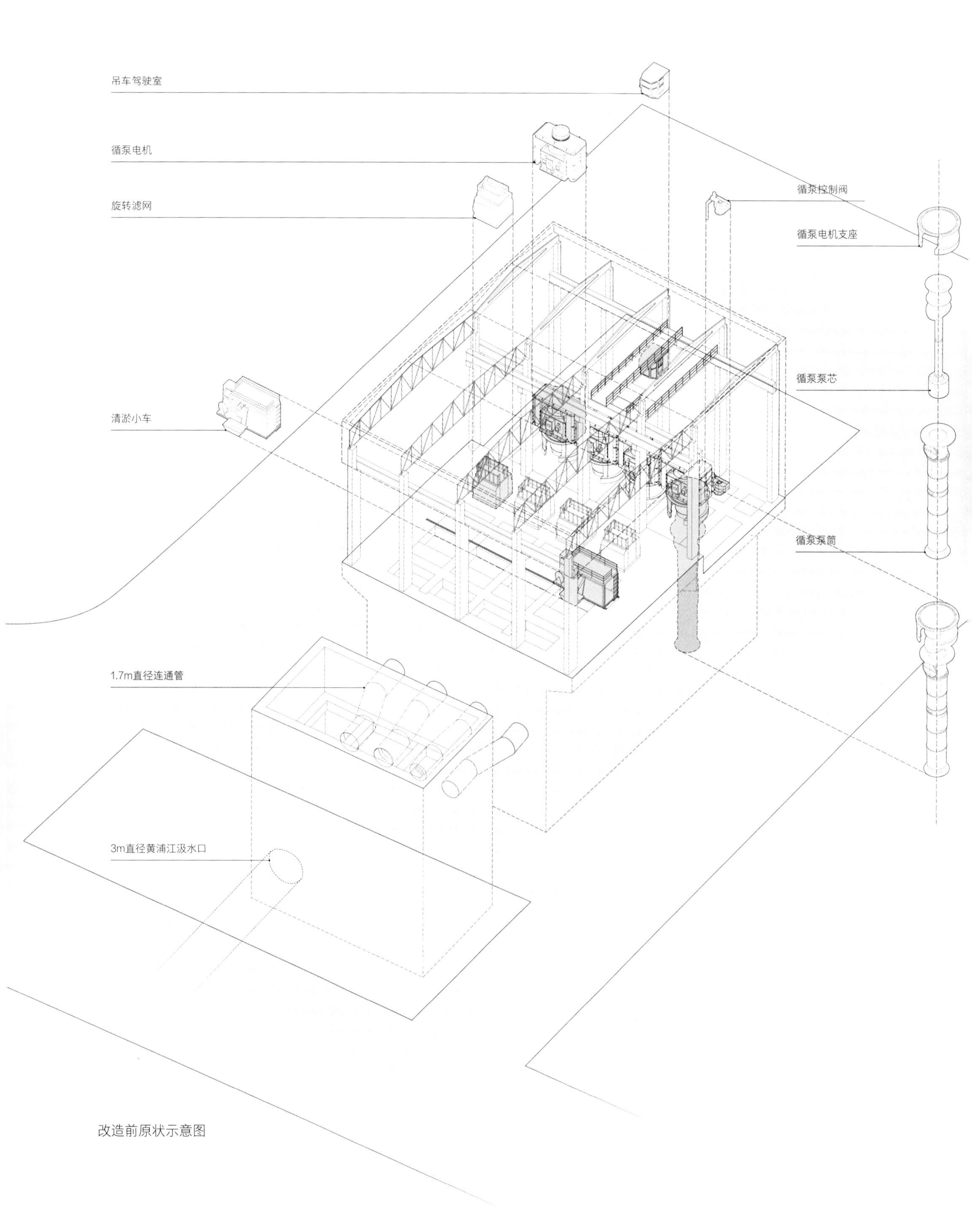
吊车驾驶室
循泵电机
旋转滤网
循泵控制阀
循泵电机支座
循泵泵芯
清淤小车
循泵泵筒
1.7m直径连通管
3m直径黄浦江汲水口

改造前原状示意图

改造前原状

原有机械

施工过程

初到电厂遗址，可以感受到一种对于尺度的困惑：高耸纤长而垂直向上的红白烟囱，秩序井然地立于江边的巨大储灰罐，错综复杂、或高或低穿梭于场地间的管线交织而成一张巨大的网，将整个场地网罗在一个工业生产流水线地图中。一种非日常的气氛弥漫在整个滨江空间中，而对于工业技术的陌生感、工业遗存的超常尺度所带来的震撼感，更为此处增添了一层空间体验的趣味感与独特感。

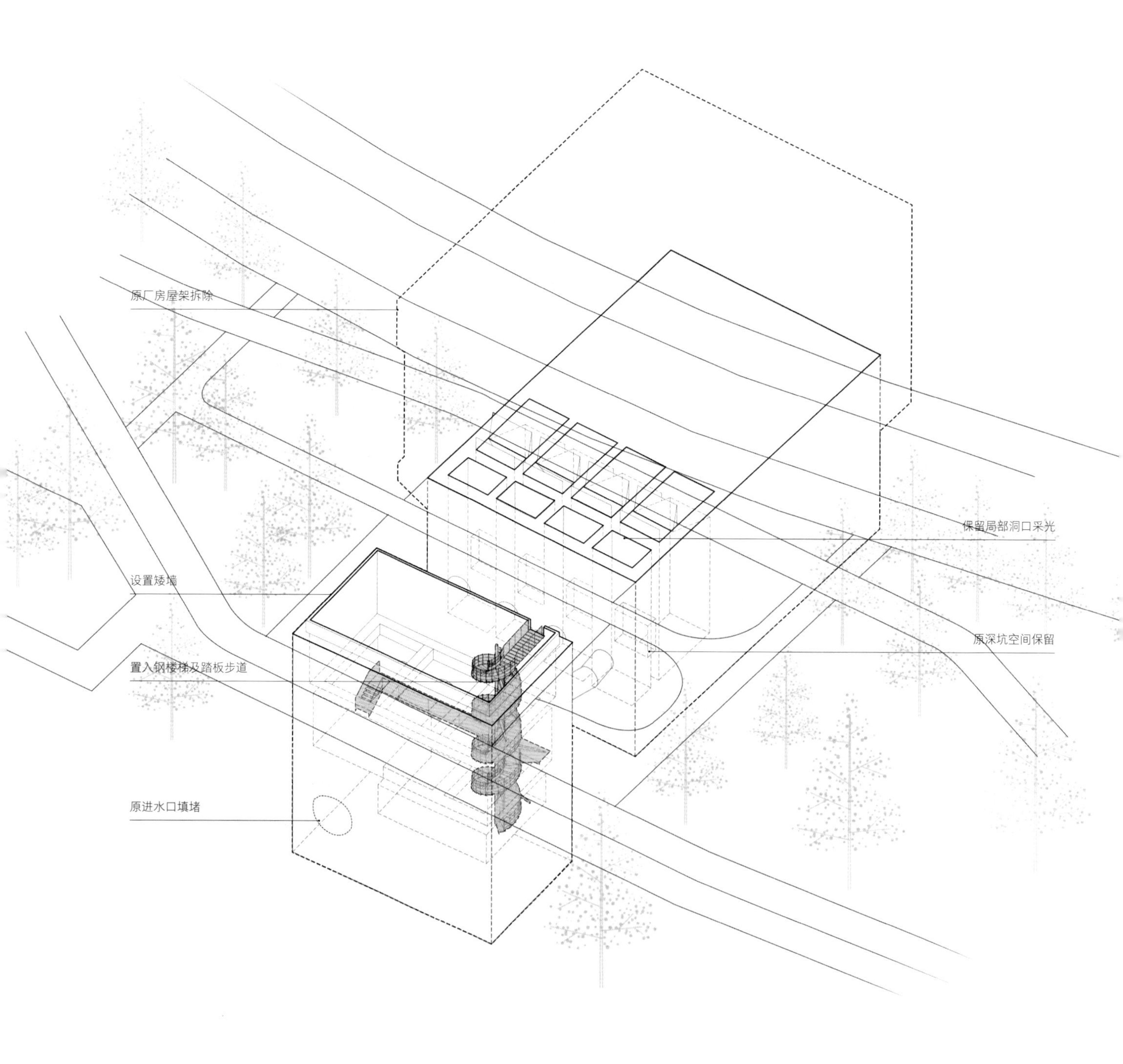

改造后示意图

被重新定义的泵坑空间

作为“非常规”建筑体形成的“之间的状态”

从保留的连通管望向钢楼梯

泵坑艺术空间原为电厂取水处，由南北两个深坑组成，之间由四根1.7m直径的水管连接，是电厂工业生产环节中重要的一环。其中临江一侧的深坑被高出地面的矮墙包围，顶部装配有蓝色彩钢板顶棚，遮掩了内部涌动的江水，犹如一个黑盒子，嵌在工业场地中央。深坑顶棚被揭开，潜水员潜入坑底，在坑内连接黄浦江的水管洞口处安装填堵用的混凝土模板，切断了坑体与黄浦江水间的连接，再将坑中积藏的江水抽干，这一深坑就成了一个真正的半封闭地下空间，因而有了许多可被重新利用的可能。阳光顺着坑体四壁缓缓倾泻至坑底，过去被封闭的空间久违地接触到外界的空气，封闭已久的陈旧气息夹杂着江畔清新的风的味道，放大了这种内外相接的极为独特的空间感。临江深坑的北侧墙壁设有四个圆形洞口，分别连接着北区的几个深坑。与临江深坑不同的是，北区深坑所在的地面原本建有厂房。初次进入厂房内部，各种早已不再运作的仪器设备井然有序地布置于空间内部，与地面的深坑共同统治着整个场所。外界的阳光被厂房四壁过滤，变得昏暗不清。巨大的马达、积灰的仪表盘、悬于高处的吊车都暗示着这里曾经是发电工艺运作中的重要一环。

顶部完全打开的泵坑空间

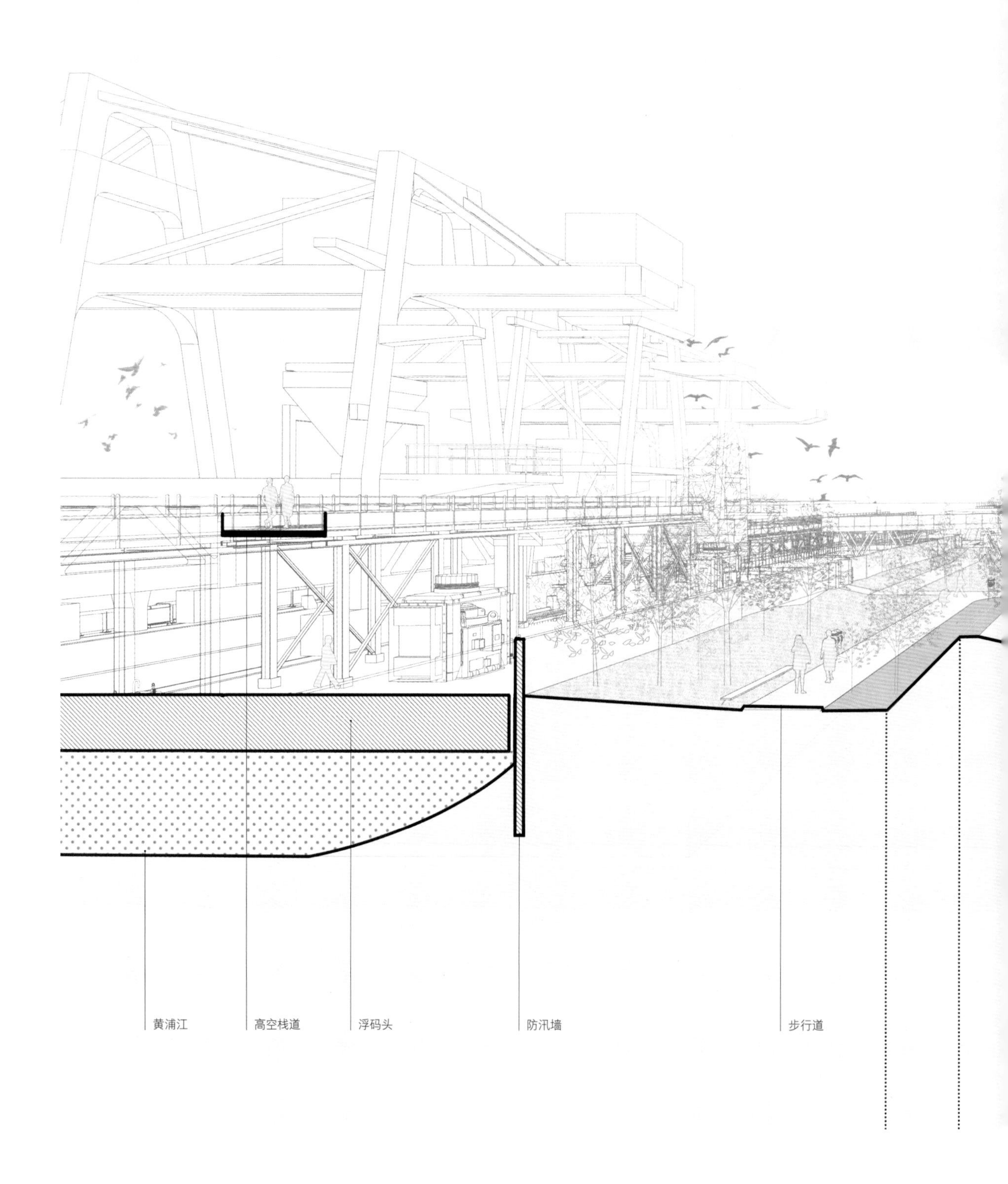
黄浦江
高空栈道
浮码头
防汛墙
步行道

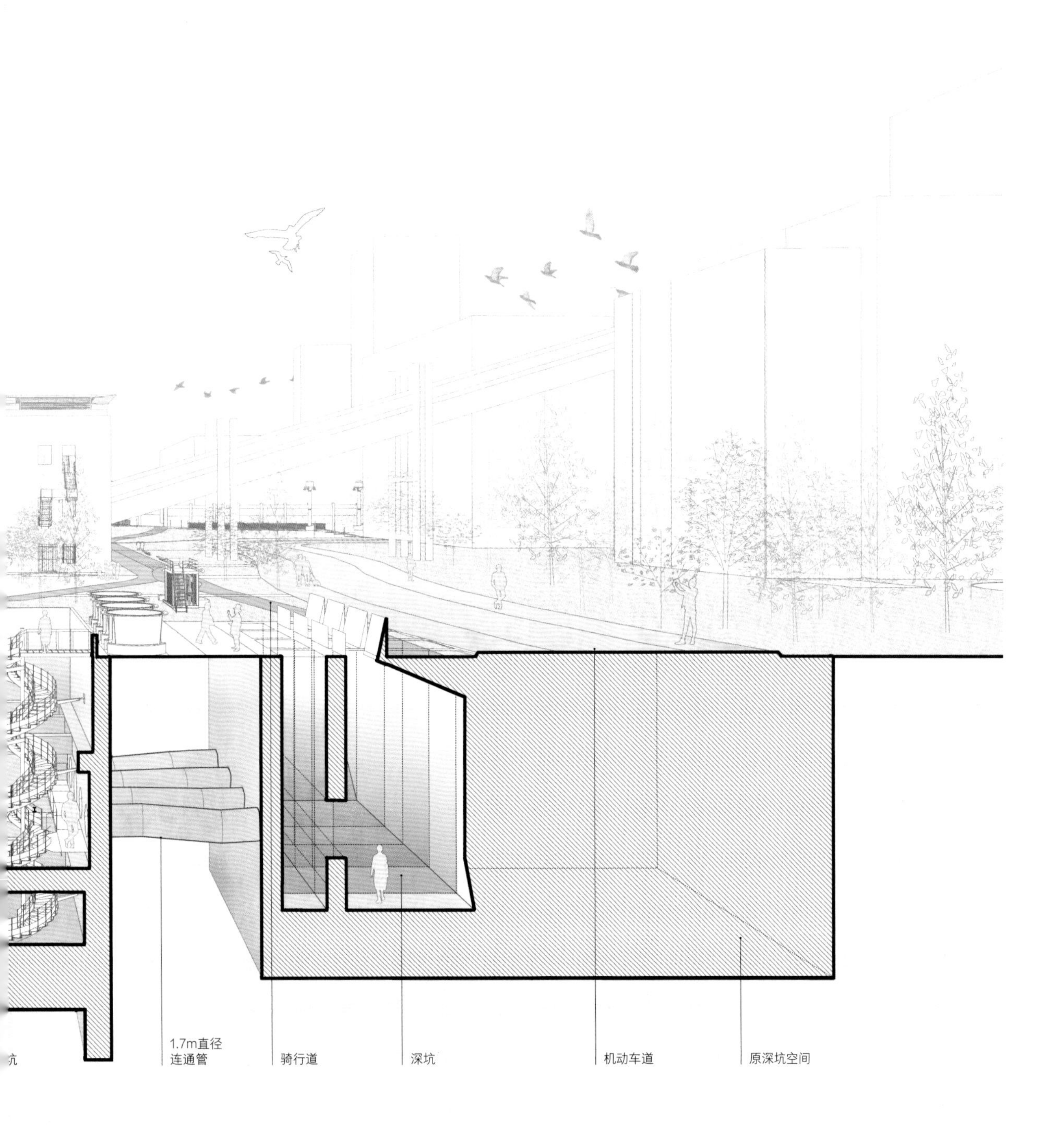

剖透视图

新置入的钢楼梯

取水坑这一深入地底的独特的空间形式以其极不寻常的姿态，在城市日常生活中形成了一个充满想象张力的场所。其粗砺的质感描绘着一段所在城市独有的工业历史，使这一非日常的所在拥有了超乎当下的历史厚度。深坑原本的工业功能使其成为一种绝对的内部空间，是人注定不可达之处。随着深坑顶部遮盖被除去，尘封的地下空间终于向外界打开，而隐于地下的形体又模糊了它作为一个常规“建筑体”的确定性，形成了一种难以定义的“之间的状态”。

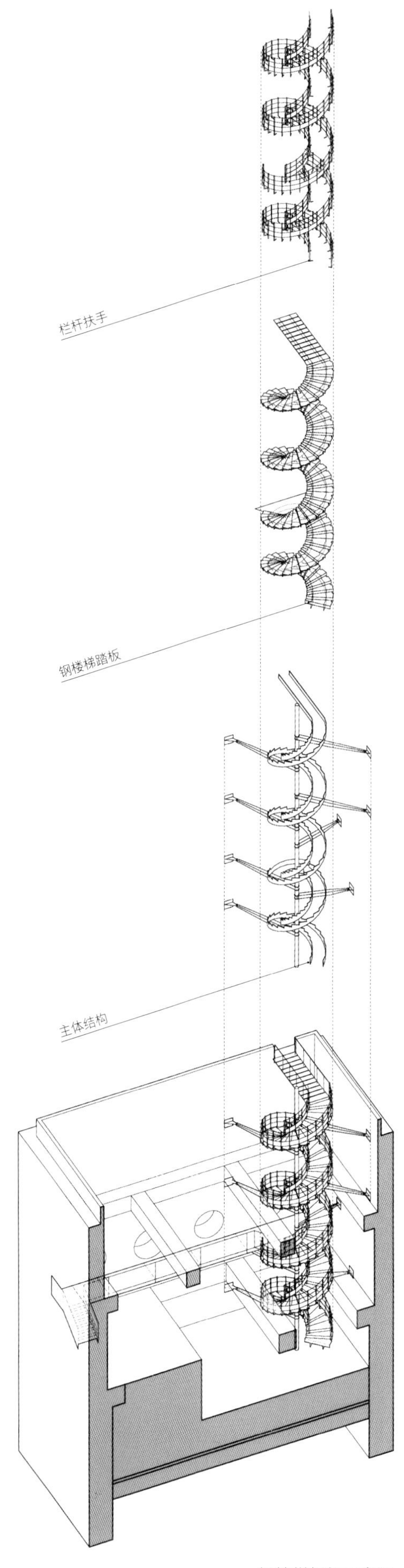

钢楼梯拆解示意图

为了打破原空间的不可达性，我们在南侧临江坑洞内部新置入了一架螺旋而下的钢板楼梯，以中央钢柱与伸向四周的钢梁锚固于深坑之中，楼梯踏面齿轮状的外部轮廓带回应着场地的工业记忆，轻巧的钢结构与深坑粗犷的混凝土质感形成对比。楼梯降至近坑底，扩展为水平钢板步道，与通向另一侧深坑的四个水管洞口相连接。四周的岩壁、顶部侵入的光线、流动的人群，都展示着外部空间内部化的独特效果。

场所使用功能的更替加强了这种转化。随着艺术展品的置入，坑内场所的独特性质被进一步放大。原本属于取水工业环节的设备装置被挑选保留，与环境中的景观、建筑结合设计构成新的景观：或成为游乐用的滑梯，或成为照亮步道的路灯，又或者成为一件独特的工业遗迹雕塑，仿佛一种工业密码，暗含着工业的印记并暗示着电厂的历史。泵坑本身的空间暧昧性使其成为天然而独特的艺术展示场所，在整个滨江空间中成为承载公共活动的重要一环。

保留的原深坑空间及采光洞口

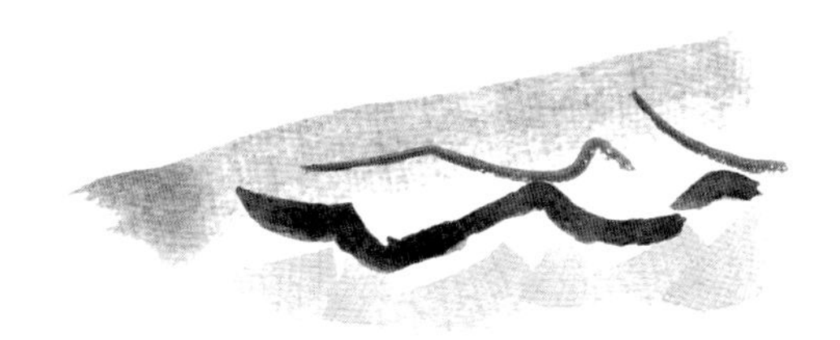

LIZHUANG WAR OF CULTURAL RESISTANCE MUSEUM

李庄文化抗战博物馆

冬日清晨，长江第一镇被薄雾笼罩在氤氲之中，江岸和远山的轮廓忽隐忽现，湿冷的寒风夹杂着轻微的酒糟气味扑面而来，一如1939年的冬天。那时的李庄，作为抗战时期大后方的文化中心，聚集了四方有志之士与文化名人。待阳光洒落，薄雾散尽，铺着长江条石的街巷从沉睡中醒来，再次开启古镇熙攘的一天。

四川省宜宾市翠屏区李庄古镇・2019.08 – 2020.03・10082m^2

融合历史与文化的在地性建筑景观

李庄有着由明清时期川南民居构成的古镇肌理，有着无可取代的历史印记，有着百年积淀的文化底蕴。因此，如何处理建筑与街巷、传统与现代的关系，并将抗战文化以建筑的形式语言表达是设计的关键所在。基于这一层思考，我们尝试在设计文化抗战博物馆时，去塑造一种可以融合当代性、在地性和文化性的建筑景观。

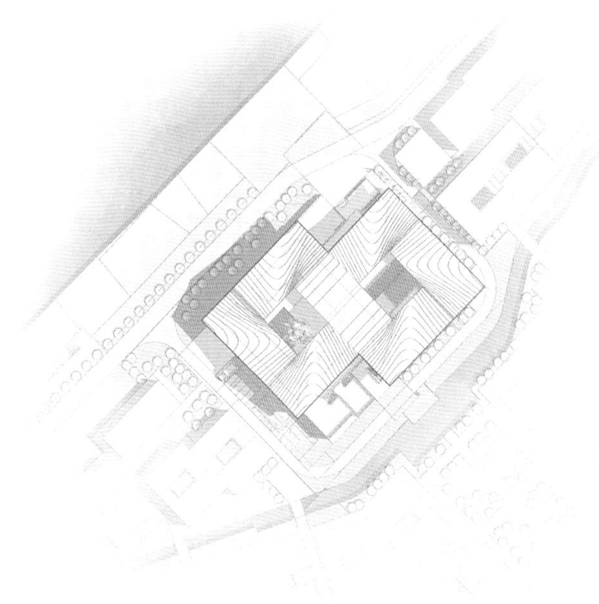

总平面图

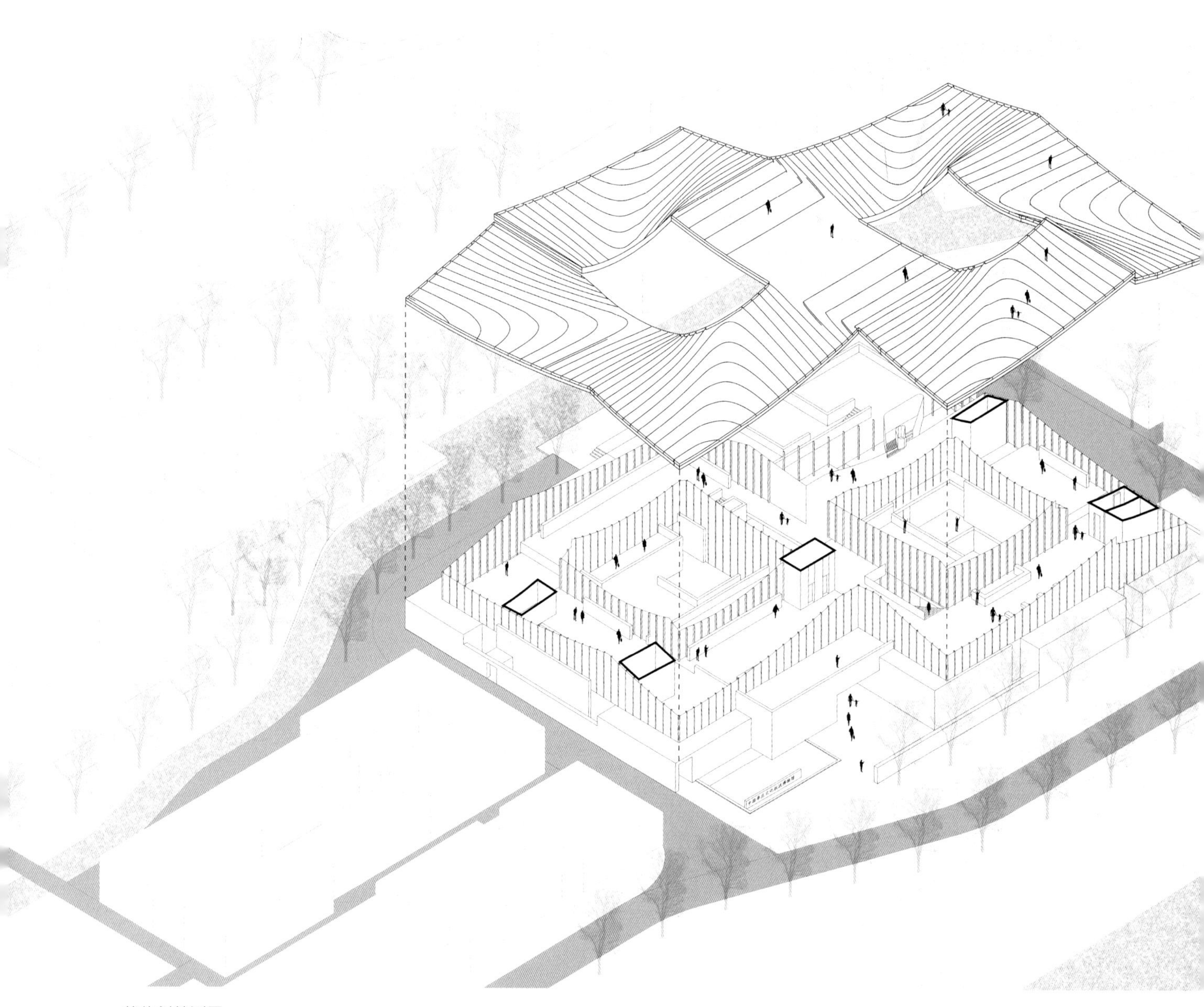

整体剖轴测图

黄昏中“内化的古镇”

设计策略形成于对场所独特性的挖掘：以“内化的古镇”回应千年古镇的街巷空间特征，以“流动的历史”回应文化抗战的历史情境特征，以“重构的瓦院”回应川南民居的地域文脉特征，以“漂浮的飞檐”回应当代建筑的建构逻辑特征。

化用当地民居屋顶曲线的屋面形态

通过将传统的合院转译、拉伸和错位，我们在建筑体量中创造出了多个方向的间层，为后续置入一系列的公共活动场所提供了空间。间层所带来的内容丰富、加深了空间多样性的内涵，构建出真正沟通互动的文化建筑，诠释了“四手相握，文化之脊”的展览主题。

项目基地属于古镇月亮田片区，作为李庄的“游览文化动线”必经之路，是未来重点打造的传统街巷的节点位置，将成为整个片区的地标与核心。抗战文化博物馆作为核心建筑之一，本身具有较大的建筑体量。为了避免对古镇肌理造成破坏，我们主动将建筑高度控制在2层，并通过建筑形体错位的手法，在基地的西南侧和东侧开辟出两个小广场，以此将割裂的街巷空间织补起来，使整个场地呈现出完整而开放的态势——更适合人们聚集和交往。

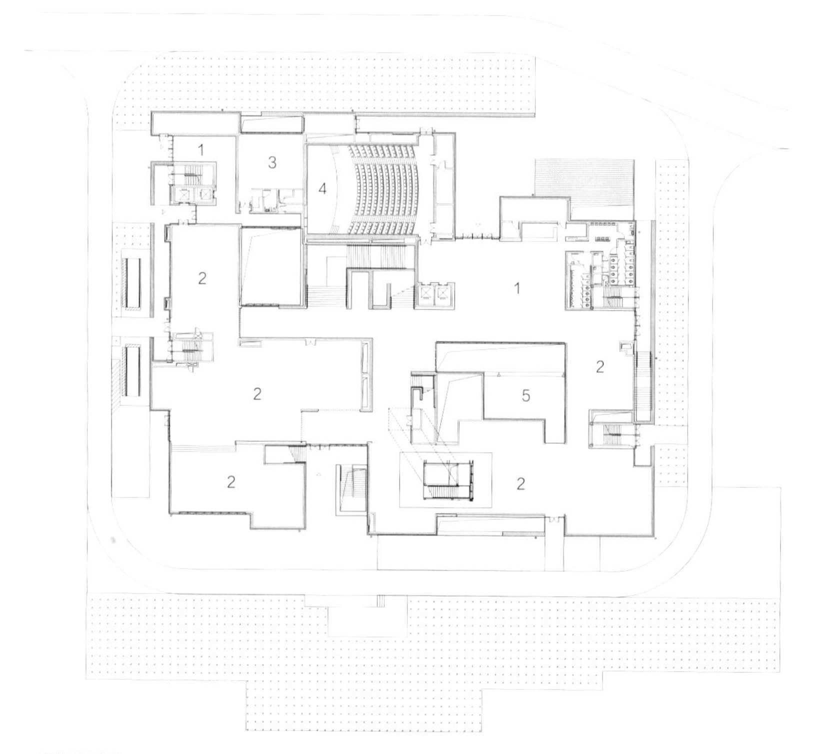

一层平面图

为了消解过大的内部进深，我们在建筑内部置入了两个在平面上相互嵌套的院落。两个院落的相嵌处被设计成完全由通透玻璃围合的空间。身处院井中，可以明确观察到建筑内部多重空间系统的交错。这种透明的“间层”空间往往由于其在建筑中的穿透性，而具有形成密集活动的场力，比如咖啡厅、休息室、公共大楼梯、竹井等，是人们交往互动最集中的场所。

“重构的瓦院”

建筑与江水的关系

建筑的一层在竖直方向上错开，下部形成建筑的主、次出入口，上部则形成多个具有270° 绝佳观江视野的露台。这些“间层”空间在建筑内外产生的多个高差自然划分出人群聚集的休憩空间和流动的观展空间，避免了两股人流的交叉干扰。

通过将古镇的形态抽象、内化，我们把具有复杂图底关系的传统街巷空间转化为博物馆空间架构和流线组织的原型。建筑的屋顶化用了传统民居屋顶曲线，隐喻着“文化之脊”的主题。室内小空间的散布方式则源自川南民居的布局，疏密有致，隐于屋盖之下。

李庄之所以能成为文化抗战事业的聚集地之一，一方面是因为其得天独厚的自然地理条件，另一方面是因为当地所具有的浓厚的爱国文化氛围。因此，我们希望能通过李庄文化抗战博物馆的设计，把当地一代代文人乡贤传播、传承爱国精神的故事更好地讲给人们听。经过与展陈专业充分沟通，我们最终决定采用连续的小体量空间，以适合版块化的叙述方式。观览动线从一层引入，经抗战文化版块展区、公共休息厅后，进入二层千年古镇开放互动展区。二层展区由“8”字形流线串联，观览动线由此被导向位于地下一层展厅的最后版块。人们在观展的同时可以观赏江景——不同形态的间层空间为人们创造了内外一体的观览体验。

主入口北侧廊道

位于不同标高的主庭院中有两组主要的开放空间，展厅体块之间设置了“竹井”，为室内空间导光透气。各处的“竹井”、入口的水院和中央通往地下一层的竹院共同营造出立体院落架构。我们将当地传统的瓦片与混凝土结合，形成独具特色的小青瓦渐变混凝土预制大板，期望以这种方式“重构瓦院”，来回应川南民居的地域文脉特征。

“飞檐”之下的立体院落

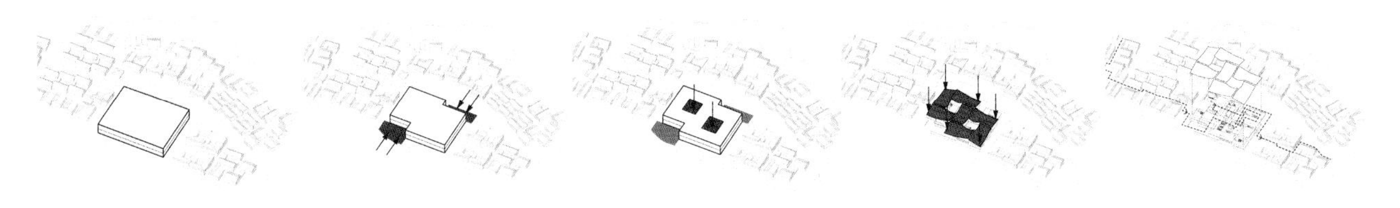

生成过程

由室内开放展区看向室外展场

室外流动的观展空间

为避免结构柱遮挡长江观景面，建筑二层采用了建筑幕墙一体化的设计。玻璃幕墙竖梃既作为受力构件支撑了屋顶，同时加强了核心筒的侧向刚度，保证了屋顶的整体抗震能力。我们在整体钢结构的设计施工过程中使用了BIM技术，施工精确度高，施工速度快，有效保证了曲线屋顶的高完成度。

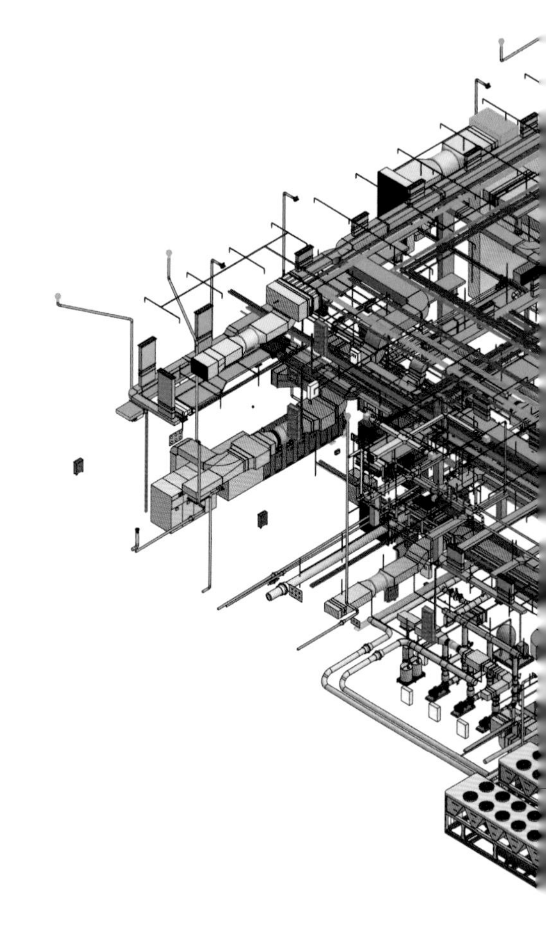

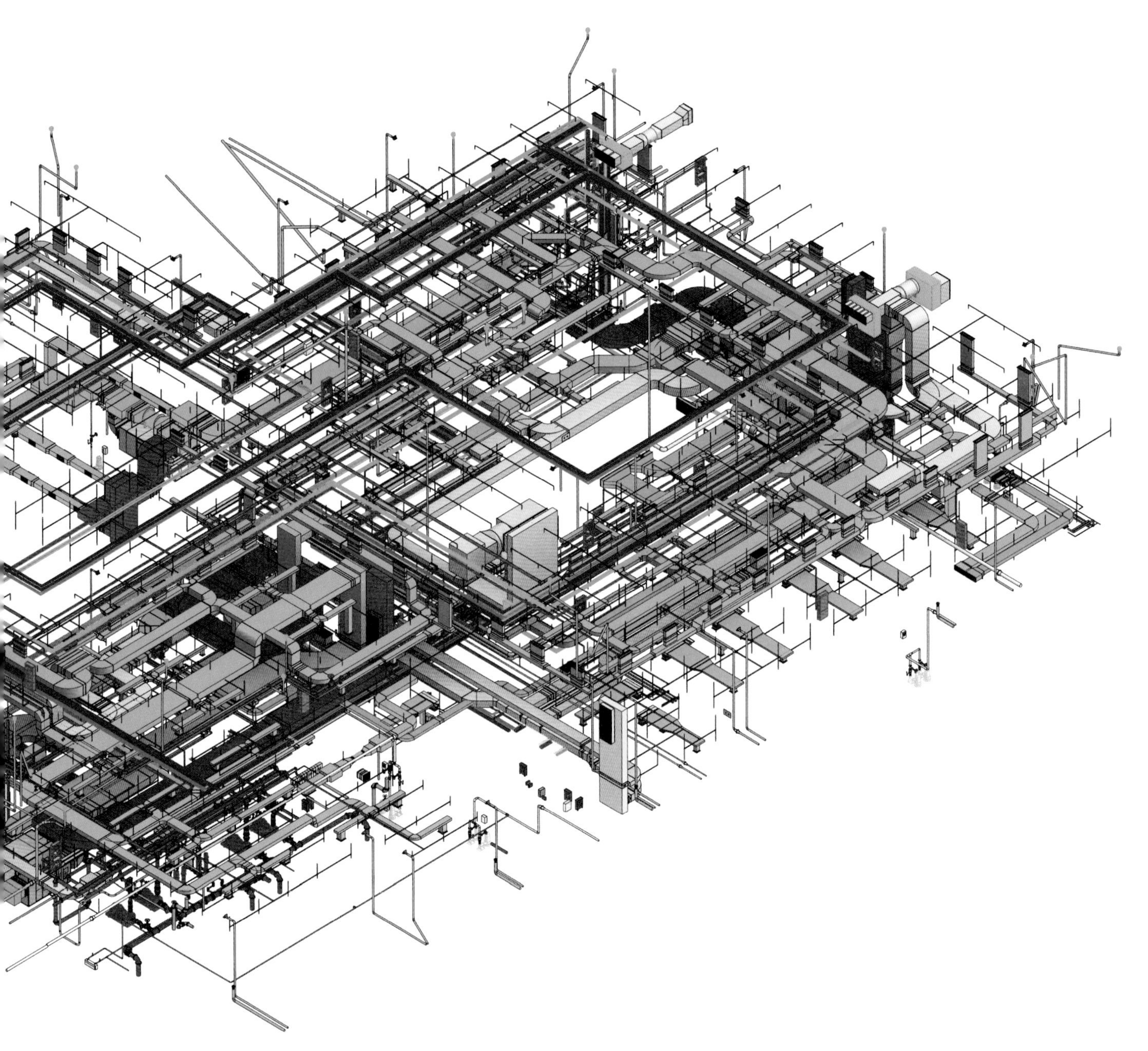

BIM多系统协同示意图

极细钢柱兼作幕墙龙骨，保证立面通透性

为了营造出轻盈通透的立面效果，作为结构构件的钢柱由于采取了密排的布置方式而最大限度地减小了截面尺寸，仅有150mm×210mm；极细钢柱同时兼作幕墙龙骨，进一步保证了立面的通透性；送风夹层仅在一层顶部设置，二层曲线屋面复合喷淋和照明管线，屋面总厚度也被控制压缩——从建筑外部看，屋顶仿佛是“漂浮的飞檐”。

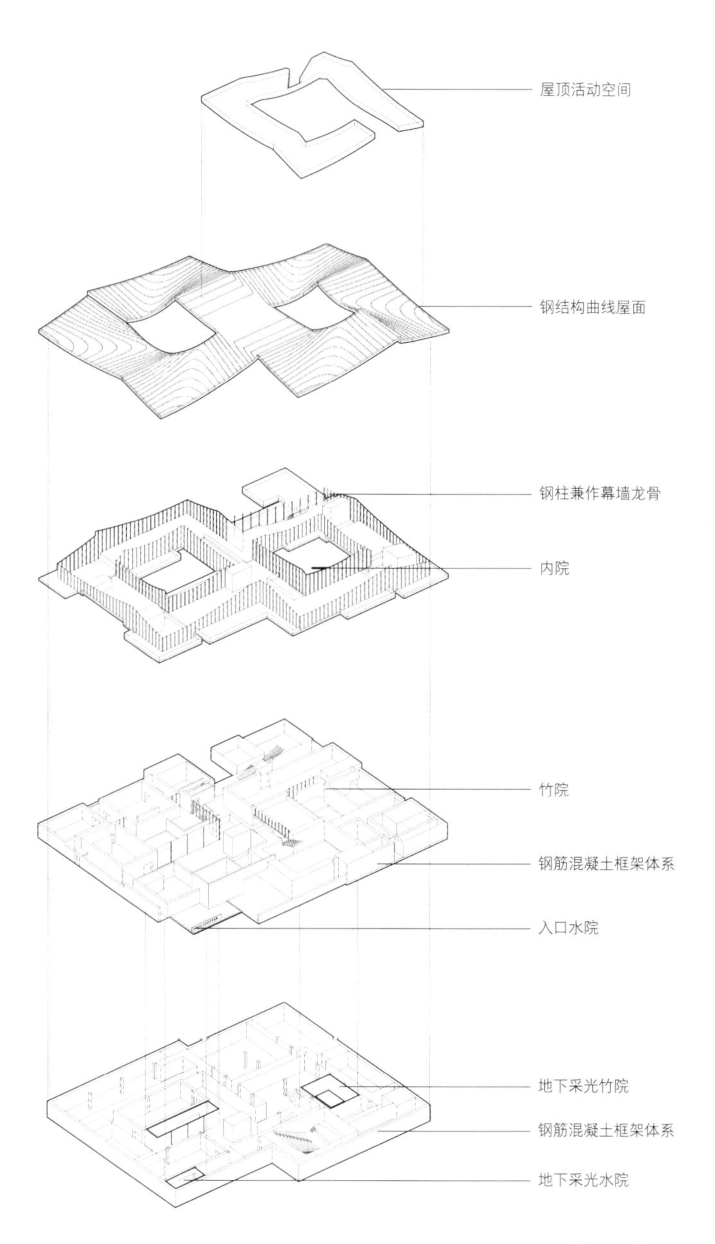
屋顶活动空间
钢结构曲线屋面
钢柱兼作幕墙龙骨
内院
竹院
钢筋混凝土框架体系
入口水院
地下采光竹院
钢筋混凝土框架体系
地下采光水院

分层示意图

室外院落

小青瓦渐变混凝土

室内楼梯

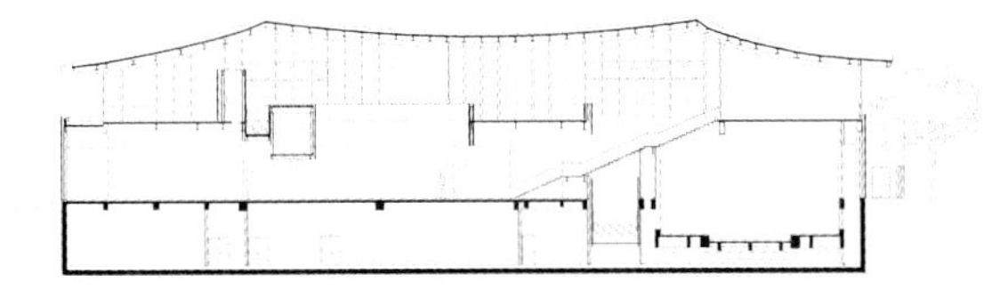

剖面图一

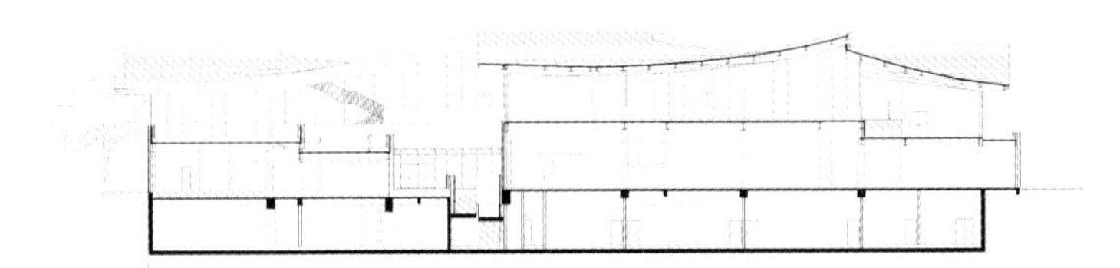

剖面图二

陈列区尺度适应版块化的展览形式

室内休息区

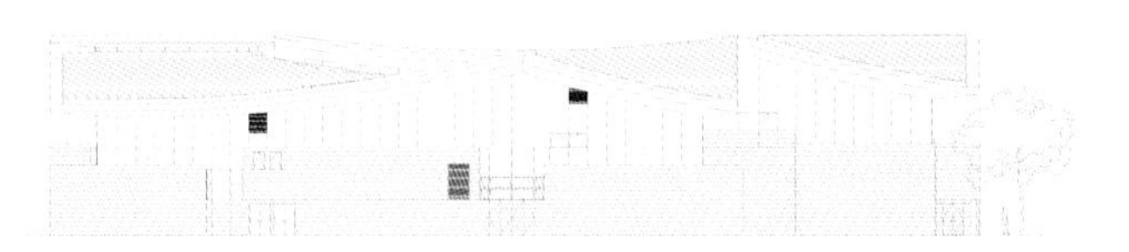

东北立面图

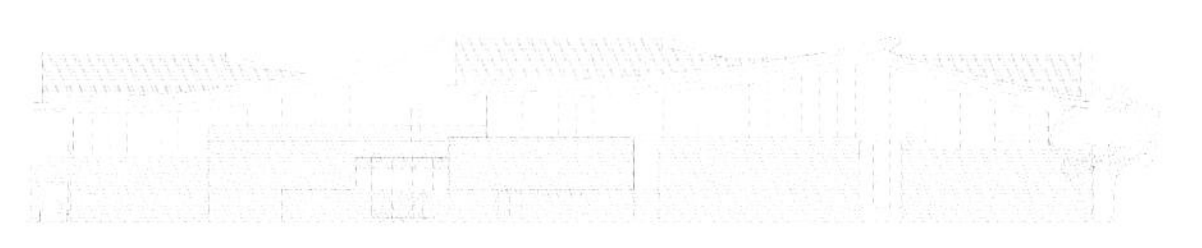

西北立面图

商业街夜景

具有自然天光的中区入口

休息厅

作为历史文化载体的博物馆望江而踞

–既非内部也非外部的所在

- NEITHER INTERIOR NOR EXTERIOR

顶棚和连廊关系

LIUHE COMMERCIAL STREET

第一百货商业中心六合路商业街

2015年《上海市城市更新实施办法》提出，为适应城市资源环境约束下内涵增长、创新发展的要求，应当进一步节约集约利用存量土地，实现提升城市功能、激发都市活力、改善人居环境、增强城市魅力的目的。而在城市中心区域，存量土地越来越少，如何在满足既定使用功能的前提下，提高土地复合使用水平，将是未来城市更新项目的一个重要发展方向。

上海市黄浦区南京东路 800 号 · 2016.09 · 1000m^2

夜景鸟瞰

不具有实体的城市记忆在新一轮的城市建设中极易被抹去——新建建筑刷新城市的强度往往远超预期。对待具有历史留存价值的建筑，除了修旧如旧、全然保留的策略以外，我们期待在当下与历史的罅隙中寻找衔接两端的创新点，为人们辟开一处往来自由的通道，六合路商业街改造则给了我们这样一个机遇，源自内外相接处出现的可能性。

悬臂式挑棚完成顶部空间的围合

1. 历史与记忆——“我们自己的商店”

上海市第一百货商店（原大新公司，下称市百一店）位于南京东路830号。建成于民国23年（1934年），占地3667m^2，建筑总面积28000m^2，10层，高42.3m。由基泰工程司关颂声、朱彬、杨廷宝、杨宽麟设计，馥记营造厂承建，采用钢筋混凝土框架结构。作为远东最大百货商店，大楼曾获得亚洲最佳建筑设计奖，是上海“四大百货”之一。

新中国成立后，市百一店迁入大新公司，成为新中国成立后的第一家大型国有百货零售企业，曾被当年的陈毅市长亲切地称为“我们自己的商店”。在20世纪80年代期间，市百一店是当时国内客流量最大、销售额最高的百货商店，经营业绩曾连续14年雄居全国百货之首，被原商业部胡平部长誉为“百货魁首”，成为全国百货业的领头羊。改革开放总设计师邓小平同志曾于1992年2月18日来店视察并购物，成为市百一店永不磨灭的珍贵记忆。

六合路仰视

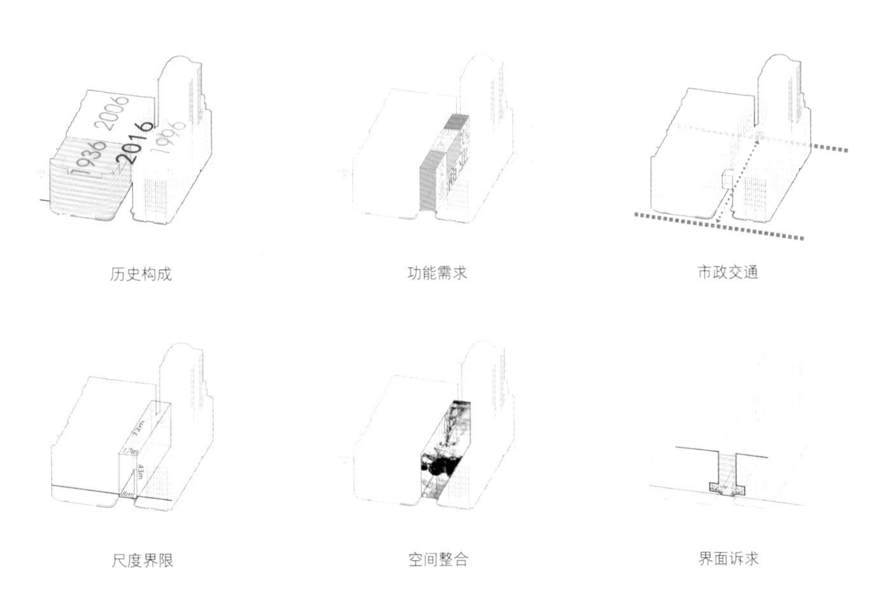

限制因素

第一百货商业中心
NO.1 SHOPPING CENTER

adidas
ADIDAS.COM
改革传承
爱上海
忆生活
期待满足
改革开放四十年
上海好礼
SHANGHAI GIFTS IN LANE 100
第一百货商业中心
WE ARE CREATORS
adidas
adidas
亨達利鐘表
早餐 我喝豆本豆

南京东路一侧总体效果

顶棚与文物建筑的悬置关系

1989年市百一店被列为上海首批优秀历史建筑（第三类）、上海市文物保护单位。与共和国一起成长的市百一店是一座具有中国韵味的装饰艺术派建筑，是集历史价值、科学价值、艺术价值为一体的近现代重要史迹及代表性建筑，具有极高的历史意义和保护价值。

1997年南京东路东方商厦落成开业；2007年12月市百一店北侧一百商城开业。从1934年到2007年，经过73年的时间，市百一店、东方商厦、一百商城，三栋不同历史时期的百货建筑在六合路两侧形成了一个完整的时空断面，是中国商业发展的一个缩影，承载了几代人对于百货商业的特殊场所记忆。2015年底，百联集团开始着手将三栋既有百货建筑进行改造升级，充分利用现有资源打造符合现代需求的现代商业空间，合并成为第一百货商业中心，进而带动街区活化再生。

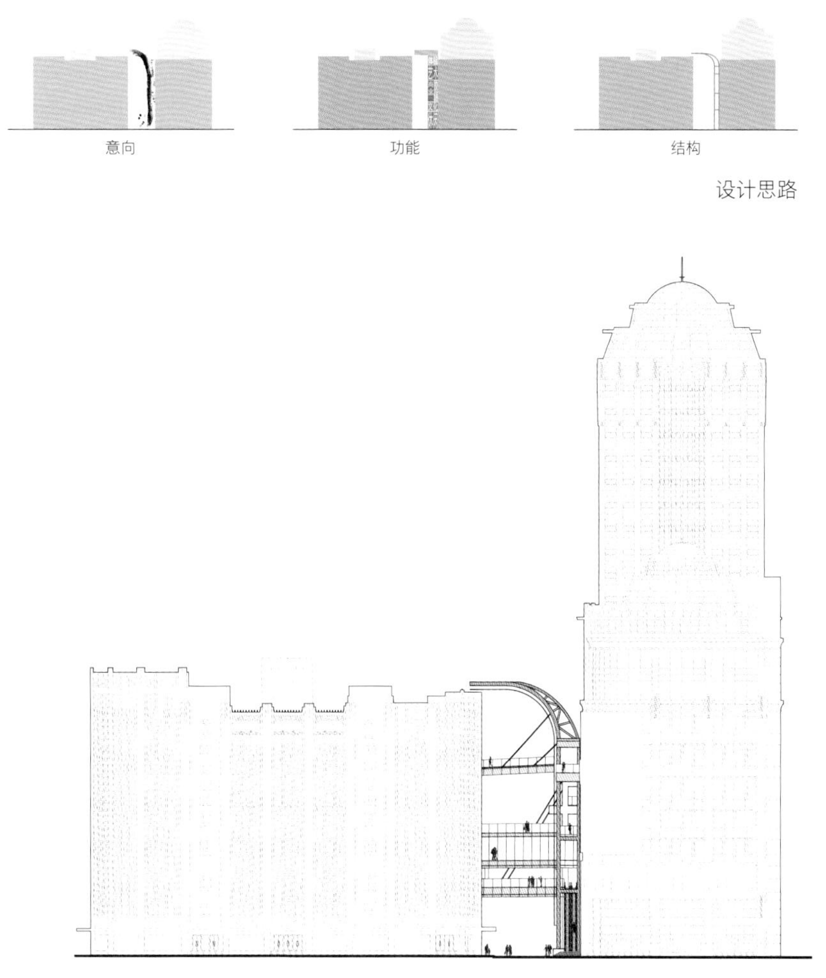

设计思路

南立面图

2. 道路与界面——城市政策的理解运用

六合路作为与南京路步行街相交的西首第一条支路，位于三栋既有建筑之间，是一条仍然具有机动车通行需求的市政道路。虽然红线距离12m，但由于非机动车停车的占用，机动车实际通行宽度不足8m，而人行道也因复杂的场地原因呈现较为杂乱的状态。单一的通过功能，使得六合路既无法满足消防对于登高场地的需求，也无法满足未来拓展空间的商业诉求。

设计希望六合路的改造更新能带动南京路步行街活力的纵向延展。经过与市政部门的反复讨论，最终决定将六合路优化为机动车限行道路，地面铺装采用烧毛花岗石地坪，保证8m宽机动车通行宽度，满足消防车辆及临时机动车通过性要求；同时优化市政人行道高差，降低人行道标高与车行道一致，并采用同色同质弹石地坪以示区别。取消了100mm高的上街沿，增强日常使用可达性，整体街阔尺度扩大，同材质的铺装改变了市政道路的刻板形象，通过路径叠加植入商业、艺术、休闲、文化等多元化功能，丰富城市功能，形成步行与游憩相结合的游览体验。

市百一店作为上海市文物保护单位，其立面形制及特征具有重要的历史价值，如何在完成三栋楼连通要求下，尽可能地扩大历史建筑的展示界面是本案中的一个重要考量点。设计对于城市遗产的审慎态度与文保部严格的保护要求在这一方向上是一致的：关系空间不是封闭的，它存在于三个不同时期历史建筑之间，成为建筑再生、城市更新的重要纽带，同时它提供了一个场所，让不同历史时期的城市断面及建筑特征在这一场所呈现保留，而历史片段又与新介质并置，应当共同形成当下城市空间的新形象。

通过对城市政策的不断研究，秉承着优化既有城市空间的目标，经过长达半年的不断沟通，设计、业主、规划、市政、消防等各个部门在设计主导方向上终于取得了统一。矛盾和压力此时转回到设计方：该如何优化设计，在各种限制条件下完成建筑的互通与空间的转型？

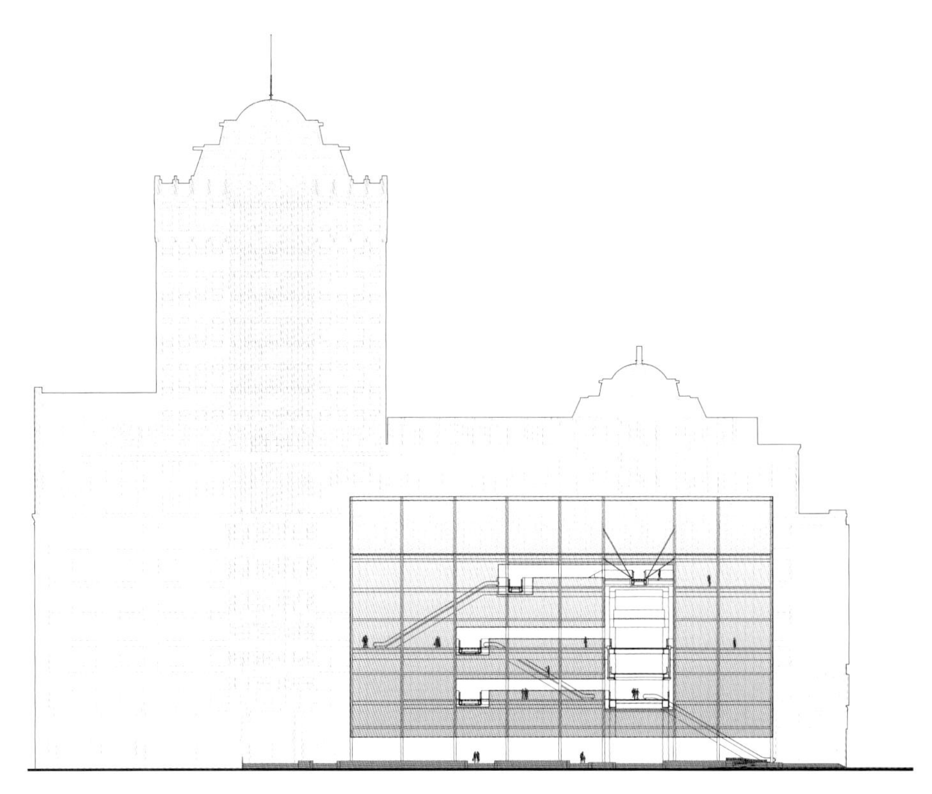

幕墙立面图

发光幕墙

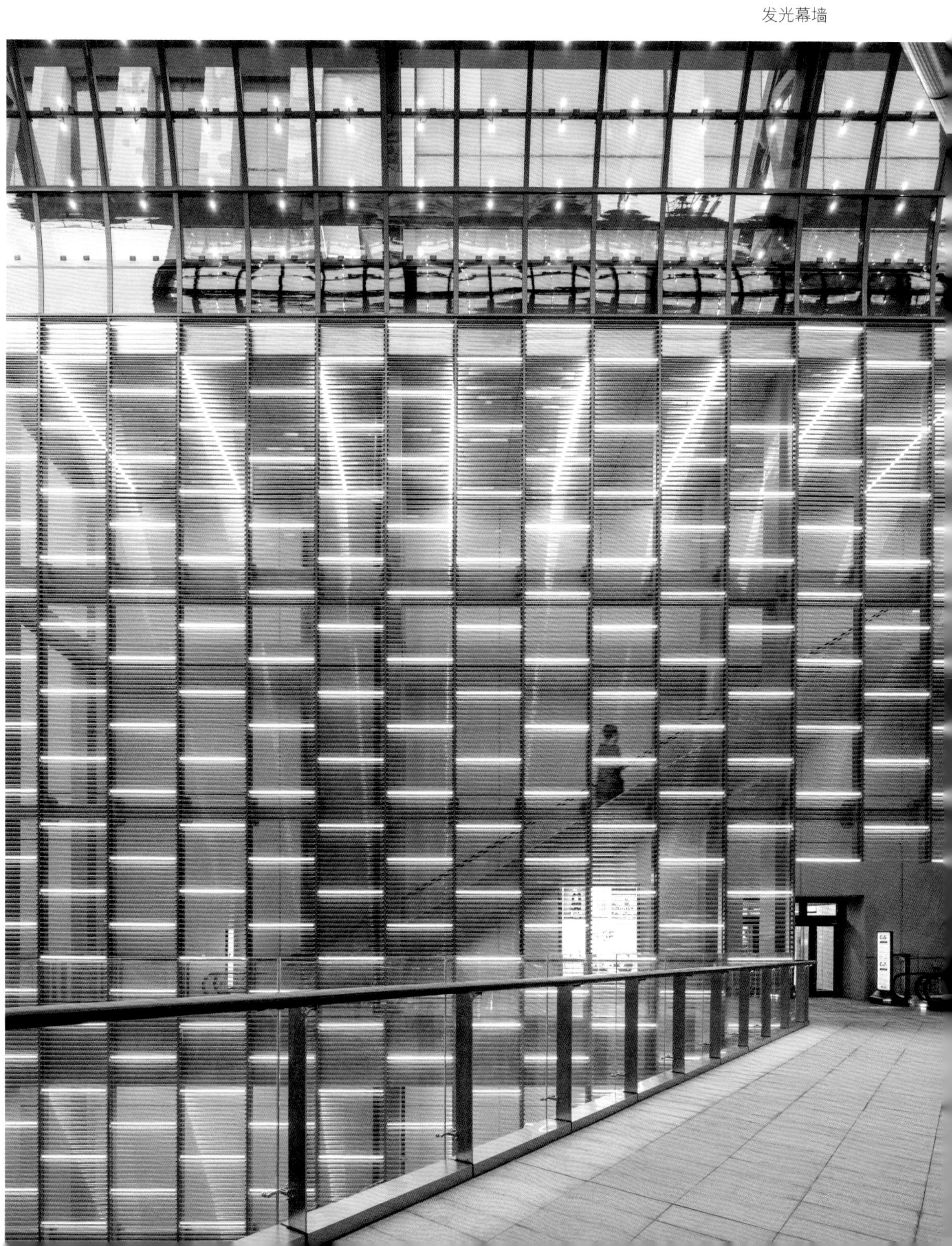

顶棚与幕墙融为一体

顶棚与文物建筑的悬置关系

3. 平台连廊与顶棚——复合尺度的新型探索

“市百一店作为第一批第三类优秀历史建筑，其外立面及结构形式不得改变，新增顶棚及新增连廊均不得触碰历史建筑。同时，六合路需保留其市政道路属性，所有新增结构不得跨越道路红线。”在近乎严苛的限制条件中，设计将整体尺度作了一次梳理。

0m：市百一店与一百商城均为贴线建造，没有任何新的建造可能性；

5m：东方商厦外墙距离红线平均距离仅为5m（后期实际建设过程发现东方商厦地下基础与红线也基本贴临）；

17m：道路两侧建筑外墙距离为17m；

43m：市百一店历史界面高度为43m；

90m：由南京路向宁波路延伸的六合路商业界面期望长度为90m。

为了满足众多的界限要求，我们在靠近东方商厦仅有的5m可建造范围内进行了竖向空间的复合营造，以悬臂式挑棚的形式完成顶部空间的围合：设置双排43.75m高钢立柱，自成独立稳定的结构体系，并向市百一店一侧弯曲悬挑，形成15m大跨度悬挑顶棚，轻盈地悬置于历史建筑之上，形成半围合的空间态势，并结合立柱利用斜向拉杆，设置三层、五层、七层多层面、多路径共四处的跨街连廊及半室外平台，连接市百一店、一百商城及东方商厦，形成完整丰富的商业路径。

整个悬臂式挑棚结构完全暴露且直面南京东路步行街，不必深入就能清晰可见新建部分与历史建筑、保留建筑之间的关系。较之左右两侧既有实体界面，新介质以断面的方式呈现，体现对于城市中心区谨慎更新的态度。

8F
7F
6F
5F
4F
3F
2F
1F

分层分析图

夜景鸟瞰图

五层连廊顾客视角

4. 材质与氛围——活力空间的重新营造

六合路商业街新增体量后退于两侧的既有建筑，以谦逊的姿态介入，通过各层平台、垂直交通、连廊及公共活动的整合，避免单一连廊对于整体既有界面的影响，通过多维度多路径地介入空间，强化新老楼之间的紧密关联；将消极的交通型空间与商业业态相互联动，形成功能复合、路径叠加的关系空间。

市百一店作为中国韵味的装饰艺术派建筑代表，外墙饰以米黄色釉面砖，底层采用青岛产的黑色大理石做护壁。大面积釉面砖墙的尺度肌理及点缀的线脚花饰使整个界面素净而意味深长。

新增界面与历史建筑市百一店相隔12m，纵向高度43.75m，如果采取实体封堵将加剧空间的逼仄感，因此设计采用直径50mm的透明聚碳酸酯管，间隔排布，在尺度上与历史建筑相契合。透明圆管形成的整体界面不仅更为自由与丰富，间隔留空的构成也使其拥有了半透明的质感，使得新增界面的内外光线都易到达，减少了压迫感的界面与老建筑直接对应，呈现低调从容的朦胧面貌。顶棚采用聚碳酸酯板材质，在满足通透性的前提下，尽量减轻自身重量，减少悬臂式挑棚的竖向荷载。

通高立面一共2万余根聚碳酸酯管，宛如一席纱帘，将历史建筑轻盈包绕，透明圆管内置LED灯带，夜间点亮南京东路端头，形成“中华商业第一街”的新地标。

2018年，第一百货商业中心已经投入使用，我们欣喜地发现前来“打卡”的除了对空间体验有更高要求的年轻人，还有对这里有着更多年代记忆的其他年龄段的顾客。长72m、高43.7m、单边悬挑15.4m的悬臂式挑棚轻盈地覆盖于第一百货商店、一百商城、东方商厦之间，形成立体连廊凌空交织、交通与商业空间互联互动、不同历史时期的建筑特征共同呈现的多功能公共空间。它是城市商业转型背景下规划审批、市政交通、文物保护、设计施工等多部门通力协作的系统工程，提供了城市更新改造中“向史而新”的上海样本。通过覆顶和连廊这种极为轻质的浅表介入方式，营造出一种无法明确定义内外界限的多义空间，实现了历史记忆与当下城市更新的重叠交融。

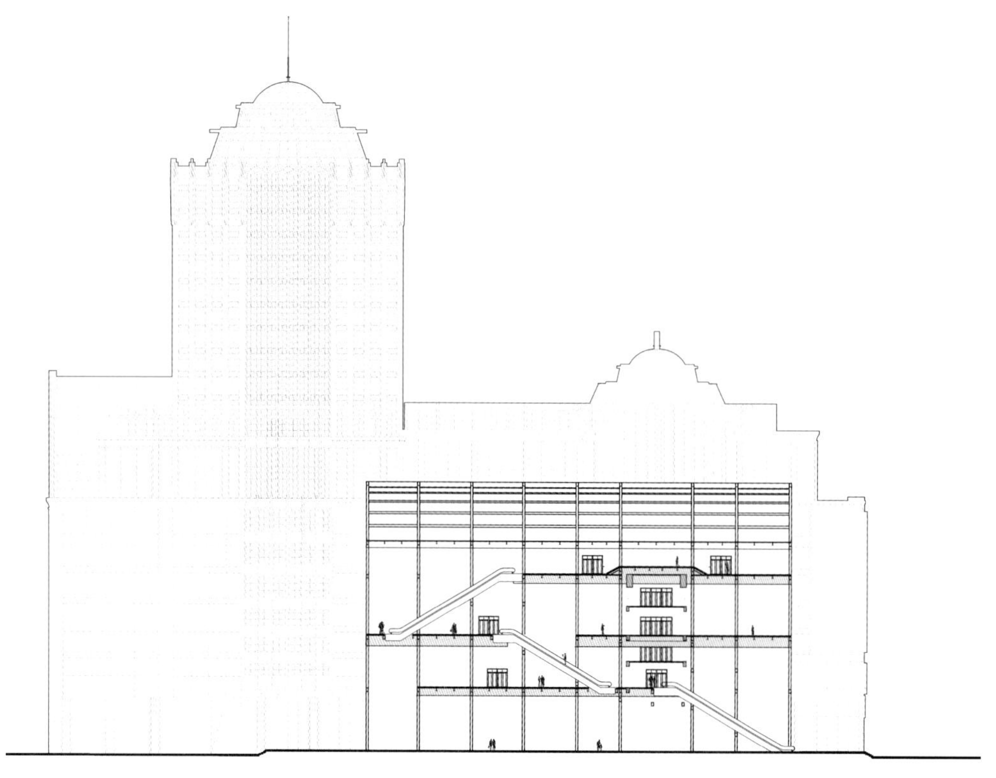

平台剖面图

CORE TEACHING QUARTER OF THE NEW CAMPUS OF NANKAI UNIVERSITY

南开大学新校区核心教学区

又到了飘絮的季节，不只是南开，整个津城都纷纷扬扬地充满了飞絮，迷了行人的眼。一直对南开大学的白桦林与荷塘边的柳树心存好感。透过枝干的空隙，那些古旧的建筑隐约地露出老派的文人气质。就像母校同济南北楼前的法国梧桐，衬着厚实红砖背景的样貌，是最能触发场所记忆的片断了。我们理想中的校园，应该类似于历经漫长岁月渐渐丰满起来的森林，树龄不同、树种不同的树密集地依偎在一起，充满绵延饱满的原生力量。在这种密集的树的间隙中穿行，能同时感受一日的阳光、一季的气流、一年的斗转星移，体会到时间和空间的深刻影响力。

天津市海河教育园区南部・2011・112030m^2

与“新书院风格”相统一的立面

连通着不同“间层”的室外通道

一直对快速建成的校园规划心有抵触，那种恢宏巨作式的建设与我们理想中森林般的校园落差悬殊。但好在这次稍有不同的是，南开大学新校区规划中较少出现超大尺度的人工景观，而是围绕“新书院风格”渐次铺开规划架构。

站在塔吊林立的空旷工地之上，展开书院风格的联想实在有些勉强。不过我们倒是愿意对传统书院纵深多进的院落形式进行研究。之前的晋中城市规划馆中，我们通过嵌套院落拉伸错位的过程，产生一个类似于“间层”的区域。而在范曾艺术馆中，将三种自发生成的不同院落构架起叠加的立体院落。可以看出，我们提出“关系进化”的主张更强调关系的进化而非单体的进化，以院落关系的重构与叠加取代了对院落本身的颠覆性改变。原型简单的院落并没有完全脱离传统的形制，但经过融通勾连之后，呈现出不同以往的可能性。这就是南开核心教学区的“交织院落”的主张。

“交织院落”首先将一个完整的大体量化解为若干个局部小体量，这更便于我们完成对书院风格的理解。我们原本希望六个院子彼此紧密倚靠在一起，形成满铺的状态，并以此类推，发展成如森林般连绵不断的趋势。由于要照应规划中校园入口轴线的原因，不得不将六个院子从当中略微分开。但我们仍然坚持化解中轴的仪式性，建议以一个立体地景式的学生活动空间取代中轴，形成一个糅杂了多个小活动场所的大场所。相当于在东西三个较大的院落中再填充进较小的院落。这有些类似于大树的间隙中小树或灌木的生长。

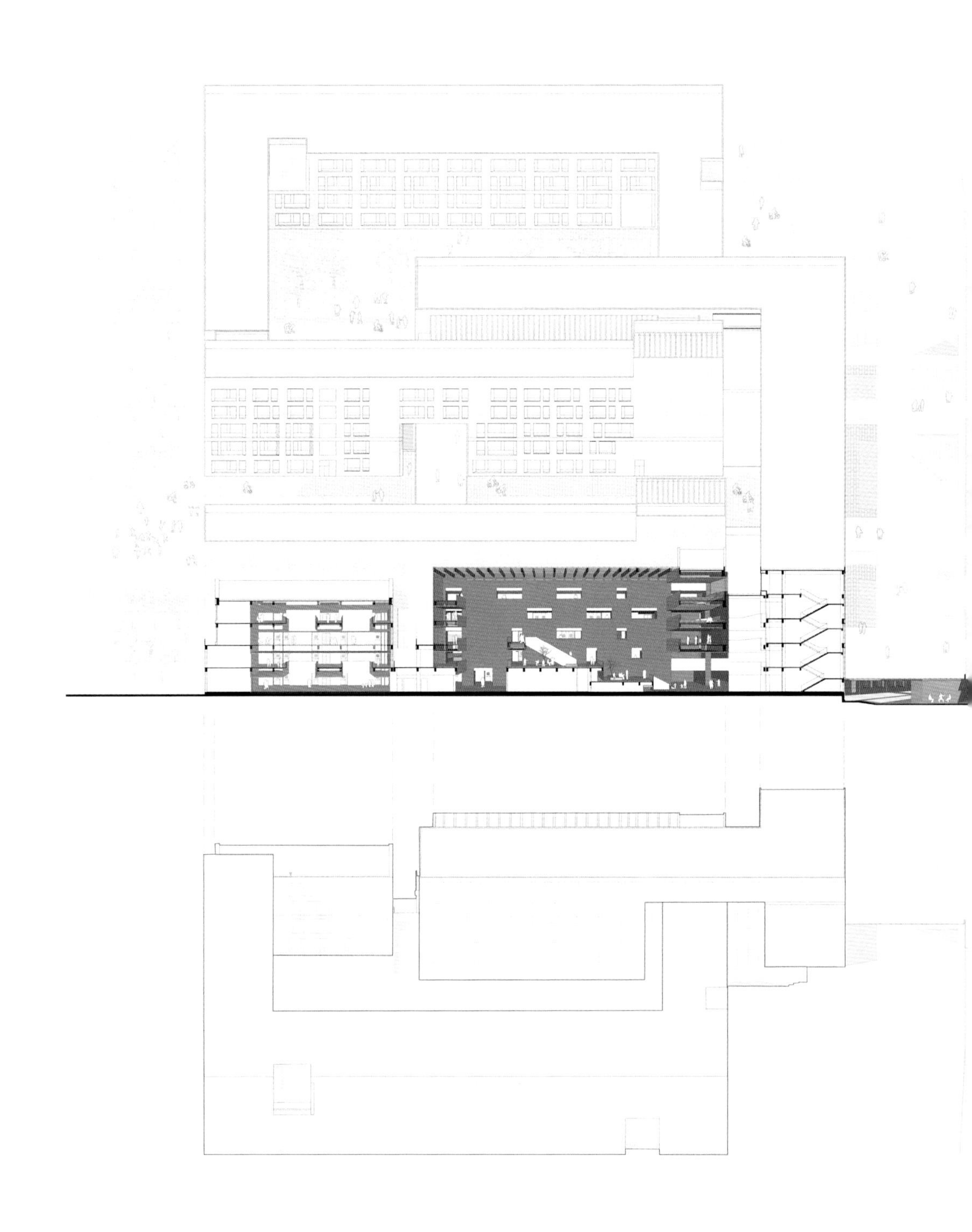

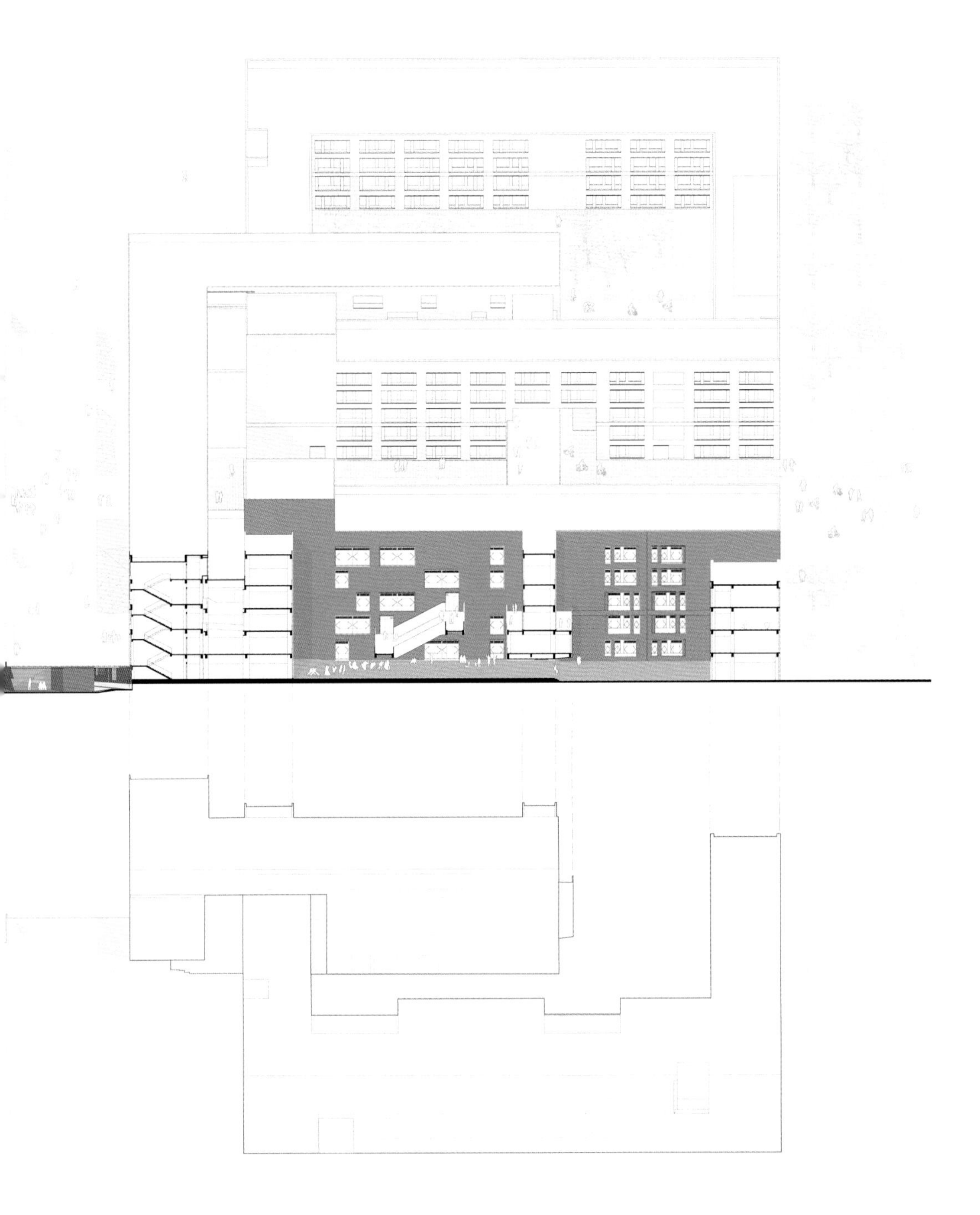

剖轴测图

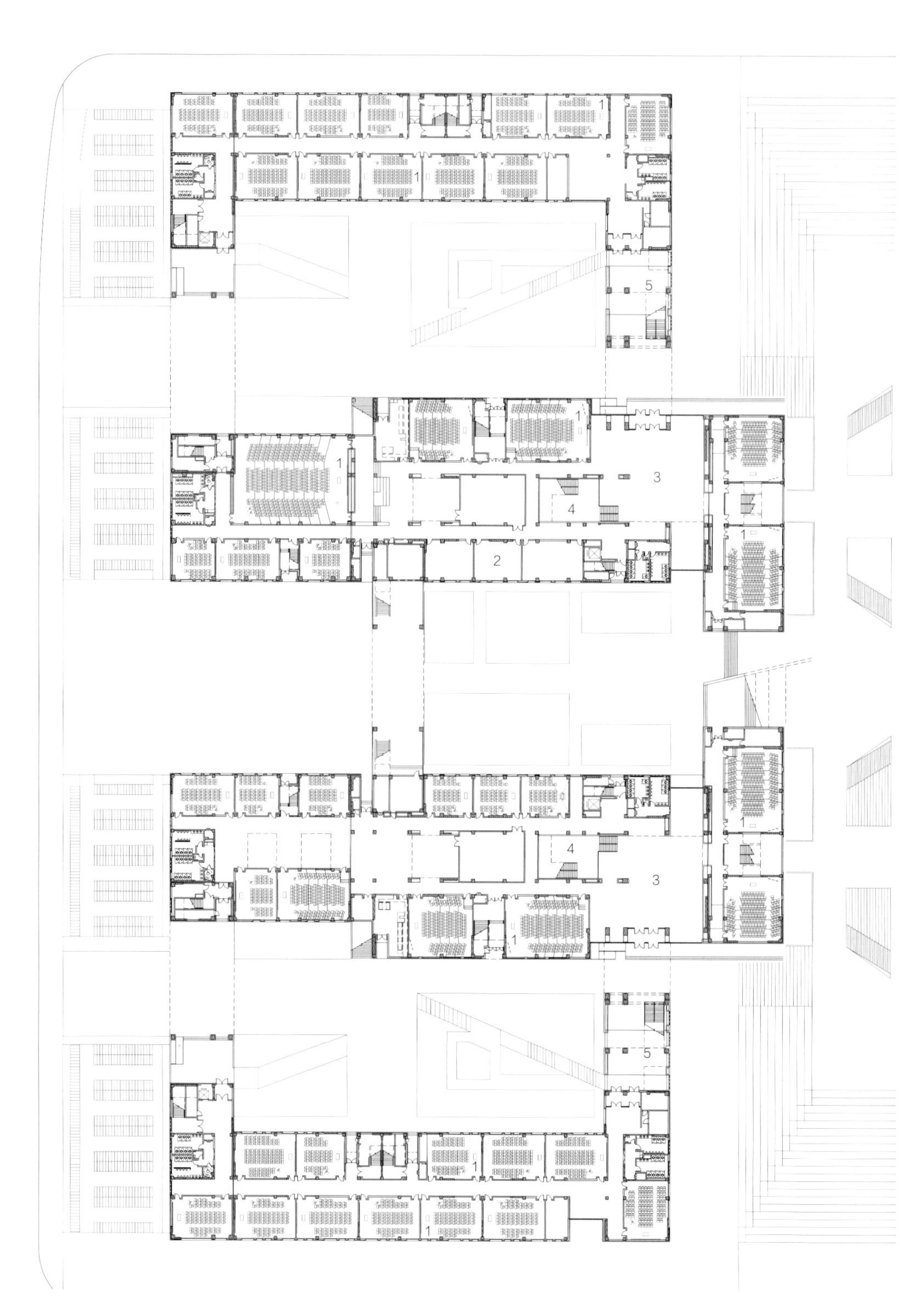

公共教学楼一层平面图

模型照片

并置交叠的中区院落

“交织院落”有意识地扩大了局部的差异度，红砖的材质用于紧贴地面的四个院落，清水混凝土的材质用于略微凌空的两个院落。它一方面提示出院落形制上略有差别，另一方面为连续的院落提供辨识度。灰红两色的院落集中了过去断续地对院落关系的一些尝试：从并置关系、错位关系、叠加关系到交织关系。

红砖与清水混凝土的转换提示院落形制的变化

1 横向拉筋φ6@240
2 暗红色实心烧结砖240×115×53
3 钢筋混凝土过梁
4 暗红色装饰多孔砖
5 保温砖墙
6 金属饰面

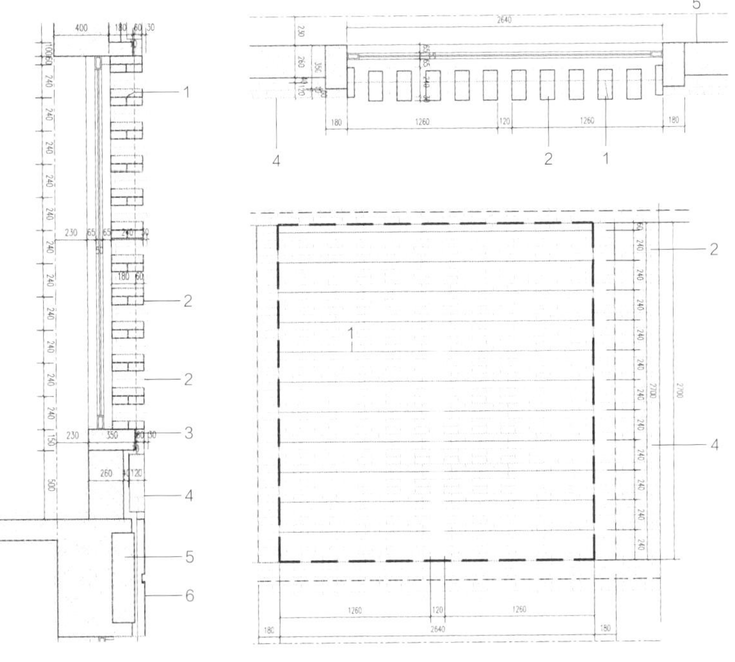

花砖节点详图

轻盈明亮的共享中庭

室内依然延续“交织院落”

入口门厅

“交织院落”更像穿行在季节更替时节的森林中，抬头可以望见呈现不同颜色的树参差地交叠在一起，形成充满天际的斑斓图景。这时候，并不能分清这棵树与那棵树的树冠与树干。原本清晰的个体形成混全整体的方式，就是“交织院落”希望达到的森林状态。

红砖与混凝土体量贴近形成的“间层”

中庭采光天窗

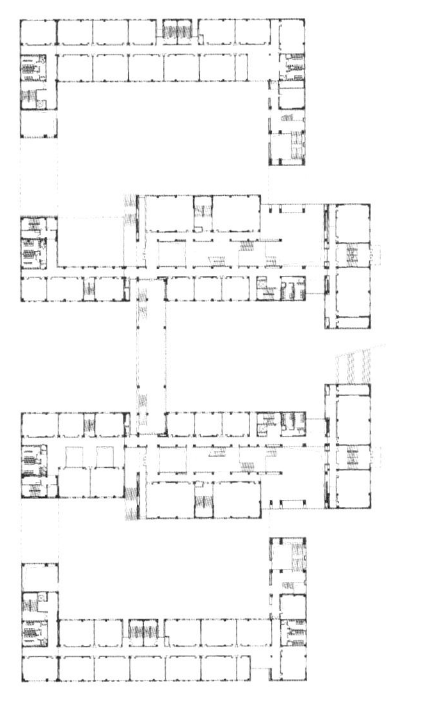
公共教学楼二层平面图

综合实验楼二层平面图

而我们达成混全整体的障碍是室内外的边界问题。过于清晰的分界会影响交叠关系的生成。因此我们的重点集中在如何将室外与室内的关系模糊化。首先，我们把与公共活动有关的所有空间设置于院与院的交叠处，仅用通透的玻璃稍加限定。红砖与清水混凝土的材质分别依据自身的院落关系完整地呈现，并不依据室内外的差别而做任何修饰。这样红砖与清水混凝土的体量就自由穿行于开敞的场所中，它们时而贴近、时而疏离，产生出宽宽窄窄的活动间层。这个间层从室外自然生长到室内，从一个院落自然生长到另一个院落。它不是物理意义上的半室外或半室内空间，但在意念中，产生了一个既非内部也非外部的所在。

整体鸟瞰

– 并置产生的交集与简单的多样性

- INTERSECTION GENERATED BY JUXTAPOSITION AND SIMPLE DIVERSITY

雪后的外立面（姚力/摄）

XIANYANG CIVIC CULTURAL CENTER

咸阳市民文化中心

一年中最萧瑟的冬天，一日中最委顿的黄昏，一堆最悠远的黄土，一行最凋零的垂柳。站在渭河以北的咸阳五陵塬上，远望处是被当地人称为土疙瘩的汉代帝陵。不管是明君贤相还是孱主奸臣都湮灭在咸阳古道旁的“西风残照”中了。历史就像把筛子，反复筛选的结果，是只剩下和情感关系最密切的三两个片段，如定格般存在。然后又由这仅有的几个片段出发，在后人的情感中随机生发出无数的枝蔓，如此生生灭灭。就像我们对烧了阿房宫的那场大火的想象。

咸阳市北塬新城起步区 · 2012.11 – 2016.10 · 155000m^2

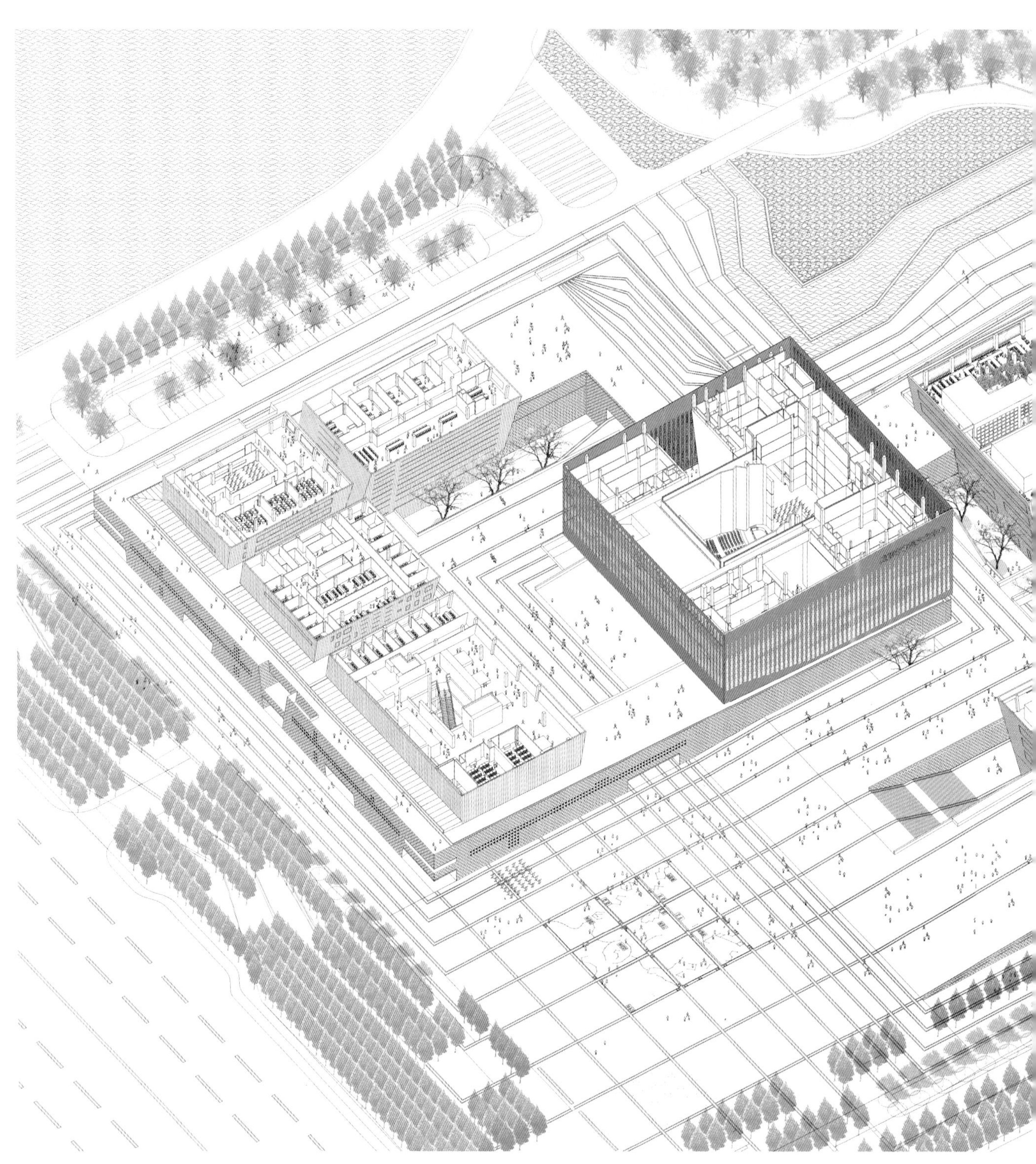

剖轴测场景图

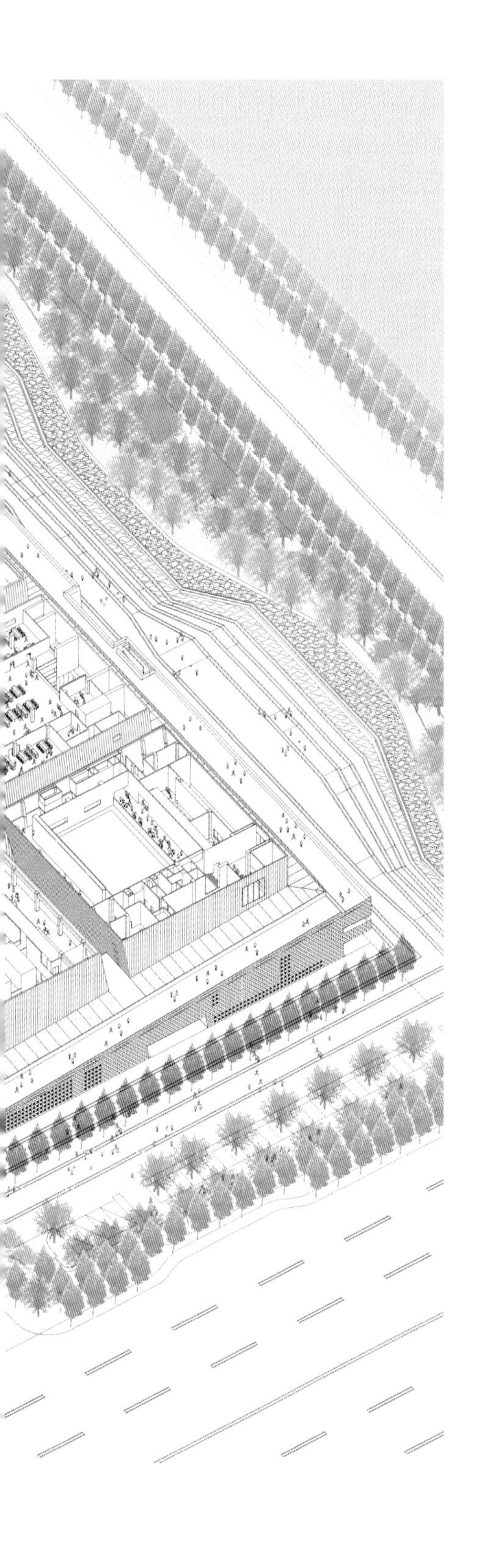

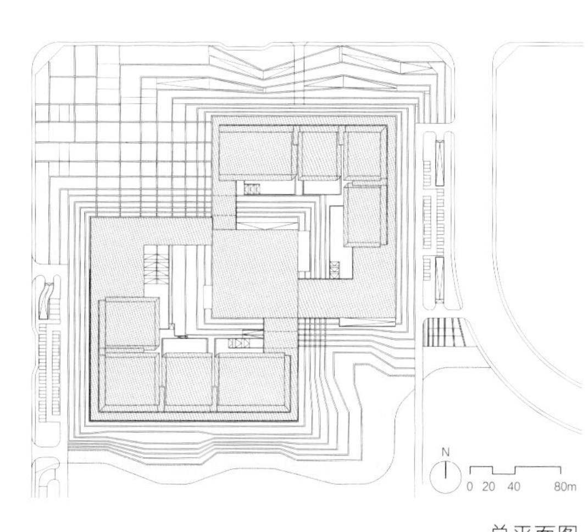

总平面图

站在五陵塬的那个黄昏，我们就意识到在这块同时拥有文化密度、文化容量、文化高度的土地上探讨建筑问题，很容易陷入历史的鸿篇巨制的大框架中，纠缠于割舍不下的馈赠和承担不了的负担之间。昔日秦咸阳宫高台累筑、连绵城阙的宏大场景成为难于卸载的文化压力，在之后很长时间笼罩着我们。于是我们决定先忘掉文化祭祖的仪式感场景，从一个可以理解的尺度入手，从触手可及的日常关系开始。

建筑鸟瞰（姚力/摄）

市市民文化中心

南区场馆与文化长廊（姚力/摄）

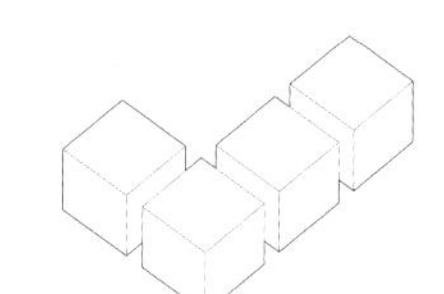

各场馆以平等的关系并置

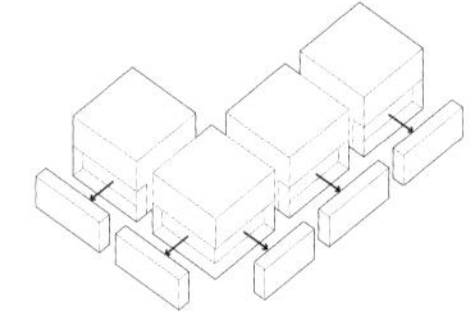

分别分离出部分共享面积

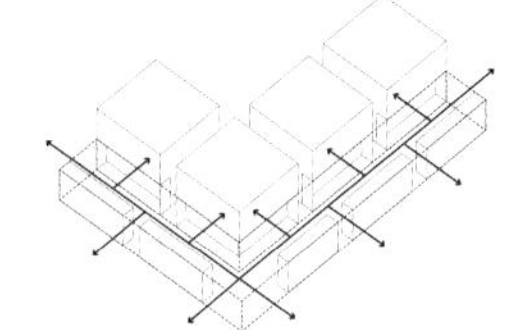

分离部分整合为文化长廊

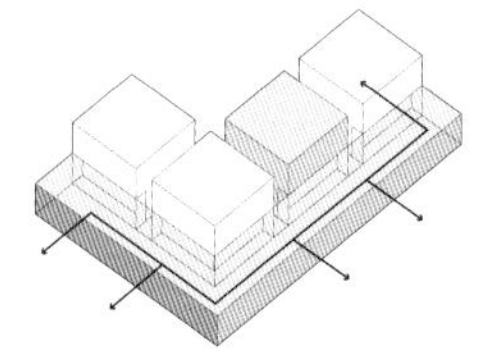

各馆可分时共享长廊空间

空间共享策略

内广场与南区场馆（姚力/摄）

大剧院观众厅侧厅室内立面（姚力/摄）

大剧院观众厅入口（姚力/摄）

大剧院前厅仰视（姚力/摄）

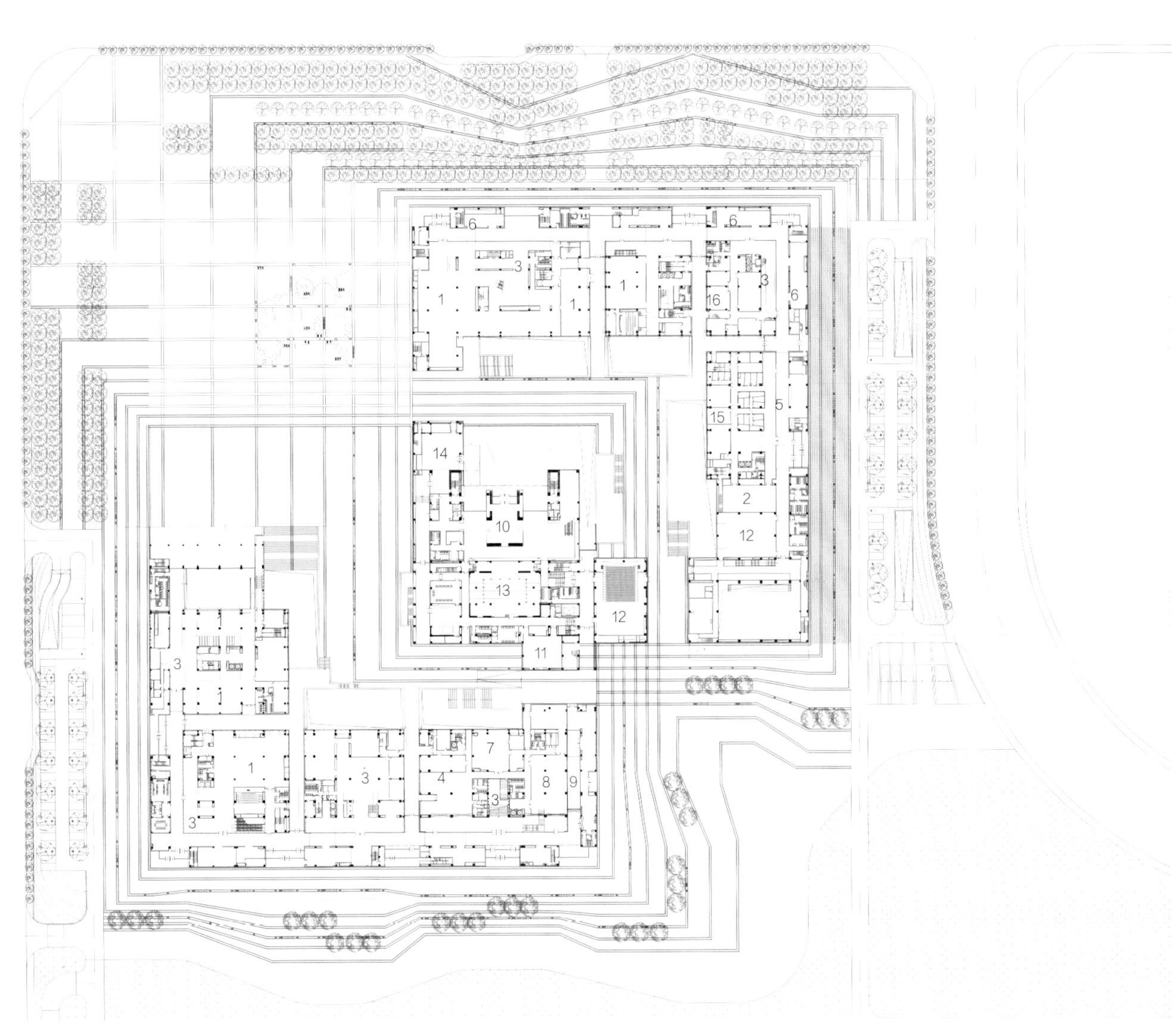

1 展厅
2 排练厅
3 门厅
4 服务大厅
5 文化长廊
6 公共展示区
7 报刊阅览室
8 儿童阅览室
9 商业服务
10 剧院门厅
11 接待厅
12 多功能厅
13 台仓
14 纪念品店
15 教室
16 活动室

一层平面图

大剧院与文化长廊（姚力/摄）

在中国传统文化中，位置关系的建构与人际关系的建构如出一辙。《礼记 · 曲礼上》曰："夫礼者，所以定亲疏、决嫌疑、别同异、明是非也。礼，不妄说人，不辞费。礼，不逾节，不侵侮，不好狎。"[1] 指礼是用来确定亲疏、决断嫌疑、区别同异、辨明是非的。依礼而言，不随便讨好人，不说多余的话。依礼而行，不超越节度，不侵辱他人，不与人亲昵失敬。由此看出，亲疏得宜、有度有节、不卑不亢的关系尺度是最符合中国人的人文传统与理想的，因此建筑谋局中少有大开大合的激荡之作，而多为疏密适当的平稳布局。这也符合咸阳文化中心的定位。

悬置的大剧院（姚力/摄）

大剧院与南区场馆（姚力/摄）

各馆之间的缝隙空间（姚力/摄）

大剧院斗状空间（姚力/摄）

大剧院主入口（姚力/摄）

1 文化长廊
2 图书馆门厅
3 图书馆中庭
4 文化内街地下一层
5 舞台
6 大剧院观众厅
7 大剧院门厅
8 大剧院入口广场
9 文化内街一层
10 地下停车库
11 科技馆中庭

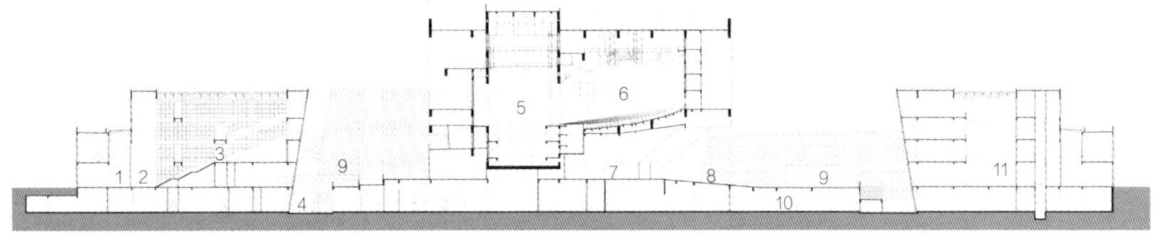

剖面图

图书馆中庭（姚力/摄）

文化中心需要将九个文化场馆集中在一个共有关系之中，同时满足九个场馆各自相对独立的管理区划。这符合中国人崇尚的“行合趋同”[2]“合而不同”[3]的关系。简明地转译成现代用语就是：行为、志趣相同的人和事才能聚合在一起。他们和睦地相处，但不意味着随便附和。于是我们首先将九个场馆较为均质地在基地上并置起来，使九馆维持着相对并存与共享的关系。荷兰结构主义建筑师赫尔曼·赫兹伯格（Herman Hertzberger）提出：作为具有丰富民主内涵的当代建筑空间，应具有一种平等的空间结构以避免强调等级体系。空间中任何一部分对其他空间都“不构成等级优势，所以，不会对交往的任何一方施加额外的压力”。[4]但我们感兴趣的不仅仅是并置关系，而是并置关系产生的交集。如同同时落入水中的九个石子，各自激起水中的波纹，这些波纹相互交叠，形成更大的波纹，向更远处扩散。这类似于“清交素友，比景共波”[5]的关系。这些波纹就是我们设置的文化长廊与文化内街。这是涟漪最接近石子的部位，也是激发公共活动最活跃的场所。文化长廊与文化内街的波动处于不同的层面：文化长廊从地面抬升至14.0m，与环状的屋顶平台相通；文化内街从地面下沉至-8.0m，与地下影城和商业设施相连。这不仅在水平长度上增加了九馆与外界的接触面，同时在立体层面上增加了与外部的关联度。

档案室楼梯（姚力/摄）

文化长廊与规划展示馆门厅（姚力/摄）

文化长廊屋面与大剧院（姚力/摄）

1 声乐教室
2 排练厅
3 重大城市建设项目展区
4 档案展览
5 珍品档案展览
6 图书借阅区
7 期刊报纸区
8 器乐室
9 心理辅导室
10 儿童早教
11 减震教育展厅
12 科技馆展厅
13 观景平台
14 台仓

二层平面图

三层平面图

并置产生的交集，在随后设计过程中慢慢展示出自发生长的优越性，其产生的丰富度超出了我们的预期。以至于我们所要做的只要顺应于生长需求因势利导。由交集产生的文化长廊与文化内街，将原本过于开阔的场地分解为三个较合宜的区域，消除了以往大而不当的广场所带来的与城市生活的疏离感，形成一个真正引入日常性的开放空间。同时，它使开放空间以层层递进的方式铺展开来，从起始处的含蓄邀约，到中部的起承转合，再到结尾处的自然舒朗，完成了文化广场、文化内院到文化公园的过渡。

文化长廊与文化内街是同九馆并置的另两条线索，这就为多入口、多路径的选择提供了可能。同时处于两个标高系统的路径与九馆自身路径相交，呈现立体交织的路径网络。这渐渐趋向于我们理想中“弥漫性探索”的状态。

九馆在视觉上的均质性并未影响总体关系的丰富度。这有如黑白两色的棋局，棋子本身没有本质的差别，每个棋子的作用是由进入棋盘后的具体位置及棋子间产生的相互关系决定的。它们的码放方式、移动方式体现中国式谋局的智慧。因此，“简单的多样性”渐渐显露出清晰的面目。

建筑之间的关系（姚力/摄）

内广场和南区场馆（姚力/摄）

文化长廊屋面（姚力/摄）

施工现场

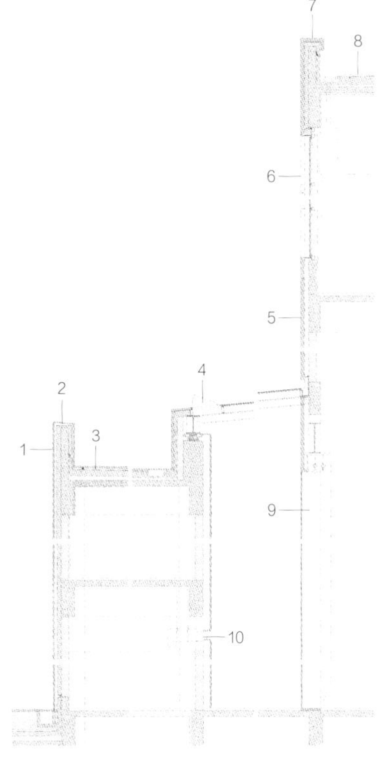

墙身构造详图

1 福鼎黑花岗岩幕墙
2 福鼎黑压顶
3 文化长廊屋面
4 玻璃天窗
5 陶板幕墙
6 玻璃幕墙窗
7 铝板压顶
8 场馆主体屋面
9 吊式全玻璃幕墙
10 空调风口

被略带褶皱的灰白色陶板覆盖的九馆，如同天幕环绕的九个小剧场，每天上演着不同的剧目。沿着窄长的文化长廊一路向前，天幕向上开启，露出九馆内部的大致格局。合而不同的状态开始显现：图书馆的“书墙建构”、档案馆的“匣盒”、规划馆的“临眺台”、非遗馆的“四面连桥”、科技馆的“立交体系”、减灾馆的“倾斜体”、妇幼馆的“朦胧界面”、青少年馆的“盒中盒”与“彩虹桥”、大剧院的“仓中仓”，并置的场景如长卷般缓缓展开。这种在多个并存的时空中穿梭的体验十分有趣，它使人始终处于入戏与出戏的选择中。我们所要做的是如何让人们拥有更多自由选择的权利。

文化长廊屋面（姚力/摄）

关系的观想

MEDITATION OF RELATION

中国人的空间体验观可以形容为一幅展开式的长卷。景象以步移景异的形式呈现出来，并以一帧帧的画面定格下来。它导致景物的呈现往往非同时同地，避免了将视点固定在一个观察点的局限。最终，这些分别悬置于意念中的对象，通过文化精神的法则和能体现这个法则的心灵去组织，从而达到意境的层面。

– 时间的剖断面

- SECTION OF TIME

– 游目与观想

- OVERLOOK AND MEDITATION

– 内化的城市

- INTERNALIZED CITY

– 时间的剖断面

- SECTION OF TIME

新与旧的共存

XIANGHUI HALL AT FUDAN UNIVERSITY

复旦大学相辉堂

对于日常使用者而言，往往很难描述建筑整体，记忆尤为深刻的通常是深藏在心中的某个场景，既有的记忆和情感作为场景的有机组成部分被留存下来。如奥地利艺术理论家阿洛伊斯·里格尔所述，“现代人不会对古典建筑中的柱廊/细部装饰/构件等经过‘解码后呈现出的博学信息’发生兴趣，但会对产生于某个时代的古旧事物所‘提供的证据’发生兴趣”。

上海市杨浦区邯郸路220号·2016－2017·5047m^2

1922年的相辉堂

1980年的相辉堂

1947年的相辉堂

2010年的相辉堂

1949、1958、1959年的报告厅

2016年修缮前一层室内

相辉堂原二层连廊

1970、2017年的报告厅

2016年修缮前楼梯间

相辉堂原室外楼梯

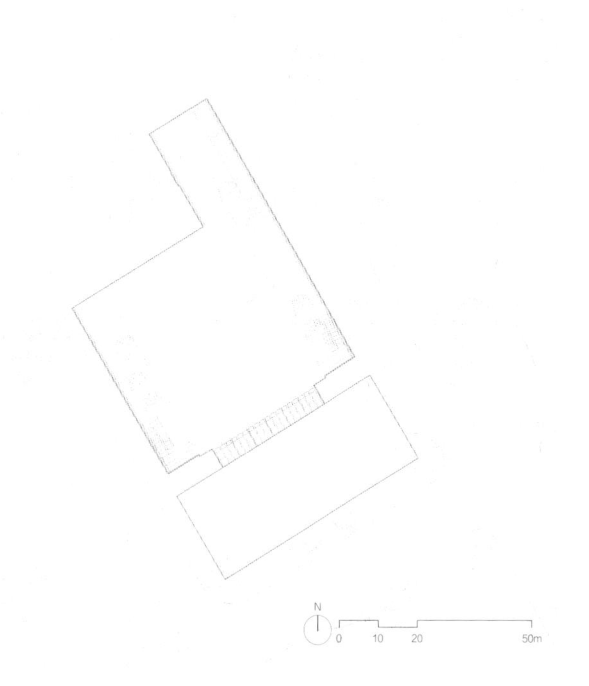

总平面图

上海杨浦区江湾五角场，创办于1905年的复旦大学埋身于此。百余年的城市建设已将原先身处田园的校舍细细围住，学校也在历次扩建中向城市拉长了身子。然而若是走进邯郸路220号的大门，向西北方向前行，就能回到复旦的原点。

自1947年初夏从第一宿舍的废墟中拔地而起，相辉堂便与复旦的成长风雨同路。1947年6月26日复旦大学复原后首届毕业典礼、1949年6月20日复旦大学接管典礼、1954年5月27日科学报告会、“文化大革命”时期大礼堂、1960年代其学生公演话剧、1970年代复旦大学电影院、国内外重要宾客的演讲场所，大礼堂见证了复旦各个重要瞬间，而这些历史也给礼堂留下不可磨灭的岁月痕迹。

如今，相辉堂已是复旦校园中一抹不可或缺的风景，更是深藏于每一位复旦人记忆深处的精神殿堂。我们试图通过多个剖面场景的控制唤起使用者的记忆和情感链接，实现历史场景的回溯延续和历史空间的公共激活。

修缮后的相辉堂

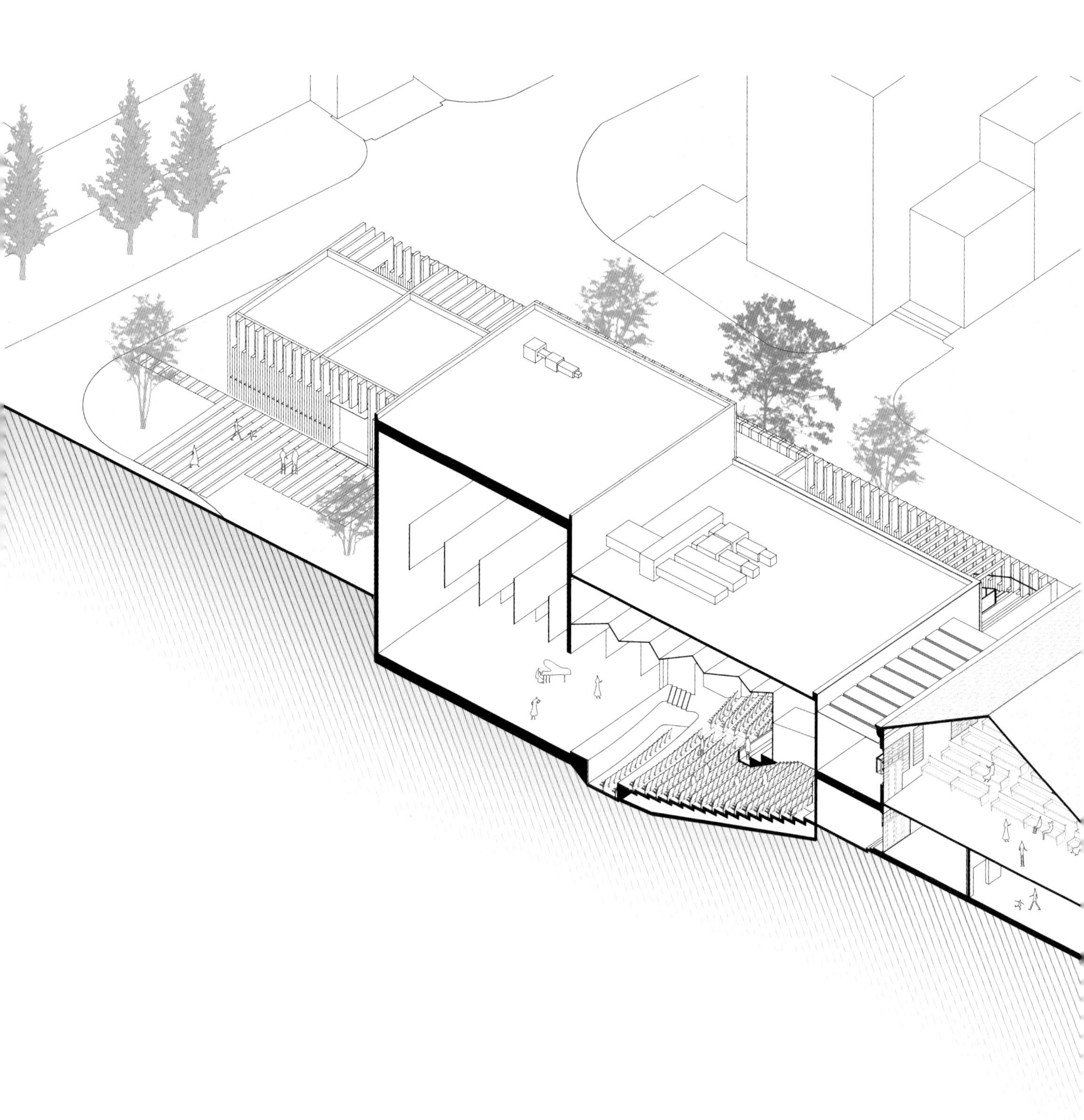

整体剖轴测图

扩展部分街景

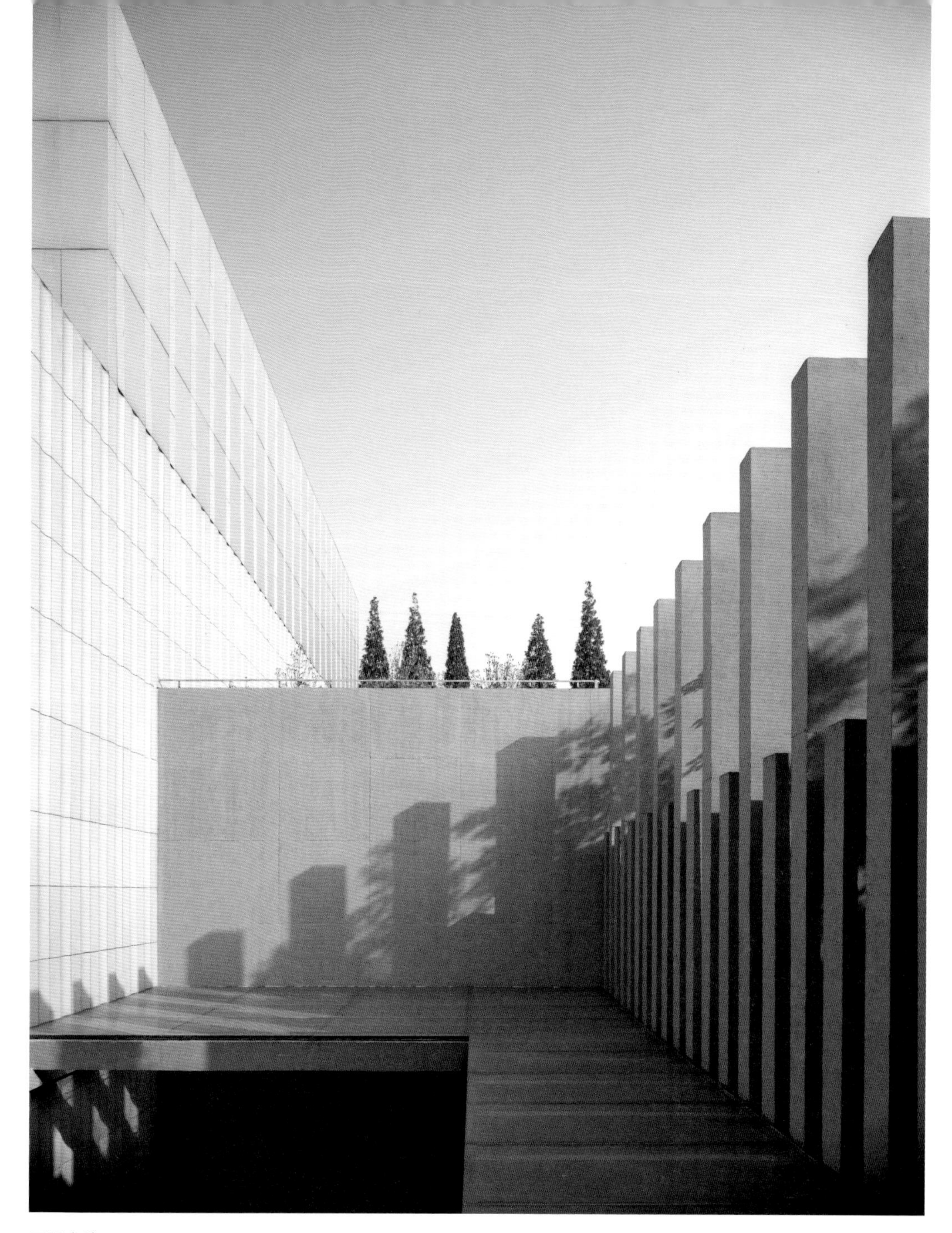

下沉庭院

1. 剖面 I ——南草坪

相辉堂与简公堂、奕柱堂互成品字形，中间为一方大草坪，这一建筑格局自1922年一直保留至今。学生、校友、访客日日漫步草坪，合影留念，络绎不绝。相辉堂意义之深远，已成为复旦之精神，校园之记忆，而相辉堂南立面与其门前中心草坪所形成的场景起到了关键作用。

通过多角度视线分析，为控制相辉堂南首之场景，设计决定将北侧新建舞台下沉4m，以保证扩建屋顶完成面标高与老楼屋脊标高平齐；同时将舞台区域北移以远离老楼，在建造实施中，于邻近老楼开挖区域外围采用钻孔灌注桩，水泥搅拌桩形成基坑支护，尽可能减小邻近地下空间开挖对历史建筑带来的振动和下沉影响。此外，为避让老楼高度采用的下挖，就势形成了从地面逐级跌落的观众厅楼座地坪。

下沉庭院的混凝土结构

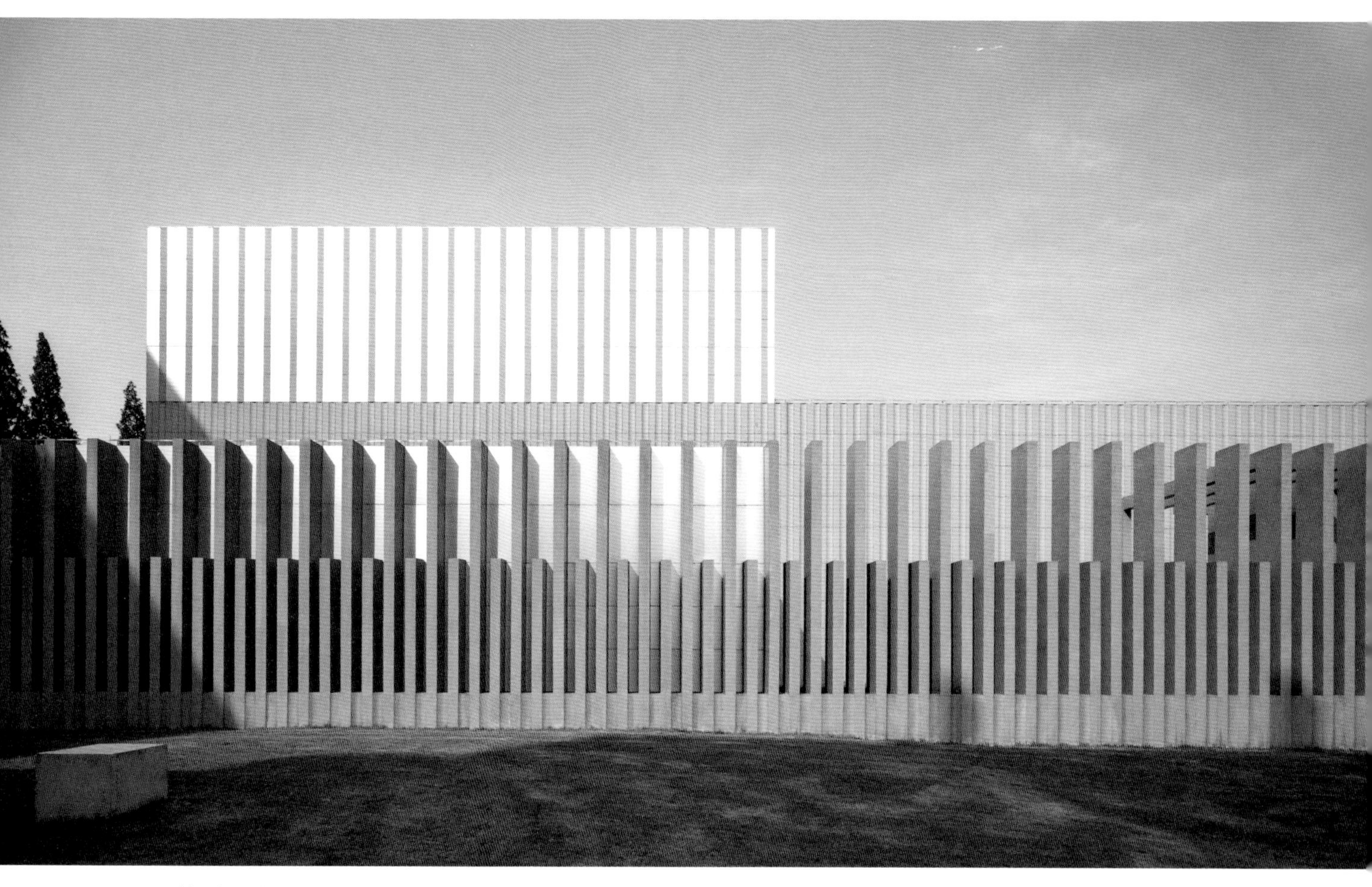

扩展部分立面

贴邻相辉堂南立面有两块对称的窄条绿化带，常年疏于打理，其间乔木、灌木恣意生长，几近掩盖了大部分建筑立面。纷杂中左右各三株夹竹桃尤为引人注目，枝叶已蔓延至二层窗棂，虽杂乱却恰恰打破了南立面略显沉闷的水泥拉毛墙面。在场景还原的设计中，我们将这六株夹竹桃作为重要的景观要素予以异地保留，经过精心修剪后予以原位回栽。

扩展部分立面

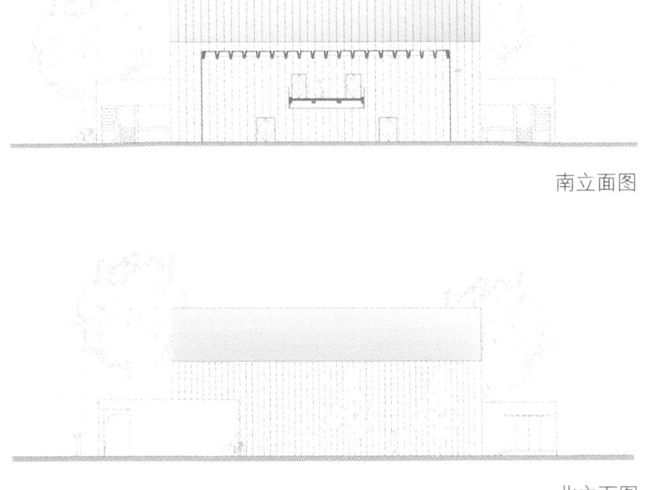

南立面图

北立面图

新与旧的共存

1 屋面修缮

屋面瓦修复替换
防水层修复
室内望板封闭

2 室外木门窗修缮

木门窗原油漆出白重做调和漆
按原规格、原材质替换损坏严重的构件

3 搭毛外墙修缮

灰色外墙涂料
普通水泥掺入适量石灰膏的素浆或掺入适量砂子的砂浆拉毛
刮素水泥浆一道
墙体开裂用压力灌浆修补
基层空鼓起壳部分（超过0.1m²）凿除重做，水泥石灰砂浆分两遍打底

4 黄砂砂浆修缮

人工凿除剥离表面砂浆
墙面缺损（深度小于5mm）表面增强处理
水泥砂浆刮糙
石灰、黄砂、麻丝拌和后粉刷

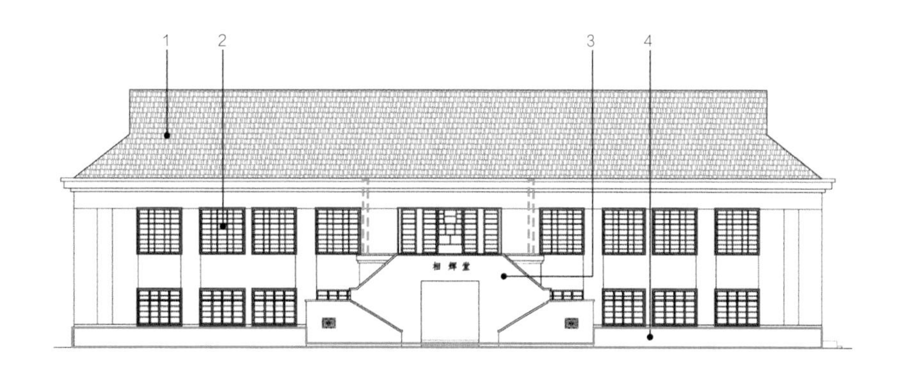

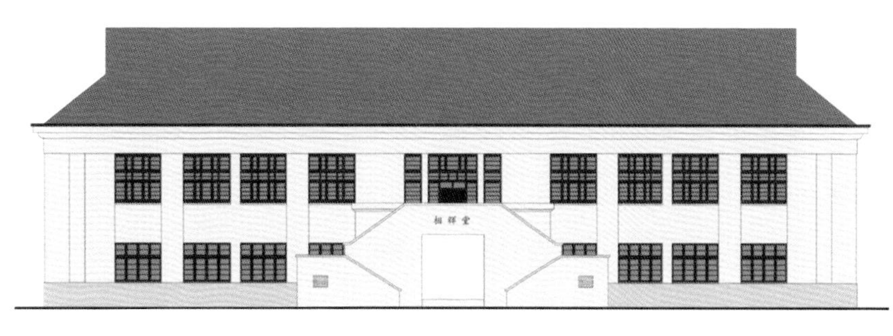

相辉堂正立面修缮设计

2. 剖面Ⅱ——登辉环路

复旦校园是适合漫步的，道路虽可车行，但两侧树木多已至顶合拢，裹挟出静谧且富有人文气质的校园氛围。

登辉环路更是如此。

作为校园历史建筑展示区的主要道路，登辉环路串联起区域内的历史建筑群及公共开放空间。鲁道夫斯基认为，“街道不会存在于什么都没有的地方，亦即不可能同周围环境分开。换句话说，街道必定伴随着那里的建筑而存在”[1]。沿登辉环路漫步，可见原相辉堂北侧的成片绿林，街道场景层次丰富，绿意盎然。而此处恰恰为扩建北堂的场地范围。如何延续、提升登辉环路的街道场景，亦成为北堂重要的设计出发点。

若将新建建筑主体贴邻道路，将使登辉环路疏朗的街道尺度变得逼仄，街道空间变得乏味。因此，设计将老楼纳入整体功能布局，将观演建筑观众厅两侧常规布局的入口辅助功能置于老楼一层，从而释放扩建建筑的沿街建筑容量，退让出第一层级立面。

顺应边界，于院落外侧虚设一道半高清水混凝土透空围墙，以匀质柱列并入有序的校园空间，“形式不断重复所形成的富有节奏的变化”的完整界面带来强烈的韵律美感[2]，而退居第二层级的灰白色弧形陶板立面，让扩建北堂谦逊地融入百年历史积淀的校园场景。

年长的广玉兰和新种下的丛生朴树掩映着围墙内的光影和下沉边院里的欢声笑语；摇曳落下的斑驳树影打乱围墙严谨的序列，使充满庄重历史感的登辉环路多了几分鲜活与灵动，而北堂顶部采用的阳极氧化铝板却将这一切映射于天空，消隐在静谧的校园林荫间。

3. 剖面Ⅲ——透明门厅

老相辉堂的功能是完备的。它拥有独立的舞台、观众厅及配套服务功能。观众可以通过东侧入口的开放楼梯拾级而上，从观众厅后部直接进入二层观演空间。底层若干房间可作为休息厅、接待室、更衣室使用。但上下楼联系不便，观演流线与南入口礼仪流线偏离，与修缮后演出及观演方式不相匹配。

新建北堂的面积是局促的。正如前述，由于用地和风貌的双重限制，新建北堂的建筑面积并不满足标准剧场及其配套服务的功能需求。缺乏门厅引导空间，二层南北堂交通动线的分置，都会将新老建筑割裂，而这与相辉堂改扩建的初衷相违背。

扩展部分阶梯花坛

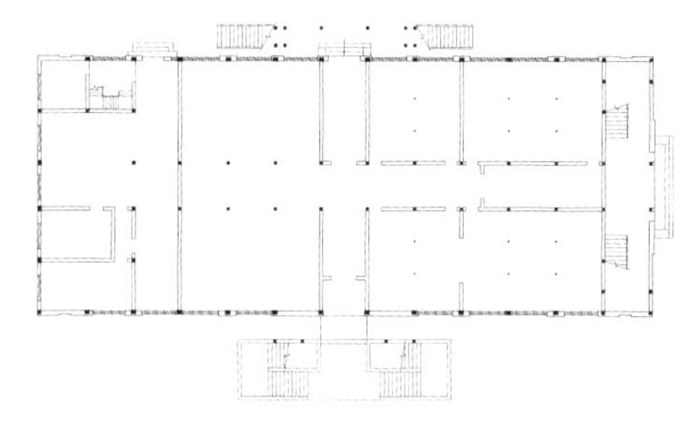

修缮前一层平面图

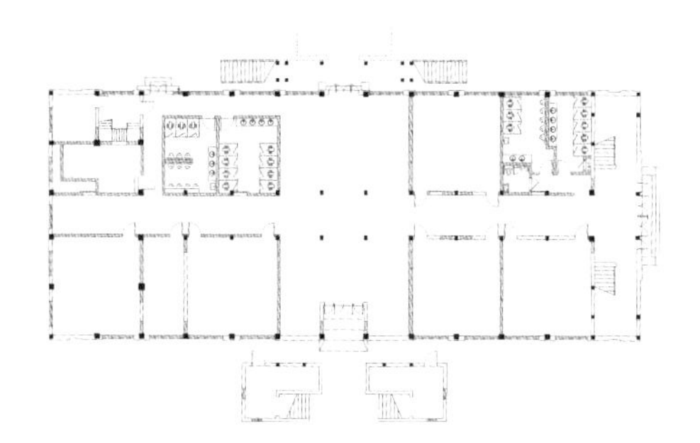

修缮后一层平面图

扩展剧院内景

相辉堂内部修缮

相辉堂内部修缮

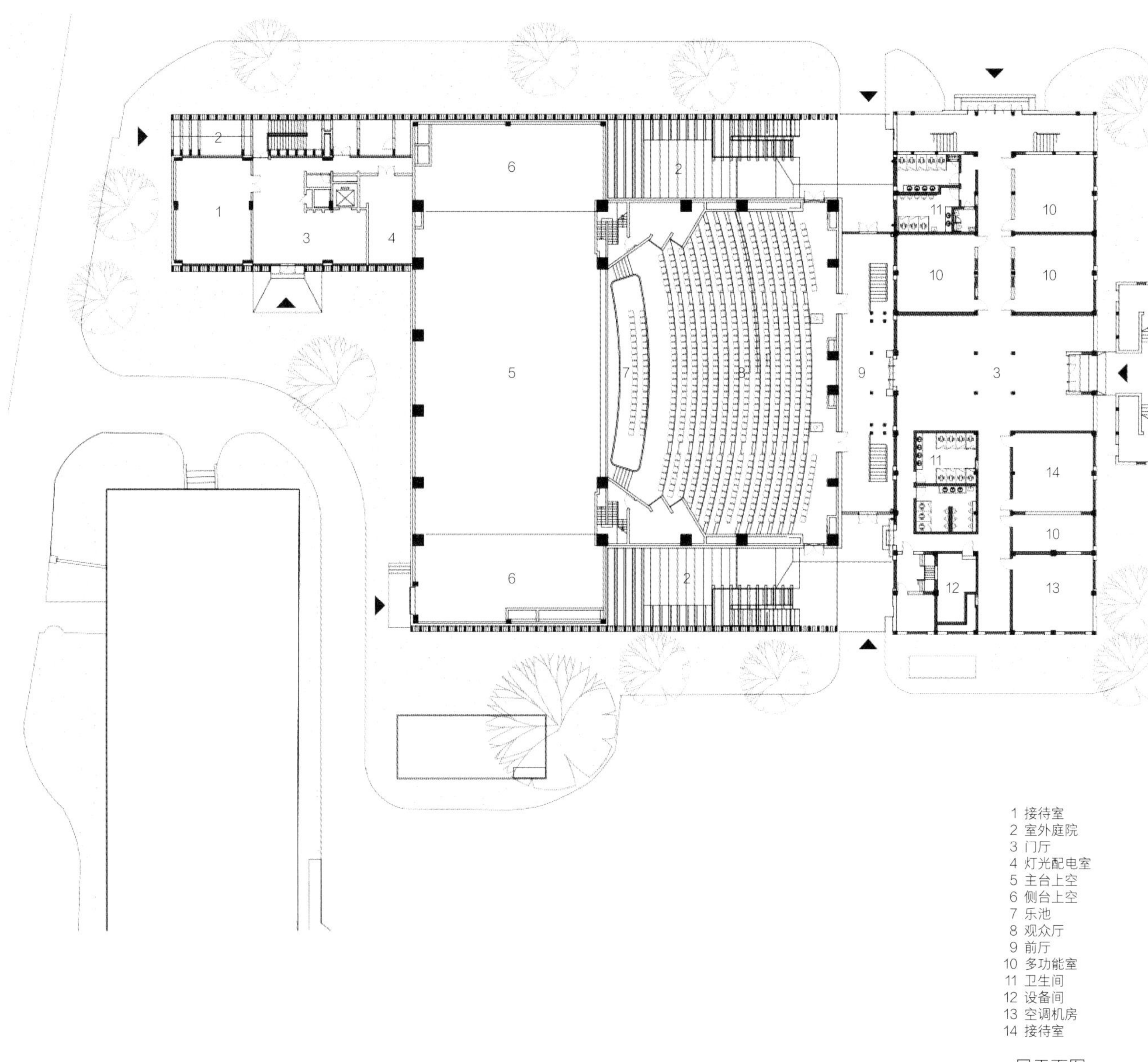
1 接待室
2 室外庭院
3 门厅
4 灯光配电室
5 主台上空
6 侧台上空
7 乐池
8 观众厅
9 前厅
10 多功能室
11 卫生间
12 设备间
13 空调机房
14 接待室

一层平面图

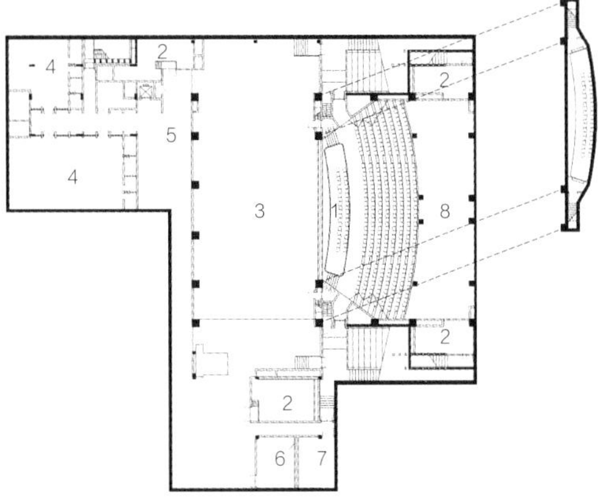
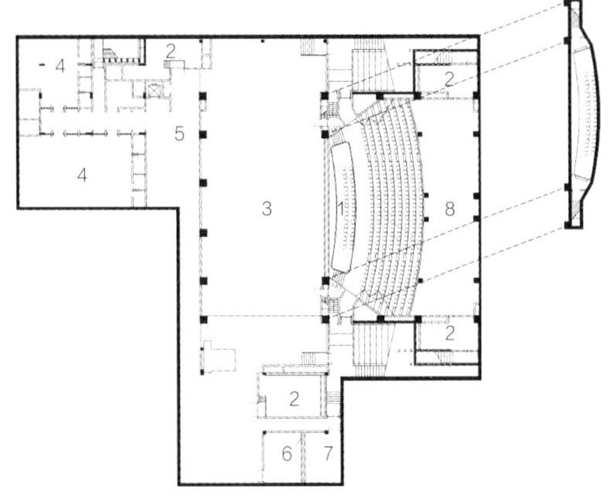

1 乐池
2 空调机房
3 主台
4 化妆间
5 演员通道
6 空调水泵
7 消控室
8 静压箱

地下层平面图

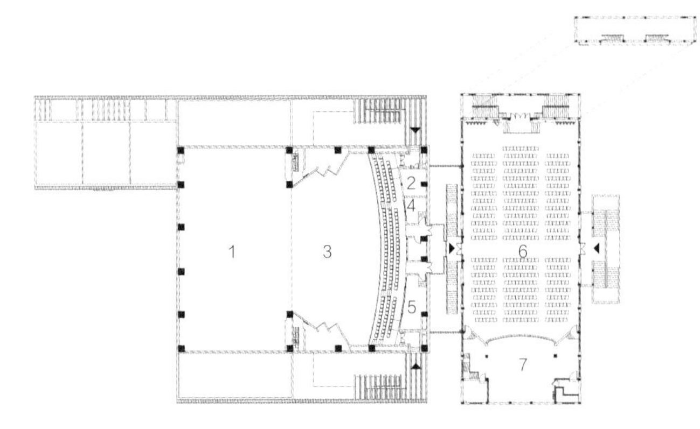

1 主台上空
2 空调机房
3 观众厅上空
4 控制室
5 放映控制室
6 礼堂
7 舞台

二层平面图

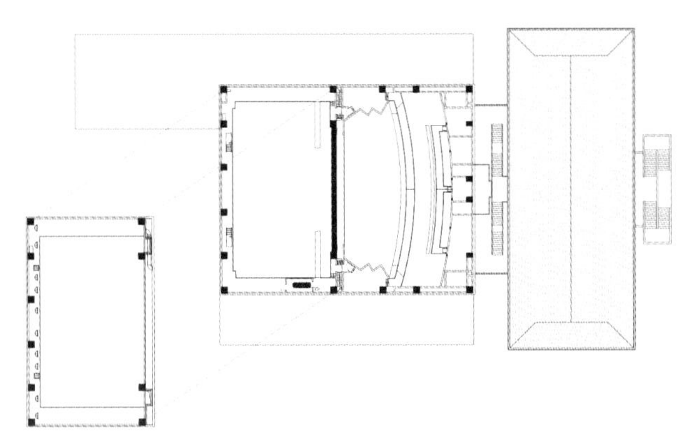

三层平面图

扩展体量背部

因此，南北堂空间的共享联动就显得更有意义。设计充分利用修缮后南堂古朴的历史风貌，结合底层门厅改造后校史展览功能的植入，利用旁侧多功能房间作为贵宾接待室，进而将南广场及入口作为礼仪动线始端，恢复底层空间的公共性和开放性，随之穿越至日常门厅（二级门厅）——由南堂到新扩建的北堂，由于施工保护退让而隔出的5m空间。日常门厅，成为同时可进入南堂和北堂的重要引导空间。

新老建筑的完整立面，就在日常门厅之中，同一时间呈现于左右，70年的光阴就在这短短几步之间。南堂北立面水泥拉毛墙面修缮后，将沧桑的历史随玻璃门厅隔入室内，包裹北堂的完整均质的灰白色陶板界面从外立面延伸进室内，无疑是面对深厚历史文化时，最为谦逊的立面表情。

通高透明的日常门厅成为过去与未来的过渡，包容相辉堂不同时期的历史痕迹，以最轻盈的方式清晰呈现。无论白天还是夜晚，这里成为相辉堂最富魅力、最具活力的开放空间。校园空间特征以一种类似时间剖断面的图示化方式呈现出来：既有的与新建的、完成的与未完成的彼此交织，叠合成一个浑然的整体[3]。

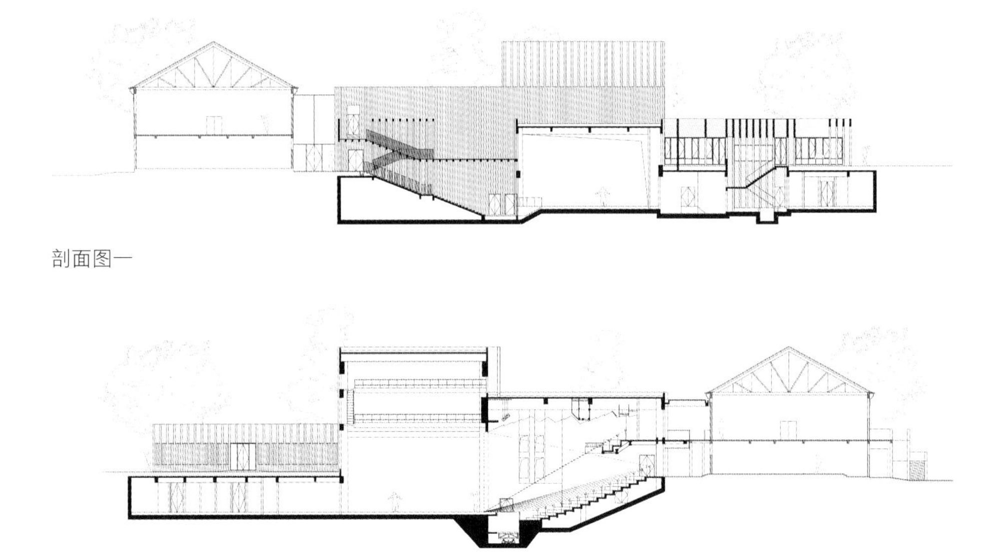

剖面图一

剖面图二

下沉庭院内景

入口立面

JIEFANG DAILY OFFICE

解放日报社新址

延安路高架就像从城市腹地划过的手术刀，把交通顽症一并清除的同时，留下一抹清晰的疤痕。这道疤痕就包括“严同春”宅被拆除第一进院落后留下的断面。沿着延安路由东向西行进至816号时，初冬的暖阳将梧桐树的稀疏影像投射在略有残损的暗褐色立面上，数十年的使用痕迹叠合，与疤痕混合在一起，无声地道出历史“言所不及”之处。

上海市延安中路816号 · 2015 · 5370m^2

改造前

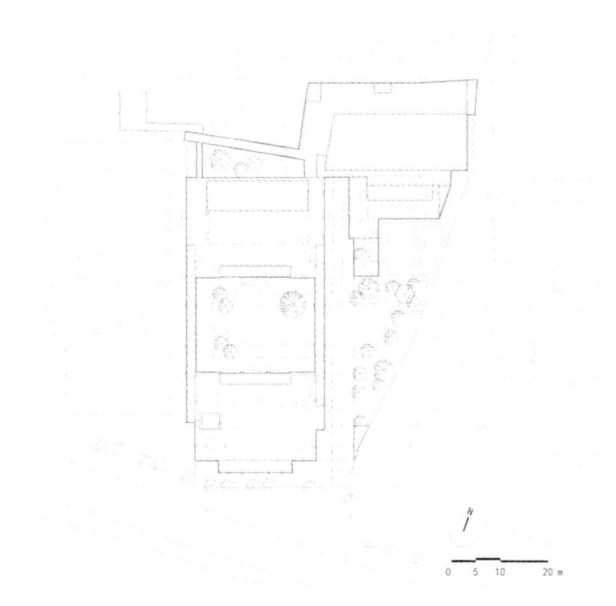

总平面图

1. 言所不及

——建筑总以最真实的存在方式，无声地道出历史“言所不及”之处。

清晰记得两年前的冬日，我们推开锈蚀的铁门，穿过半人高的蒿草，站定在两栋楼之间的开阔处。满目的爬山虎的枝蔓纠缠在老旧的砖墙之上，几乎分辨不出窗肚处拼砌的席纹花饰以及女儿墙上中国传统建筑的纹饰。略显残破的立面上几个缺失门窗的洞口显得格外突兀。洞口周边立面上深浅不一的陶土砖显示出不同年代修补的痕迹。高低不平的地面上散布着大小不一的缺口，偶尔露出下一层地面的真实肌理。冬日的余晖将我们的影子夸张地拉扯到远处的陶土砖墙上。这种犹如考古挖掘式的场景总是令人兴奋，它使感知一直处于假设的悬浮状态：这个空间原本是室内抑或室外？它的样貌是原本如此还是反复扩建的结果？这些现存的片段呈现出各自分离残缺的面貌，但同时又共同叠合成一个无比丰富的历史叙事。

新旧对比

东南角人视

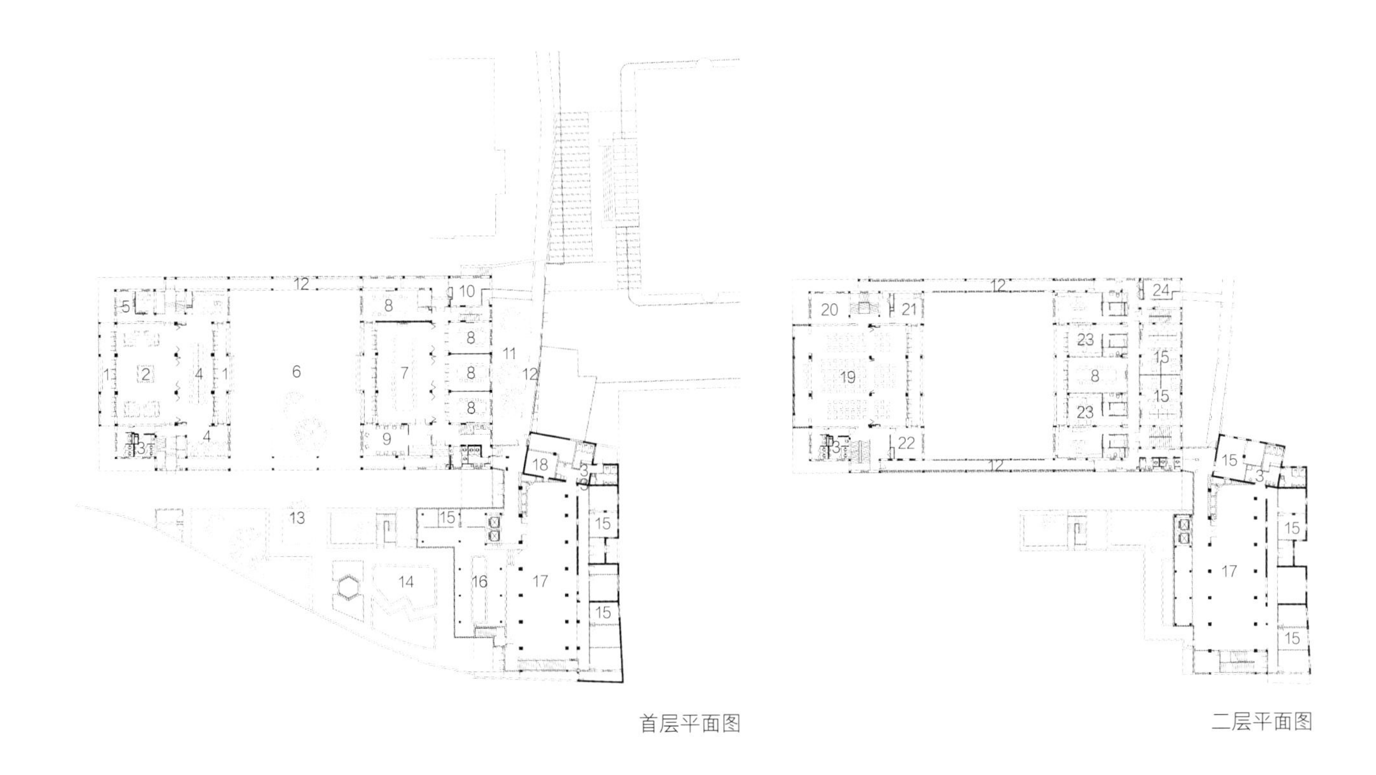

首层平面图　　二层平面图

1 门廊
2 咖啡厅
3 卫生间
4 休闲区
5 管理室
6 内院
7 大会议室
8 会议室
9 休息室
10 总电间
11 后院
12 室外连廊
13 绿化水池
14 办公室
15 新媒体中心
16 开敞式办公
17 通信机房
18 活动室
19 储藏室
20 准备间
21 音控室
22 领导办公室
23 仓库
24 人事档案室

2. 叠合的原真

——在场所中，时间总是被隐匿的层面叠合覆盖起来。当我们把层面逐一厘清之后，时间的质感就逐渐呈现出来。而且时间是只属于这个场所的，始终在这里隐匿地流动着，也只能在这个场所中追溯和体验。我们所做的只不过是剥离出时间的剖断面。

历史是一个“流程”的主张一如既往地贯穿于我们诸多的改造案例中。这种偏向于实证主义的立场将历史看作连续且不断叠加的过程，这个历时性的特征与自然法则相类似。历史的原真性不再以一种封闭的法则或系统呈现，而是在充分尊重原始状态的基础上承认并接受不断叠加的历史过程。这就是“叠合的原真”的改造主张。

C楼及花园

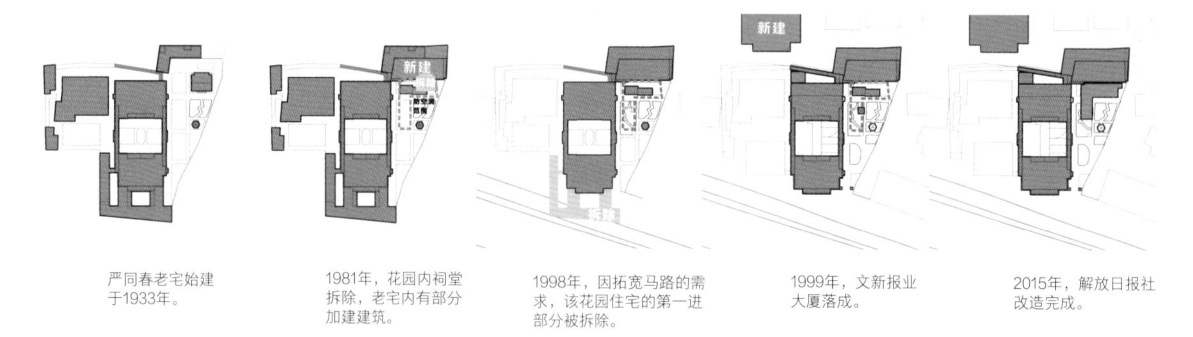
新建
新建
新建
严同春老宅始建于1933年。
1981年，花园内祠堂拆除，老宅内有部分加建建筑。
1998年，因拓宽马路的需求，该花园住宅的第一进部分被拆除。
1999年，文新报业大厦落成。
2015年，解放日报社改造完成。

历史变迁

保护修缮后的中央庭院

层层递进、相互融通的空间关系

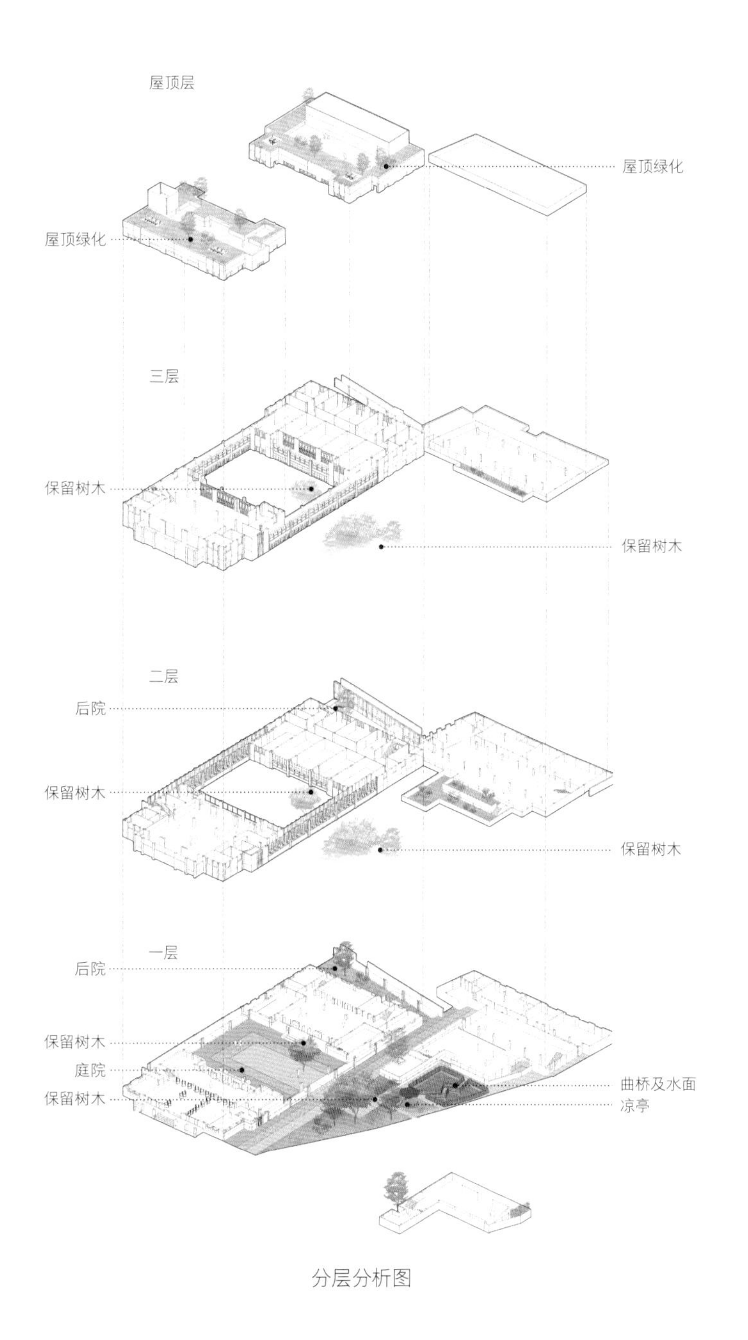

分层分析图

首先进行的是对建筑进行考古式的场外（包括其原始图纸文档、资料照片及媒体报道等）和场内调研，形成了系统性的评价与保护修缮分析：对破损情况和现状进行客观的描述，结合新的功能诉求对原有空间类型的匹配度进行研究，明确其价值判断，从而在修缮过程中真正做到有据可依。

对于整体状态良好且艺术文化价值较高的A、B楼立面，我们保持了相对谨慎的修缮态度，以最低限度介入的手段进行修缮设计，缺失的历史构件或破损的装饰构件以“修旧如旧”的策略恢复其原始状态。首先拆除了原始立面上后期加建的部分，然后利用清洗技术还原其原初状态，依据原始图纸或经过详细比对、推论，对损坏部分予以修补；对于装饰构件、原始门窗、栏杆及雨水管等，采用同样的策略进行原样修复。

对于史料中缺失的部分，改造过程中现场发掘的价值就凸显出来。譬如工人们在A楼二层“开放办公区”南侧阳台区域整修地坪时，发现在水泥砂浆下埋藏着完整的马赛克地坪，图案精美。推测是当年建筑改作酒店之时，把此区域地坪用砂浆垫高，与室内地坪找平。我们得知后立即决定做保留性处理，并为破损之处四处搜寻同规格的马赛克材料，最终呈现图案完整、工艺传统的马赛克地坪。又例如，在A、B楼间庭院施工时，工人发现实际上最初的地坪标高在现状地坪的五十公分以下，现在的地坪为后期覆盖。经论证，如果恢复到原初状态标高，下降的地坪标高增加了之前略显低矮的外墙裙高度，会使建筑立面的三段式比例更加和谐。因此我们决定整体下挖庭院地坪。在下挖过程中，原初通向庭院的几级台阶也逐渐显现出来。

较之于相对完整的建筑外部空间，室内空间由于各个时期使用需求的变更而产生较大变动。同时由于这一部分原始资料的匮乏，使得对于原初状态和后期改动情况的分辨工作十分繁复。虽然我们仍可以辨识出原先的隔墙拆除与添加的痕迹，但最终的改造方案还是基本保留了现状，对曾经改动过的部分未作全面恢复，这也是出于满足新的办公空间需求的考量。对于改动过的地坪按实际状态分别处理。例如当年拆除延安路一侧的第一进院落后修补的石质台阶和踏步均保持现状，显现历史断面的状态。同样，对于外立面上不同年代修补的陶土砖存在的明显色差，改造并未进行过多修正，而是维持一种叠合式的过程状态。

“叠合的原真”强调历史建筑的保护由“原初状态的复原”向“当下真实状态的适当维护”转变，历史建筑的现存状态更加反映了当下真实的历时性和即时性。

北侧庭院

保护修缮后的中央庭院

C楼与花园的剖面关系

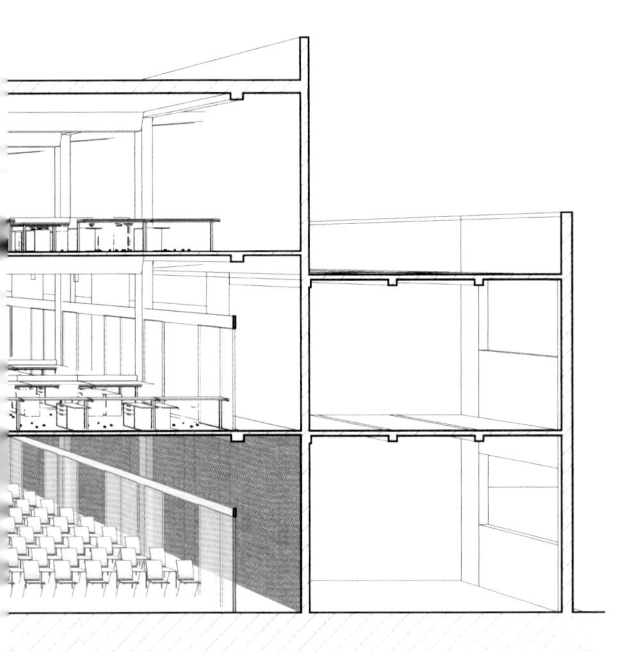

3. 存续的空间

——建筑作为一种关系而存在，恐怕是对场所的诗学最有力的注解了[1]。

“严同春”宅的改造策略从设计投标阶段就已定下基调，那就是围绕“院廊体系”铺展空间架构、疏通空间脉络。现在看来顺理成章的选择在当时却承担了相当大的风险。为了符合传统媒体向新媒体转变的定位，报社需要增设一些开敞办公区和多功能空间，但现有的A、B楼的空间有限且分隔单元较小，很难满足新媒体的使用需求。于是，报社希望能在A、B楼间增设一个功能体量，将A、B楼的院落空间改为室内办公空间。

但这个设想在我们进入现场的第一时间即被否定了，因为我们始终认为“院廊体系”是“严同春”宅的核心价值与场所精神之所在。拥有71间房间的“严同春”宅基本遵照中国传统两进四合院的构架展开布局，并围绕两进院落建构廊道，四通八达、连接通畅。另外，“严同春”宅在历经1933年建成、1998年第一进院落拆除、1999年北侧文新报业大厦建成、花园内祠堂拆除及部分加建等一系列的重大变迁之后，能够始终维持相对完整的就是院廊空间体系及花园空间体系。因此，我们提出一个整体腾挪的计划：将原本希望加建在A、B楼院落空间中的功能置换到1981年增建的C楼的南部，同时将A、B楼间完全恢复原有的内院格局。这对投标阶段而言类似于更改设计条件的做法最终有惊无险地取得了专家与报社的认可。

新旧对比

C楼及花园

4. 比对的重构

——历史总是在“不断迈向未来而与现在争斗的现实中”被创造出来，历史不是怀旧的记忆[2]。

任何历史文本的建构都需要作者，每段历史都有其各自的作者，那么究竟谁才是“作者”？如果说“严同春”宅的第一历史的作者是建筑师林瑞骥，那么它的第二历史的作者是谁？事实上，作为作者就意味着被认定要对文本负责。正如福柯（Michel Foucault）所言，严格意义上，我们不该谈论“作者”是谁，而只能谈论“作者功能”，换言之，作者的身份不是一种自然身份，而是一种社会建构，这种建构因语境的不同而异[3]。因此，从本质上来说，当下作者的权威性最为强烈，有权力从他所处的历史位置和利益考虑来发出应有的声音，而其合法性在于推动历史的当下进程。

新旧对比

室内走廊

保护修缮后的楼梯

入口大厅内装实景

休闲讨论区

5. 向史而新

于我们而言，“严同春”宅的改造就像是进入纷繁芜杂的历史场域，其中连续与断裂、清晰与模糊、叠合与分离，共同铺就了一个由古向今的历时性叙事。作为当下介入的设计者，我们的立场始终处于同传统的锚固与游离的分界点上。在改造中所采取的谨慎的对应可以看成与传统对话的正向操作，但在这个对话中又隐藏了某些显而易见的反向性。

向史而新，建筑的目的既在于包含过去，又在于将这些过去转向未来。

B楼南侧阳台

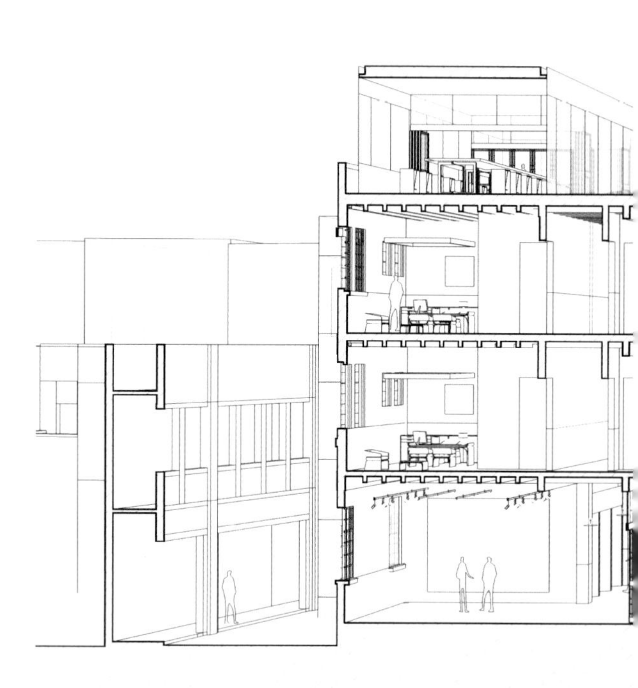

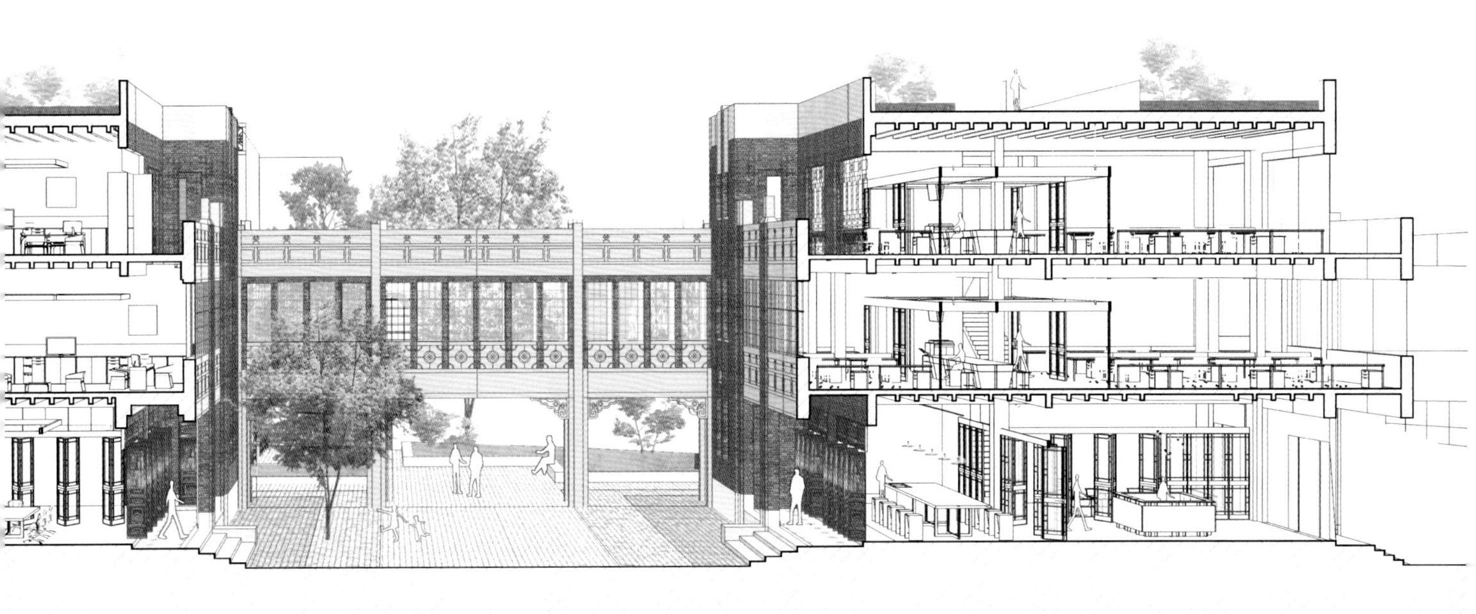

延续空间的秩序

新旧对比

– 游目与观想

- OVERLOOK AND MEDITATION

五层钢结构环形游廊

GREEN HILL

绿之丘

2016年3月，杨浦滨江公共空间贯通工程正如火如荼。为了拉通滨江景观带，向城市腹地打开滨水岸线，拟拆除位于宁国路码头附近的烟草仓库。这是一座建成时间在三十年左右，既缺乏工艺价值，也不具备明显建筑特点的6层钢筋混凝土框架板楼。由于有规划道路穿越，加上其自身巨大的南北向体量横亘在城市与江岸之间，严重阻挡了滨江景观视线，这座建筑的拆除似乎毋庸置疑。

上海市杨浦区杨树浦路 1500 号 · 2019 · 17500m^2

改造前的“绿之丘”与浦江

改造前的水岸原状

改造前的周边环境

改造中的“绿之丘”

在狭长场地上连接城市与滨水空间

漫游路径自然延伸至北向草坡

原上海烟草公司机修仓库（以下称烟草仓库）建造于1996年，这座6层仓库有着30m高、40m宽、100m长的庞大体量，位于打捞局和原上海化工厂之间约60m宽、250m长的狭长地带。其外观与20世纪90年代同时期仓库建筑并无二致，方正的瓷砖贴面的矩形体上均布着工业建筑常见的长方形高窗。烟草仓库较之于其东南面建于1927年的明华糖厂仓库显得更为独立，后者在沿江码头一侧还留有当年靠人力搬运货物的平缓坡道。而烟草仓库则通过内部电梯解决货运，与外界的联系仅为东侧的一条车行通道，集中体现了内部生产效率最大化而不假外求的“技术体”样式。

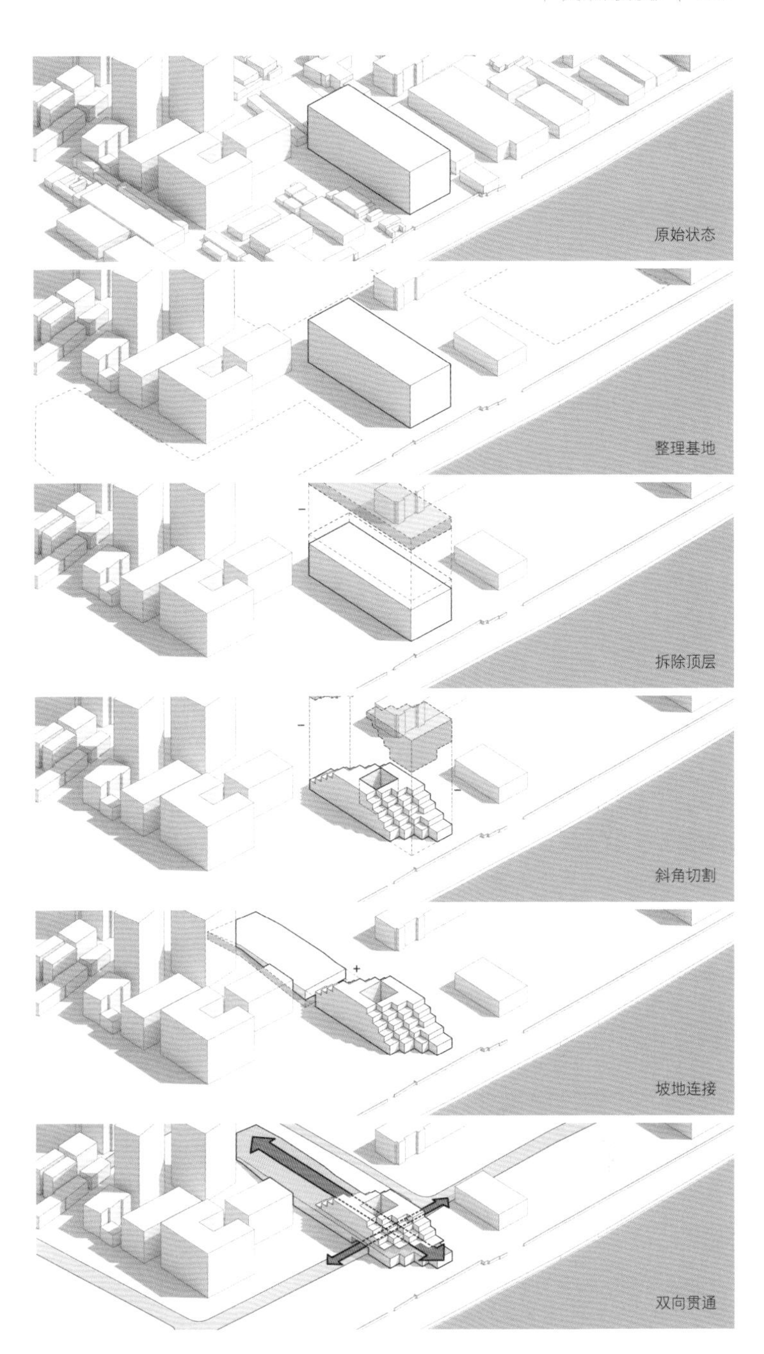

削切出来的建筑

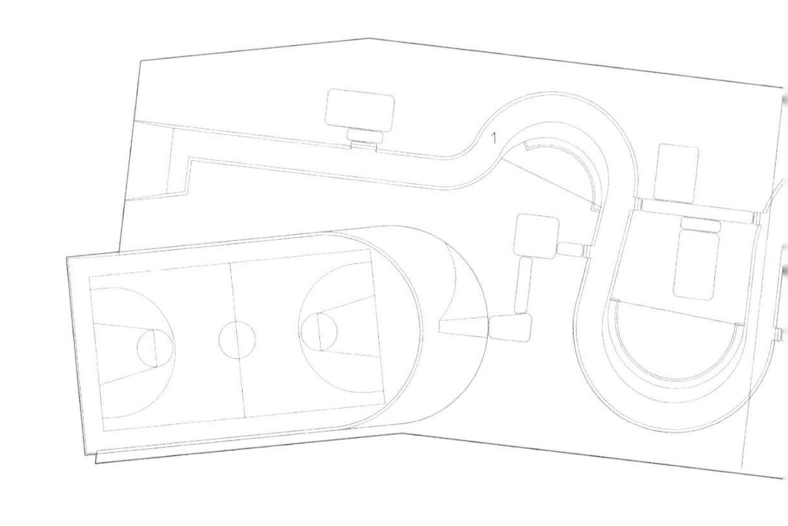

连接城市腹地与滨水公共空间

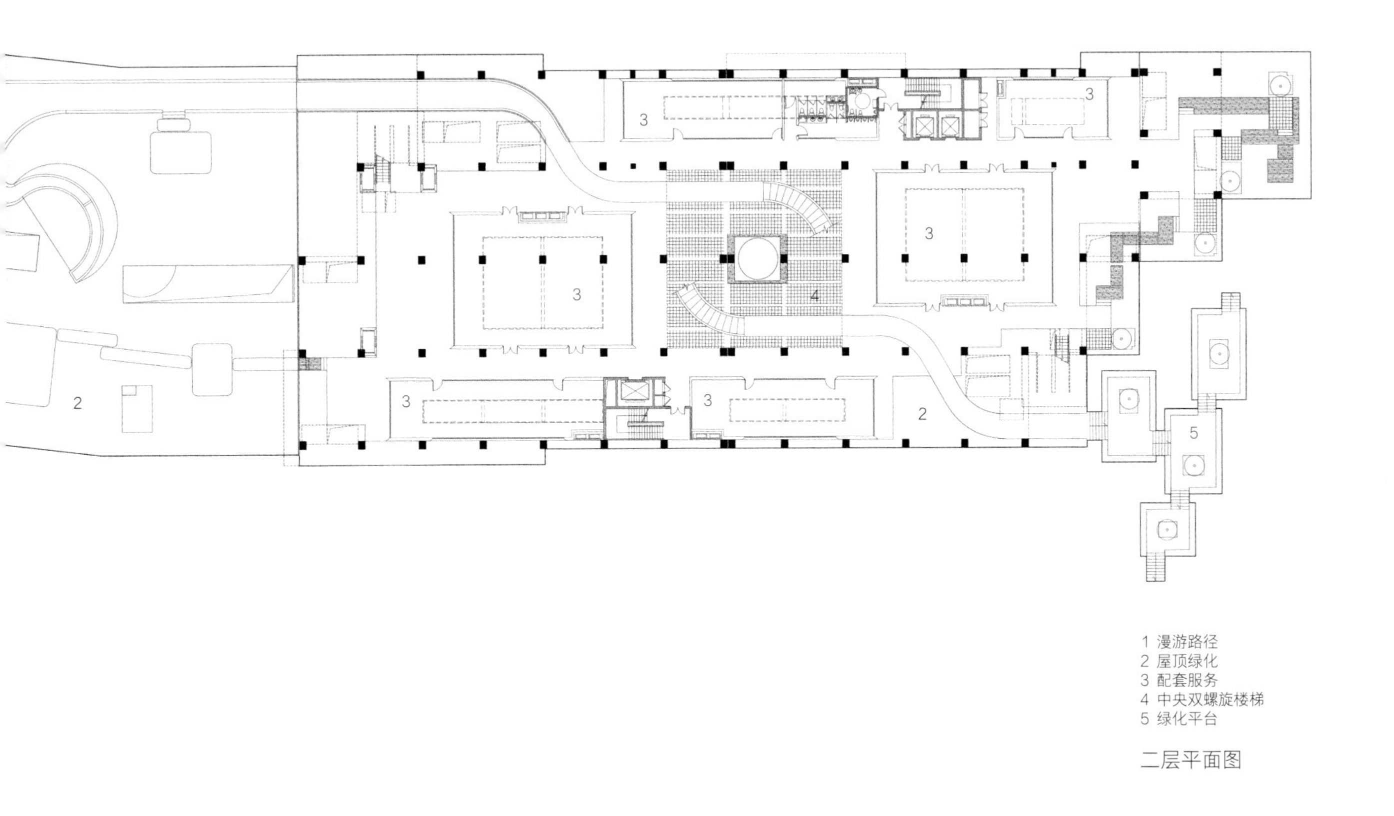

二层平面图

然而细究之下，烟草仓库所具有的发展潜力及“技术体”的特征，也成为日后改造的潜在性启发。一方面，从城市空间角度来看，烟草仓库正好处于滨水公共空间沿江带状发展和向城市指状渗透的交点。如能采取恰当的保留与改造策略，不仅能够成为城市腹地与滨江公共空间的联系桥梁，也能增强滨水空间向城市延伸的空间引导特征。另一方面，在践行滨水空间功能转变过程中也出现了一些亟待解决的矛盾：因岸线开放而拆除的水上职能部门（公安、消防、武警）用房需就近安置；市政电网兰杨变电站、公共空间用户站、公共卫生间、道班房、防汛公共空间管理物资库等市政公用设施需要安置建设；5.5km长的杨浦滨江南段公共空间需设置综合服务中心。而烟草仓库的地理位置恰好是上述各功能较为理想的布点位置。虽然烟草仓库的建筑美学价值一般，但混凝土框架结构状态较好、梁柱排布清晰，有较强的工业建筑的结构特征。权衡利弊之下，我们建议有条件地保留并改造烟草仓库，将其改造为集城市公共交通、公园绿地、公共服务于一体的、被绿色植被覆盖的、连通城市腹地与滨水公共空间的城市多功能复合体——“绿之丘”。

“绿之丘”俯瞰图

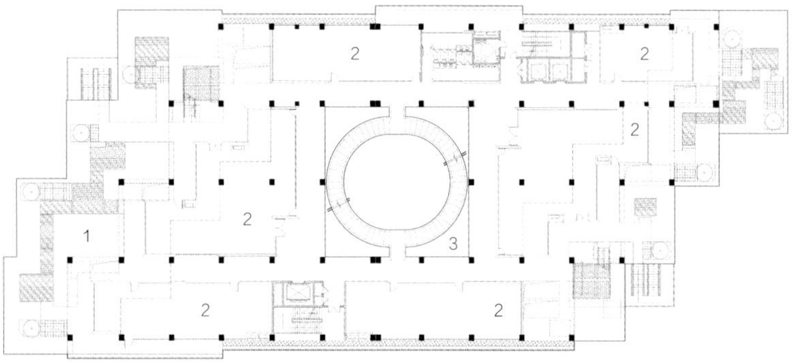

1 屋顶绿化
2 配套服务
3 中央双螺旋楼梯

三层平面图

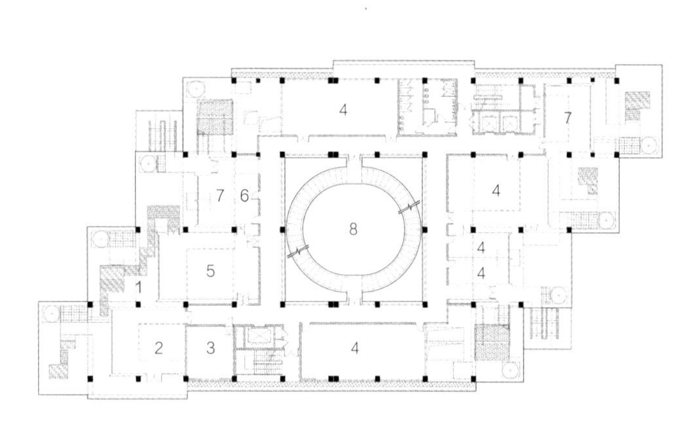

1 屋顶绿化
2 餐厅
3 厨房
4 办公室
5 控制中心
6 休息室
7 会议室
8 中央双螺旋楼梯

四层平面图

中庭楼梯入口

原有框架与新植入的离散体系

从插入的小体量功能体望向中庭

二层跨越式交通

“绿之丘”建设开展的第一步（工程量最大的环节）就是对原有建筑的保护性局部拆除。建筑拆除在保证原有结构不受破坏的前提下进行，通过线切割技术将梁板精准切割。建筑形体便由原来方正封闭的实体一层一层地被削切出来。原有柱梁被切割后留下的梁头以及施工中切割的痕迹均清晰可见。为了完成对“非回应性”的“技术体”的修正与自然化过程，改造将原有围护墙体全部拆除。柱面与顶面保留了斑驳的粉刷面被剥离后的粗糙痕迹，不再做进一步的粉刷和装饰，仅做混凝土表面保护固化处理，从而使得结构体系作为既有建筑的主要特征呈现出来。

一层停车库

草坡下的螺旋楼梯

三层室内平台

拆除后的烟草仓库并未被完全当作一个传统意义上的建筑来考量，而是被想象为在原有的结构框架中插入一层层的绿色托盘及聚落状的小房子。所有插入的体量呈现一个同原有框架结构相脱离的完整体系，形成清晰的比对性建构。这些小房子一部分用来安置负责滨江管理的职能部门，绝大多数以出租方式用于展览、会议、休闲、餐饮等多种用途。

三层廊道空间

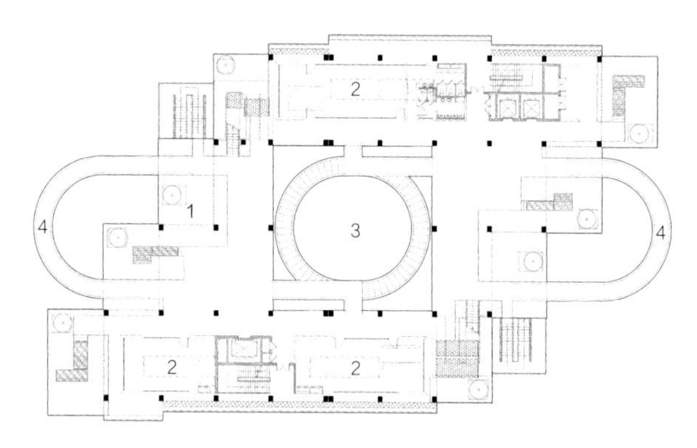

1 屋顶绿化
2 配套服务
3 中央双螺旋楼梯
4 瞭望平台

五层平面图

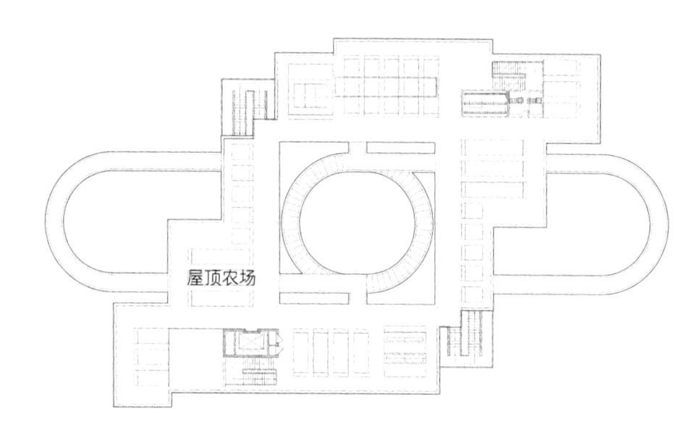

六层平面图

三层东北向观景平台

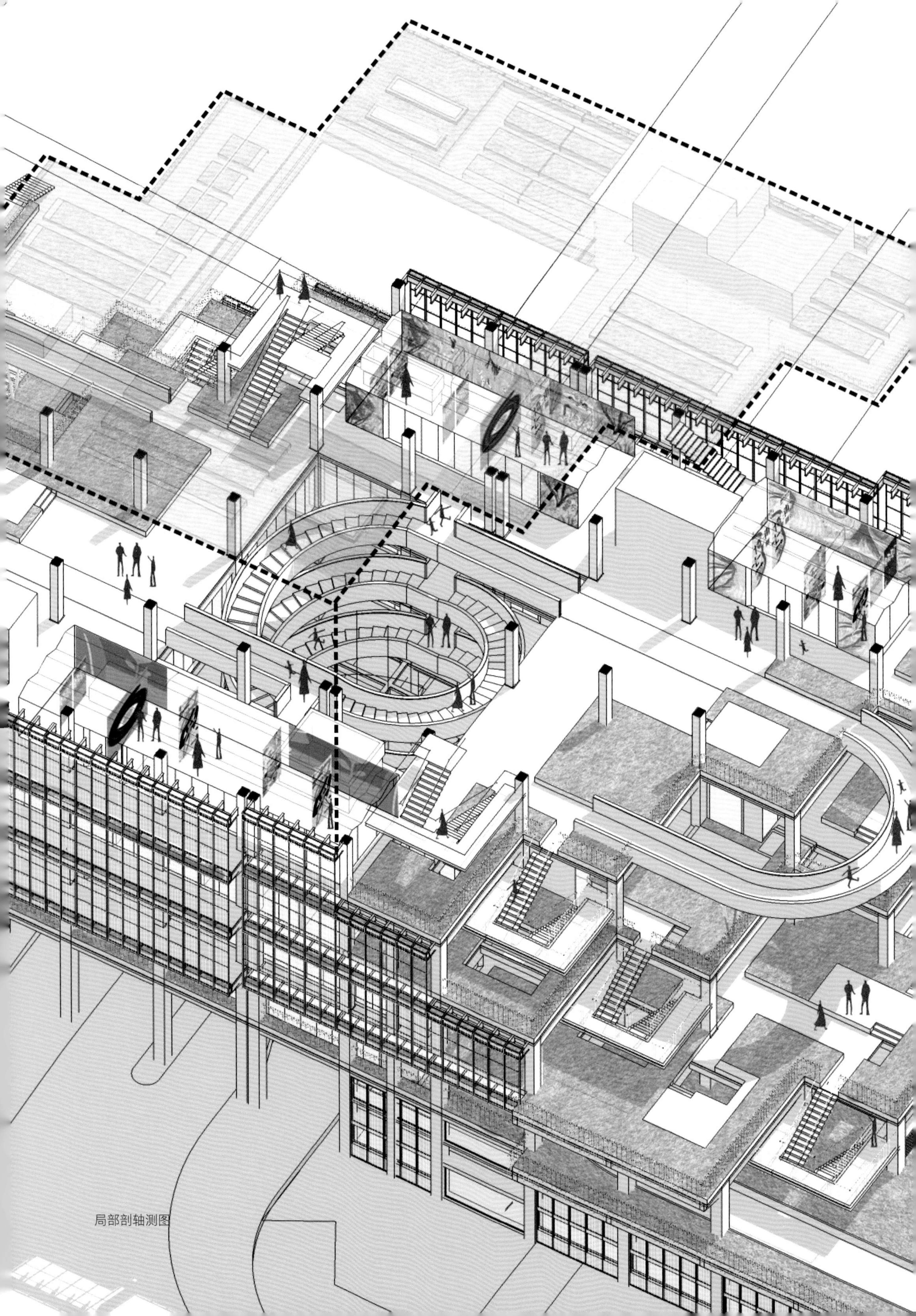

局部剖轴测图

对“技术体”的自然化过程并非简单将其去除，而是表现为“技术体”的适当回缩。小房子的热工围护完全符合现行的规范和标准，但它们之间或紧密或松散的状态在原先均质化的网格体系中增加了新的系统张力。小房子之间的位置关系成为平淡的柱网体系中的趣味所在。“技术体”的自然化过程还表现为对原有封闭界面的消解，设计采取了由钢拉索同爬藤植物相组合的垂直绿化索网体系取代原有墙体。一方面希望通过垂直绿化的设置将底层服务、二层跨越式交通和上层各活动区的内部状态以一种若隐若现的方式外化出来。另一方面也阻挡了来自外部城市道路的干扰及西侧强烈的日照。

从结构框架到热工围护再到朦胧界面。各个部分虽然相对独立又相互回应，形成一个新老并置又清晰可辨的整体。

初次踏勘基地时，烟草仓库不仅以巨大的封闭体量令人印象深刻，而其距离水岸边仅十多米的距离也在视觉上产生极大的压迫感。烟草仓库的存在使原本带状延展的滨水公共空间的通畅性在这一位置受到较大的阻滞。因此，作为对城市景观及空间需求的回应，我们对建筑外部形体做了较大的改动。首先降低建筑高度（六层整体拆除），将建筑高度控制在24m以内。其后，面向西南方向做形体斜向梯级状削切，形成朝向陆家嘴CBD方向的层层跌落的景观平台，消解建筑形体对滨水空间的压迫感。同样，将建筑形体在面向城市的东北方向也做了一次斜向梯级状削切，形成引导城市公共空间向滨水延伸的态势。

当初烟草仓库能否存留的争议焦点就是平行于江岸的规划道路（安浦路）与建筑的冲突问题。拟建的规划道路安浦路在平面关系上与建筑垂直相交，相交位置正好处于既有建筑的居中部位。有利的条件是建筑一层原机修厂房层高7m，同时柱跨净距超过4.5m，具备车行道从建筑底层穿越的可能性。在与道路设计工程师反复沟通后，最终确定了道路穿越建筑的方案，并同时协调解决了道路下方管线穿越的问题。由于建筑跨越车行道路，自然而然形成了一个巨大的步行的“天桥”。人们可以由北侧的杨树浦路通过斜坡到达建筑的二层，再由建筑的二层直接到达滨水空间。设计刻意增强了二层空间的开放度，形成一个活跃的、公共的间层空间。

“绿之丘”的植物配置极力避免了常见的景观绿化模式，以大片狼尾草为主基调，希望呈现出具有规模效应的整体景观。只是在部分路径转折处配置白色喷雪，各层平台下光照不足的空间配置蕨类和八角金盘等喜阴植物。东西立面设置爬藤索、种植箱体配合攀爬植物形成朦胧的绿色界面，种植选择生命力顽强、5~7月开满细密白色小花的风车茉莉。草坡北侧覆土较为充分之处种植马灌木，形成蜿蜒的小树林，成为进入“绿之丘”的引导。

乔木种植则在每层平台采用1.8~2m高、树型相对舒展的鸡爪槭，增加立面种植层次。中庭选取了有明显季象变化的丛生朴树（落叶乔木）。7.5m高度的丛生朴树被全冠吊装到空中中庭。削切出来的梯级状绿化平台拥有最为充足的日照，并通过降板处理保证0.9~1.5m的覆土深度，使各类植物茁壮成长。西南角增设三个景观平台，将“绿之丘”与滨水漫步道平缓衔接起来。混凝土框筒结构的中心空腔可种植乔木（至今还未实现）。

“绿之丘”的建构首先要应对的是衔接滨水地带与其身后的城市腹地，实现“漫游之丘”的空间延展。从人们由城市往滨水空间移动的方向来看，过于方正封闭的体量缺乏对人流通向江岸的引导性及对滨水空间的暗示性。因此，将建筑形体在面向城市东北方向的斜向梯级状削切就是为了更好地引导城市行为向水岸延伸。此外，我们在既有建筑的北侧（原绿化用地）新建了一个斜坡状的建筑体量，它不仅解决了水上职能部门（公安、消防、武警）用房的安置，而且在其上部形成约4000m^{2}的大草坡。这样可以顺利引导人们由屋面的景观大草坡直接到达建筑二层临眺江景，跨越市政道路直达江边。

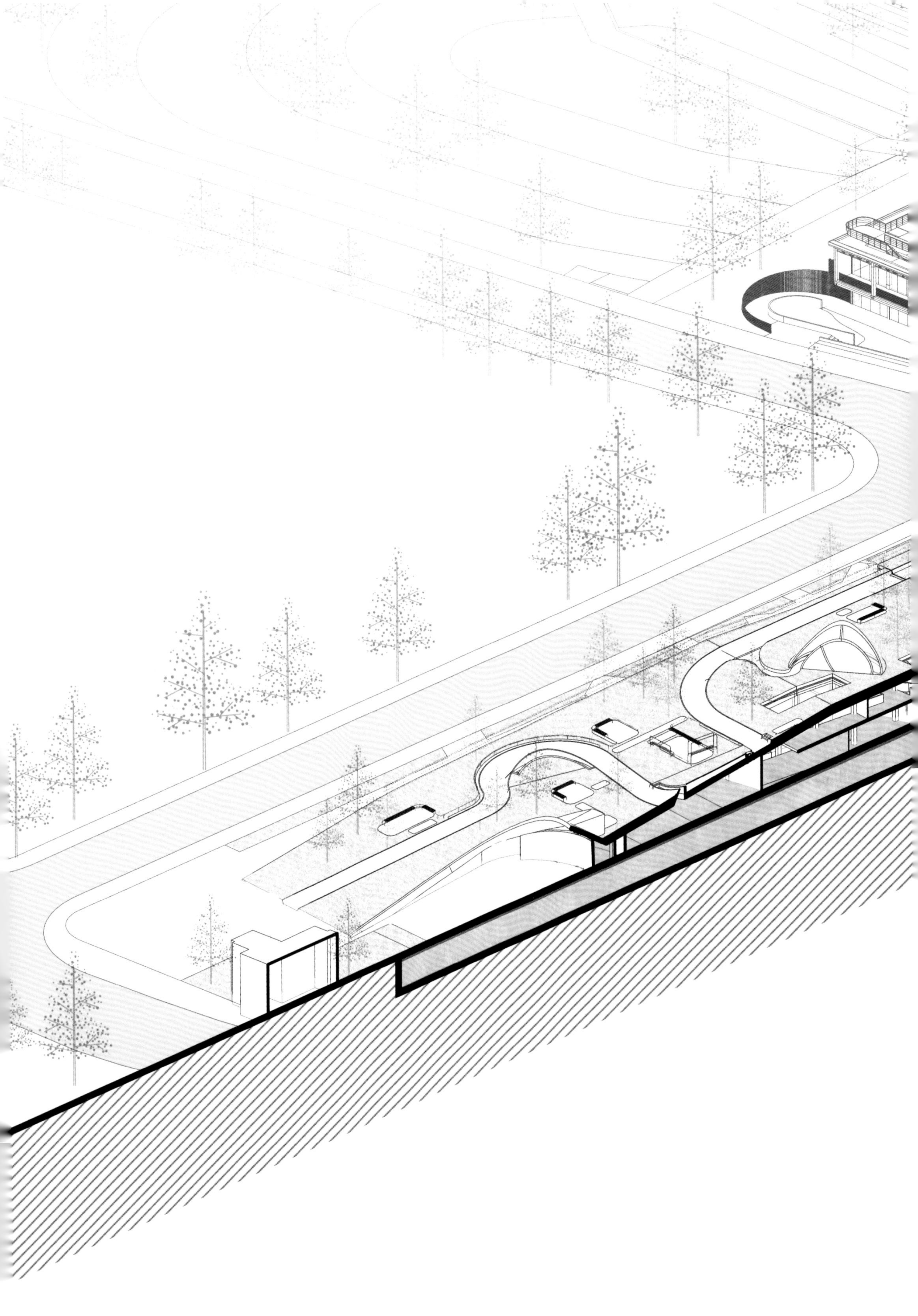

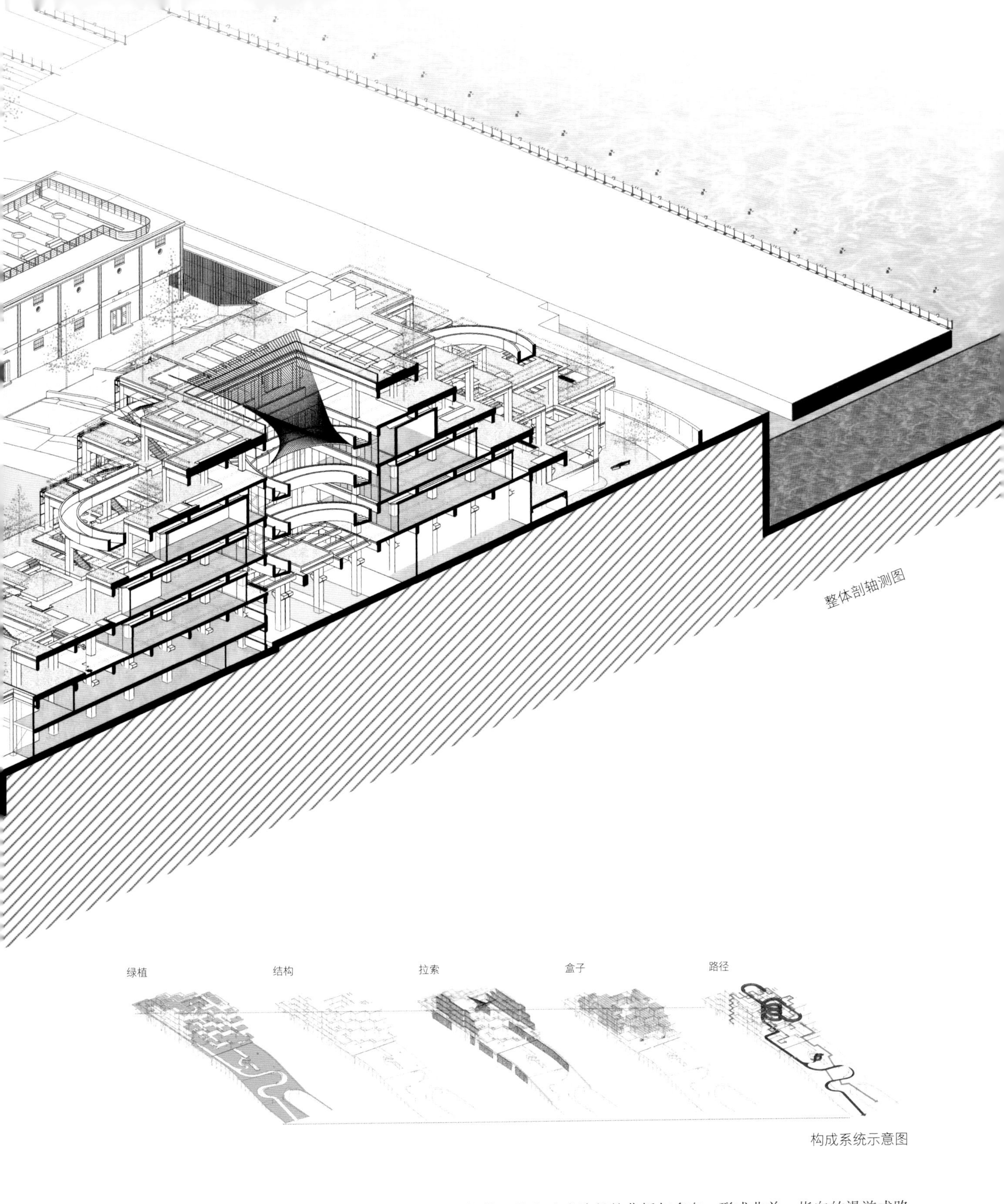

整体剖轴测图

构成系统示意图

“绿之丘”各个层面上插入的聚落状小体量功能体，势必造成路径的曲折与多向，形成非单一指向的漫游式路径。为了将各个层面的漫游路径串联起来，设计重新设置了三组竖向交通。

机动车道穿越建筑底层

将建筑正中位于车道上方的原有结构拆除（包括将混凝土楼板置换为钢格栅楼板），形成悬置于车道之上的“空中中庭”，并在其中设置一组双螺旋楼梯。楼梯的扶手由完整的曲面箱型方管构成，箱型方管同时又是弧形楼梯梁。踢面和踏面直接采用防滑钢板弯折而成。踏面中部设置一段肋板。整个楼梯的建构方式清晰可读。这样的建构形式形成框架体系中的一组漫游线索，到了五层之后从南北两端悬挑而出，提供远眺江景的绝佳视点。挑出的钢结构环形游廊26m长，其中弧线段20m、直线段6m。游廊的受力支撑与水平稳定性主要依靠作为扶手的梁与混凝土框架结构锚固来提供。为了控制悬挑部分的振动频率，在直线段与弧线段相交处设立了一个轻盈的V形撑，并且通过铰接点和滑动支座的设置使得支撑柱仅受轴向力，从而有效地控制住了V形撑的截面尺寸。

环形游廊悬挑处

沿江立面外景

垂直绿化索网体

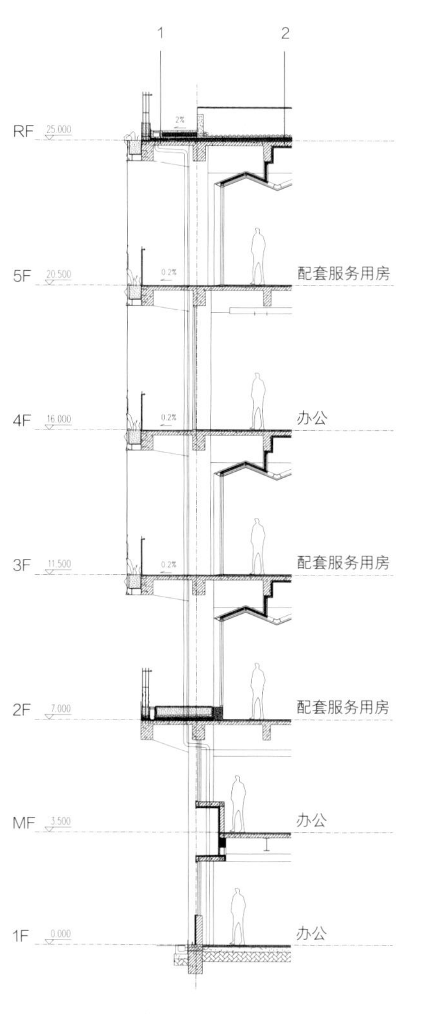

东立面墙身详图

1

60厚C20细石混凝土内配φ6@150双向钢筋，表面直磨，固化处理
分仓缝3000X3000，缝宽10，填聚苯板，建筑胶密封
陶粒混凝土（容重<700kg/m^3）（内置导水盲管）
40厚C20细石混凝土内配φC6@150双向钢筋
无纺布保护隔离层一层
3厚自黏性（聚酯毡）改性沥青防水卷材两道
20厚1：3水泥砂浆找平
陶粒混凝土2%找坡（容重<700kg/m^3），最薄处30
聚酯无纺布一层
1.5厚单组份PU聚氨酯防水涂膜
原建筑楼面

2

种植土400~600厚
种植用土工布
成品疏水板
40厚C20细石混凝土内配φ6@150双向钢筋
分仓缝3000X3000，缝宽10，填聚苯板，建筑胶密封
无纺布保护隔离层一层
复合铜胎基SBS改性沥青根阻防水卷材
3厚自黏性（聚酯毡）改性沥青防水卷材两道
20厚1：3水泥砂浆找平
陶粒混凝土2%找坡（容重<700kg/m^3），最薄处30
聚酯无纺布一层
1.5厚单组份PU聚氨酯防水涂膜
原建筑楼面板

建筑跨越城市道路

“绿之丘”沿江界面

1

60厚C20细石混凝土内配ϕ6@150双向钢筋，表面直磨，固化处理
分仓缝3000X3000，缝宽10，填聚苯板，建筑胶密封
陶粒混凝土（容重<700kg/m³）(内置导水盲管)
40厚C20细石混凝土内配ϕC6@150双向钢筋
无纺布保护隔离层一层
3厚自黏性（聚酯毡）改性沥青防水卷材两道
20厚1：3水泥砂浆找平
陶粒混凝土2%找坡（容重<700kg/m³），最薄处30
聚酯无纺布一层
1.5厚单组份PU聚氨酯防水涂膜
原建筑楼面

2

种植土400～600厚
种植用土工布
成品疏水板
40厚C20细石混凝土内配ϕ6@150双向钢筋
分仓缝3000X3000，缝宽10，填聚苯板，建筑胶密封
无纺布保护隔离层一层
复合铜胎基SBS改性沥青根阻防水卷材
3厚自黏性（聚酯毡）改性沥青防水卷材两道
20厚1：3水泥砂浆找平
陶粒混凝土2%找坡（容重<700kg/m³），最薄处30
聚酯无纺布一层
1.5厚单组份PU聚氨酯防水涂膜
20厚1：3水泥砂浆找平
原建筑楼面板

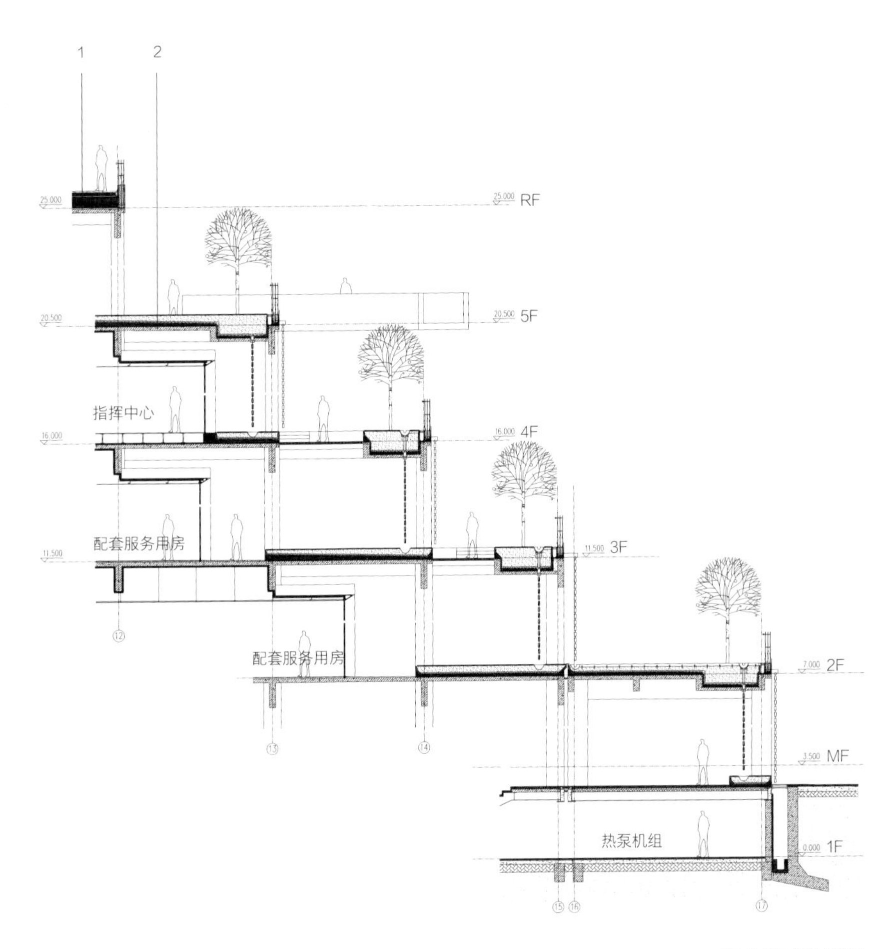

南立面墙身详图

另两组垂直交通分别于西南与东北端沿体量削切面逐级设置，采用了无柱挑板的结构形式，在半层高度形成一个扩大的观景钢平台。钢平台由折跑楼梯的梯段支撑悬挑。楼梯梯段本身也采用较简洁的钢板建构的方式。踢面、踏面板以及内收于下部的结构梁均由钢板构成。采用这样的楼梯形式是希望新增的半平台能消解层高带来的漫游阻隔，引导人们轻松地逐级而上、到达顶层。同时，希望新增结构以轻盈的姿态同原有粗壮的混凝土结构形成比对。

此外，分别在安浦路穿越建筑的两侧设置了两组钢结构的室外疏散楼梯，同样是为了满足人们从城市的四面八方顺利进入“绿之丘”的初衷。

临江立面鸟瞰

"绿之丘"是一个新与旧的包容体系：充分利用发掘了已有的工业遗存与本地资源，对既有建筑进行削减容量与弱化边界的改造，并在尽量保留原有结构框架体系的基础上比对性地建构全新的复合使用体系，使新与旧保持既紧密又游离的张力状态。

"绿之丘"是一个多种功能的包容体系："绿之丘"是一个立体公园，没有围墙阻隔的畅通路径呈现出全方位的开放姿态。"绿之丘"是一个滨江艺术驿站，是杨浦滨江5.5km不间断工业遗存博览带的重要环节。"绿之丘"是一个城市公共空间，实现了独特性与在地性的高品质共享空间，成为城市公共生活的重要组成部分；"绿之丘"是一个立体交通的节点，不仅保证了滨水公共空间的贯通，也加强了城市腹地与水岸的紧密关系。

"绿之丘"是一个多种行为的包容体系：室内与室外空间的交融贯通大大提升了空间对于多种行为的包容度与适应性。艺术展览、运动健身、市集聚会、亲子互动、摄影绘画、休闲餐饮、社区交往、旅游打卡，均在这里轮番呈现。

"绿之丘"的包容性决定了它不是一个墨守成规的制度化的空间，而是不断成长的体系。它是自然的行为（芒草与枫树的四季变化）、建造的行为（烟草仓库的改造）、人的行为的和谐统一，并鼓励这种合作关系不断成长。

2019年10月，"绿之丘"建成并投入使用之时，正值SUSAS上海城市空间艺术季在绵延5.5km的杨浦滨江公共空间展开。它以艺术植入空间的方式触发"相遇"的主题，搭建一个探讨"滨水空间为人类带来美好生活"的世界性对话平台。"绿之丘"作为艺术季三大艺术驿站之一，终将成为一个充满感召力的艺术胜地。

"绿之丘"是一个链接，直接指向"丘陵城市"多层次的构想。它也是一个现实世界和虚拟世界的锚点，顺着这个锚点，"丘陵城市"将不断蔓延生发。

平台与江面的关系

平台局部鸟瞰

整体鸟瞰

主展馆南侧黄昏景

LEFT BANK SCIENCE AND TECHNOLOGY PARK

左岸科技公园

茅洲河作为深圳的第一大河，穿越了深圳的宝安区和光明区两大区，放眼看去，两岸地块一半以上都是工业厂区，其中光明区是以高新技术著称的产业新城。左岸科技节点正位于光明区茅洲河上游的左岸，是茅洲河12.8km碧道工程中最大的超级节点。

深圳市光明区公明北环大道与民生大道交叉路口 · 2020.03 – 2020.04 · 7118m^2

弥合自然水岸与城市空间之间的裂隙

基地被两条城市快速路垂直切割，三角形的地块遍布着物流仓储的临时用房。站在仓库环绕的硬质场地上，很难感受到茅洲河的水岸资源，原本滨河的绝好地段却如同背向城市的一道裂隙，割断了茅洲河的自然水岸与城市空间之间的关联。

充分利用自然水岸资源并连通对岸楼村湿地公园（尹明/摄）

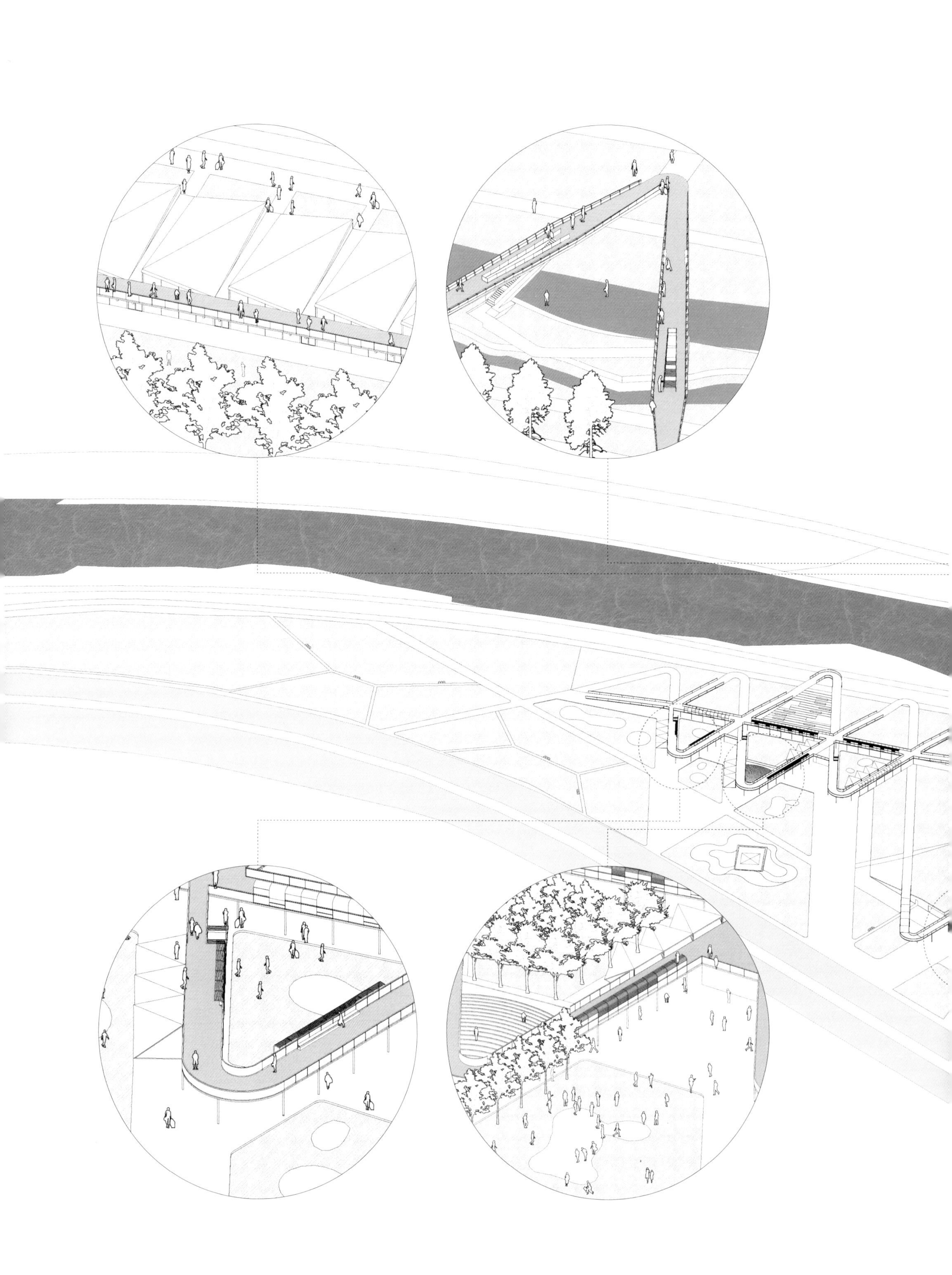

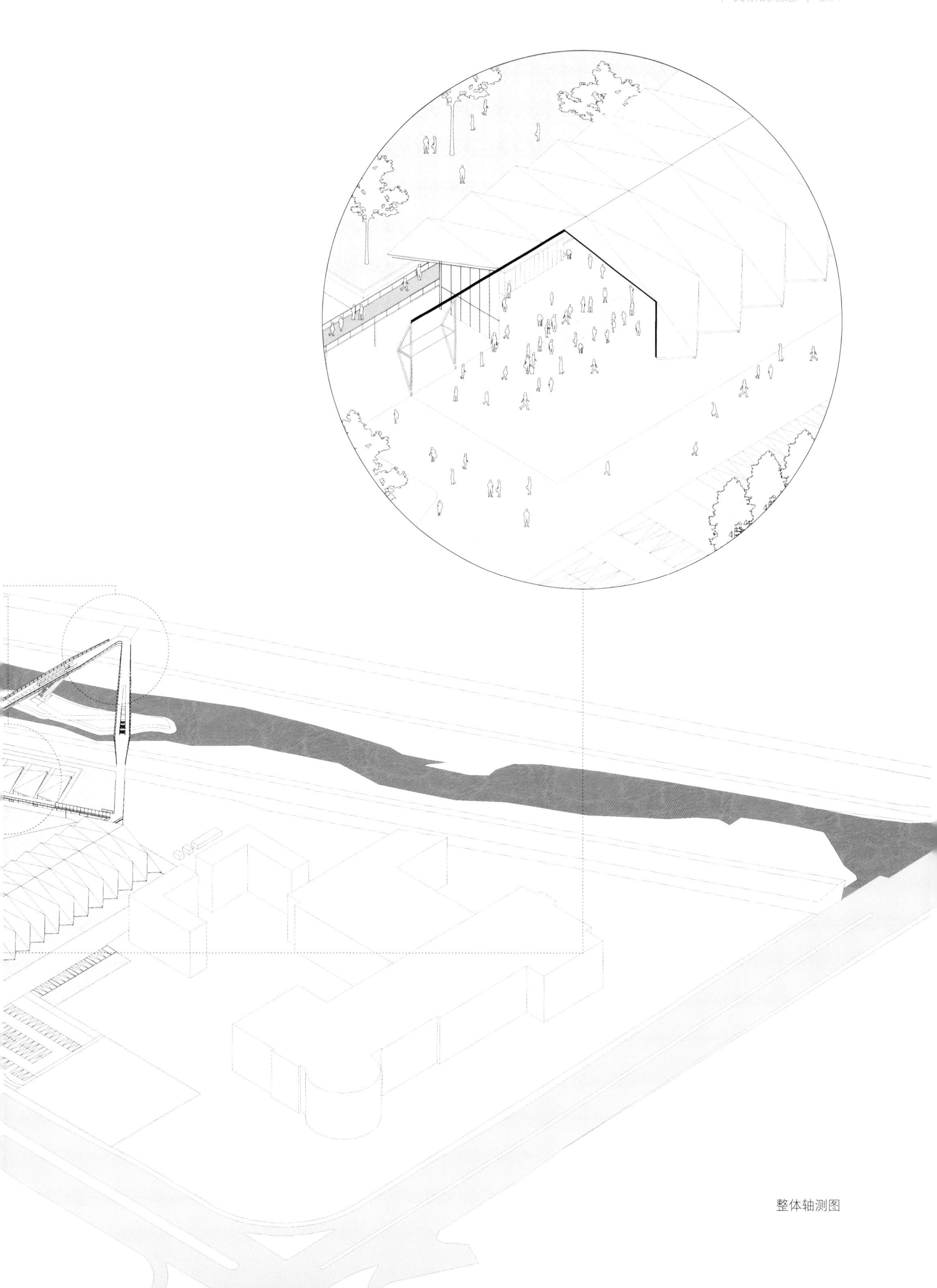

整体轴测图

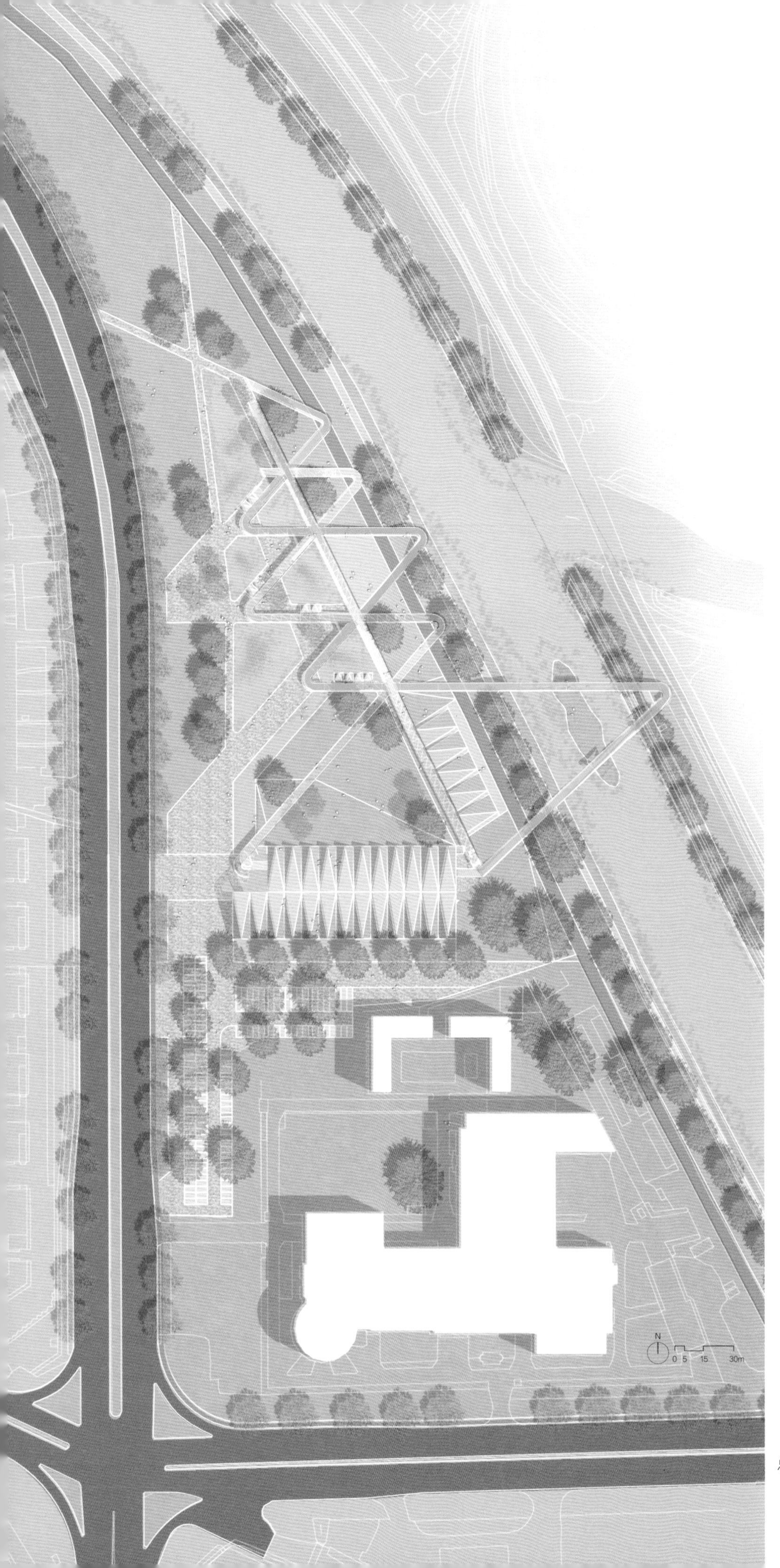

总平面图

2020年，这块河畔的遗忘之地迎来了焕新的契机，这里将建设科技展示中心和主题活动公园。这块场地似乎有了重新接纳自然、链接自然、回归自然的机会。

在8.8万m^2的三角形基地上布局一组规模不大的科技展览馆，必然面对着大片的“留白”，在如此小的建筑密度下，建筑体量无论是选择偏安一隅还是崛地而起，似乎都不是我们理想的应对方式。

主展厅主入口

延续至主展厅二层的连续草坡

形成观景节点的镜面水池

虽然建筑的占地仅仅几千平方米，但是整个8.8万m^2的公园却是我们整体思考的范围。考虑到三角形场地的特质，我们将主入口和主展馆布局于场地宽阔的一侧，并提出增设一座人行桥联络科技公园和右岸的楼村湿地公园。

活动驱动的设计策略

草坡与水池

游览线路如同游走于场地上的笔触，以科技游览为主题的空中橙线和以生态游览为主题的空中蓝线交叠串联，立体漫游路径覆盖了整个公园，同时形成地面的遮阳系统。疏密交织的空中廊架形成了“书写”整个公园的“行气”，成为联系公园各项功能和连接堤顶路及河岸的开放游憩空间。

主展厅由连续草坡与开放的河岸游憩空间相接

钢木折板结构形成极具韵律感的室内空间

模糊室内外界限的主展厅二层半室外漫游廊道

主展厅首层空间

建筑物、构筑物、市政工程桥梁作为整个公园的“实”的部分，彼此独立而又相互关联：不仅被橙、蓝游览线串联，也与公园中主题景观场所的“虚”处对比。

主展厅及场地剖面图

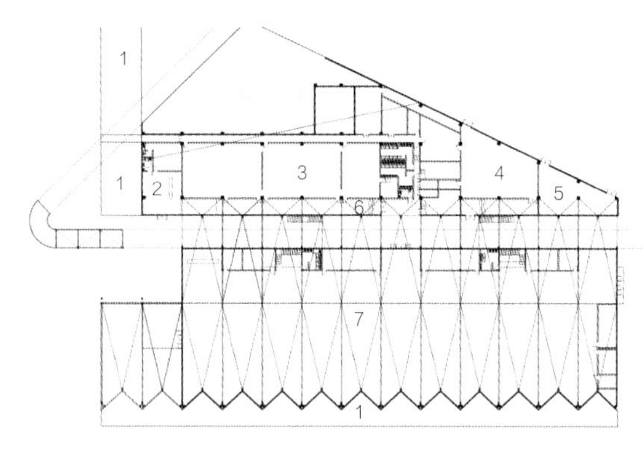

主展厅一层平面图

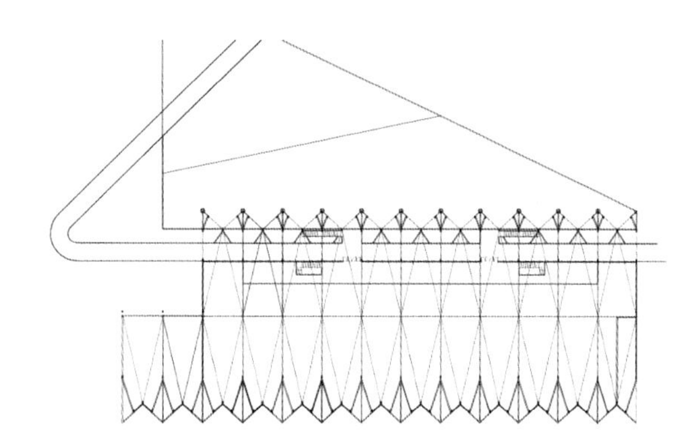

主展厅二层平面图

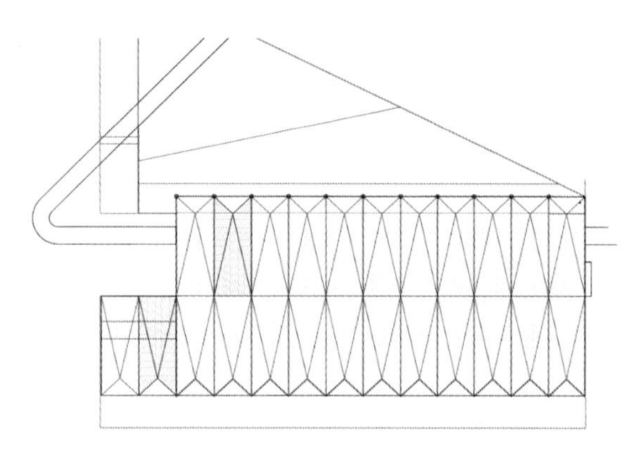

主展厅屋顶平面图

主展厅的北侧，我们设计了一片地面翻起形成的大草坪。通过草坪人们可以不知不觉地缓行至展厅的二层，走上整个空中游览线路，走向分展厅的屋顶，在河畔眺望茅洲河的远景。大草坪底部是混凝土结构的半下沉会议宴会厅，与钢结构的主展厅折板屋面直接相接，消解了主展厅的巨大立面。

从主展厅二层廊道远眺

主展厅外部黄昏景

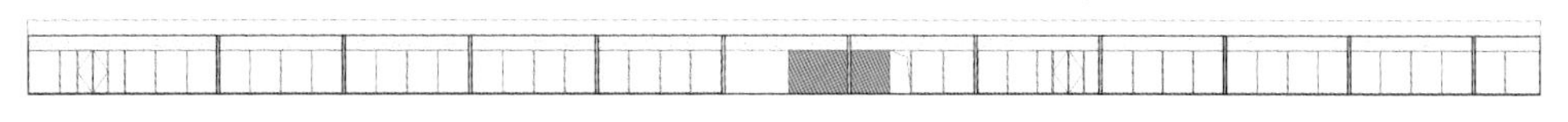

主展厅覆土部分立面图

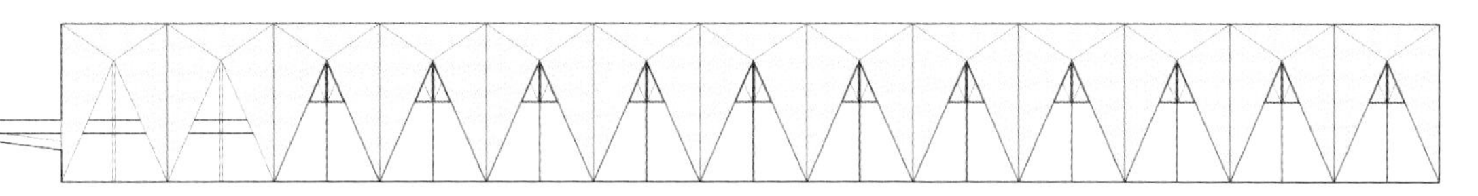

主展厅南立面图

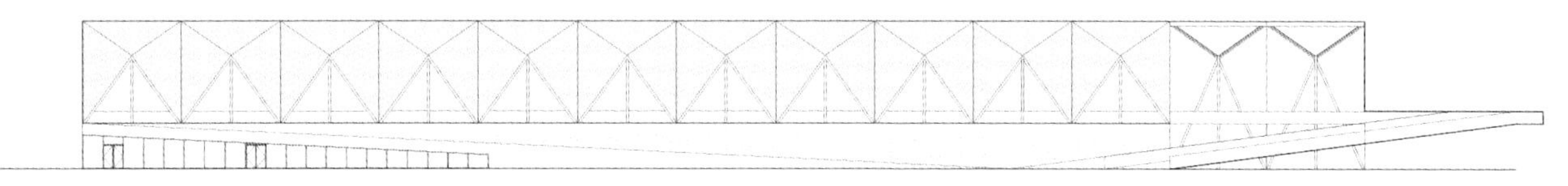

主展厅北立面图

分展厅则沿河布置。为了不遮挡茅洲河的观景视野，我们将分展厅的屋顶和橙、蓝游线相连。游人可以沿着分展厅屋顶的路径向河边漫游，通过堤顶路，抵达V形桥。小展厅则自由分布于整体动线之上。构成橙、蓝廊架的模块与小展厅的模块采用了相同的模数，在统一的结构框架中可以根据未来的功能变化灵活增减，具有多场景适应性。

立体漫游路径覆盖公园

沿动线布置的游憩场所

生态改造体验场所与室外科技展示场所散布缀连在橙、蓝交织的动线上。湿地、镜面水池、喷泉、观演广场形成一个又一个游览路径上的兴奋点，避免了单一空旷的大景观做法，以活动为主导的设计策略使整个公园内容丰满、充满活力。完整硬质的场地在此变为柔软的湿地，一系列的生态湿地具有雨水蓄滞净化的功能，同时也为游人提供了生机盎然的休闲游憩场所。

与橙、蓝廊架模数相同的小展厅

场地剖面图

廊架自然形成地面遮阳系统

由于该项目面临着紧张的设计和施工周期，我们以各自大小不同、组合不同的单元模块来组织主展馆、分展馆、小展馆的建筑构成，其中主展馆为大跨度钢结构，屋盖最大跨度约38m，结构采用空间桁架体系；分展馆最大跨度约为20m，屋盖部分采用钢框架结构，通过坡屋面高差形成整体桁架体系。同时，我们尽可能采用工厂预制加工钢结构构件、现场组装的建设方式，并积极协调土建、室内、幕墙、展陈、景观等多专业交叉作业，同步配合推进。最终在六个月的极限周期内完成了整个公园的设计与建设。

以生态游览为主题的蓝色动线（杨秀/摄）

不同动线交叠串联（杨秀/摄）

廊架与水面交织构成体验丰富的停留空间（杨秀/摄）

主展馆黄昏景（杨秀/摄）

跨溪而筑的连桥（杨秀/摄）

– 内化的城市

- INTERNALIZED CITY

重重拱顶的空间透叠

FENGXIAN CIVIC ACTIVITY CENTER

奉贤区市民活动中心

自2017年起，嘉定、松江、青浦、奉贤和南汇这五个位于重要区域廊道、发展基础较好的新城，建设成为长三角城市群中具有辐射带动作用的“独立的综合性节点城市”。以此为契机，奉贤区将进行城市机能的全面升级，在6.2hm^{2}的集约用地内布局建设一座近10万m^{2}的大型综合性市民活动中心。

上海市奉贤区南桥镇奉浦大道环城东路 · 2016.11 – 2018.08 · 93777m^2

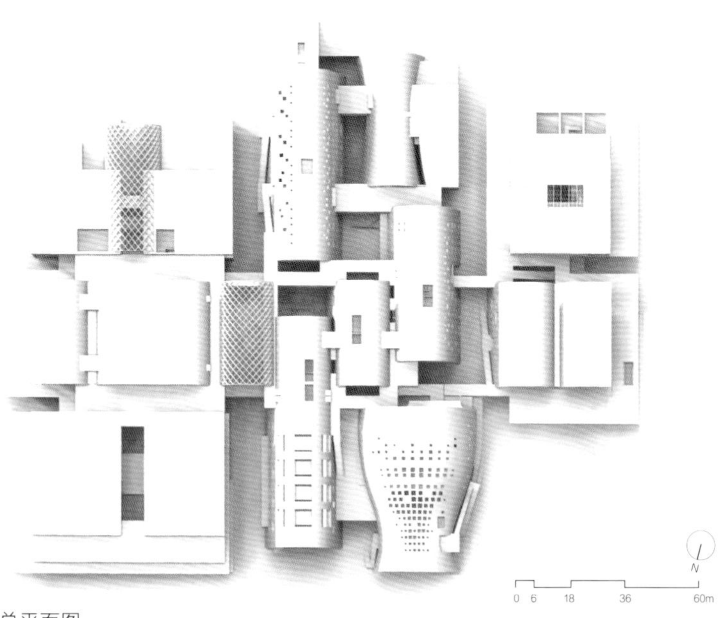
N
0 6 18 36 60m

总平面图

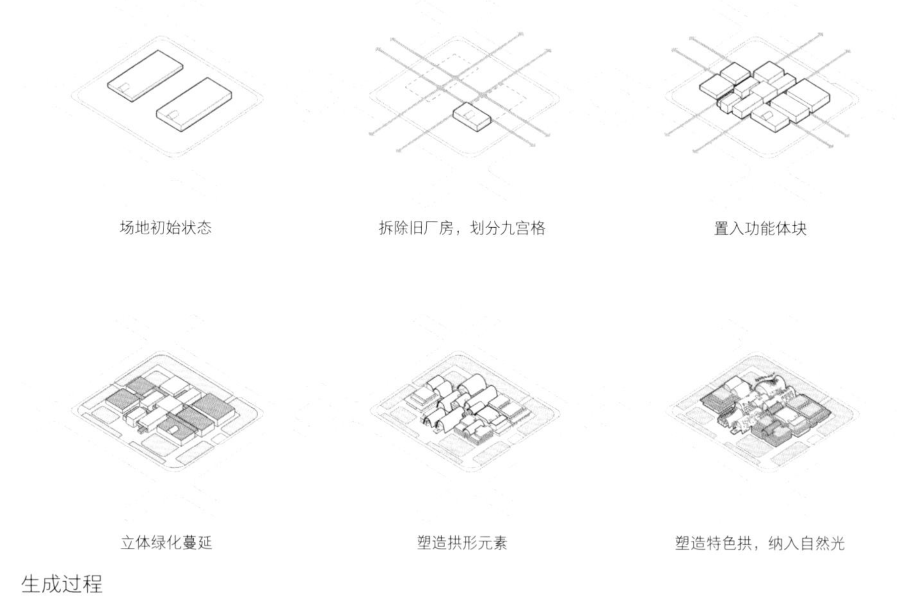
场地初始状态
拆除旧厂房，划分九宫格
置入功能体块
立体绿化蔓延
塑造拱形元素
塑造特色拱，纳入自然光

生成过程

以城市空间语汇构筑“内化的城市”

鸟瞰照片（建设中）

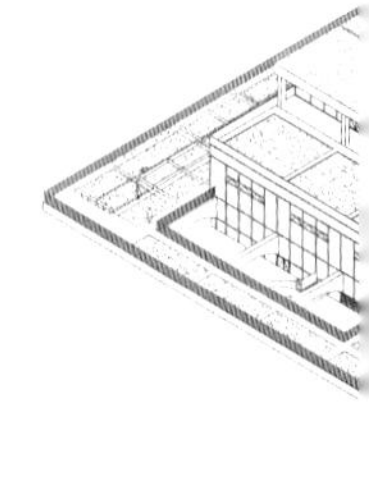

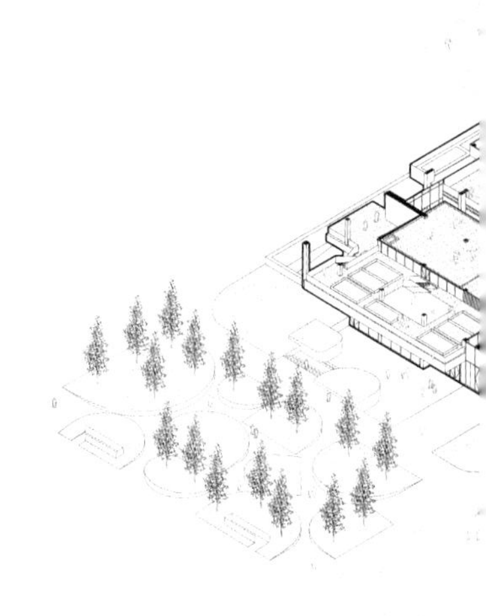

奉贤区市民活动中心囊括奉贤区的主要公共文化功能，集青少年活动中心、儿童剧场、共享体育功能区、科创实验中心、文化馆及妇女儿童发展指导中心、工人文化宫和残疾人综合服务活动中心为一体，其间还穿插了一座包含600座音乐厅的共享演艺中心。不同的使用主体、复合的功能圈层、跨年龄的使用人群，使我们有可能将街巷、道路、广场和公园这些属于城市的语汇均用于全新的建筑空间组织，使这座文化综合体充满活力，并鼓励和容纳更多的可能性，成为一座“内化的城市”。

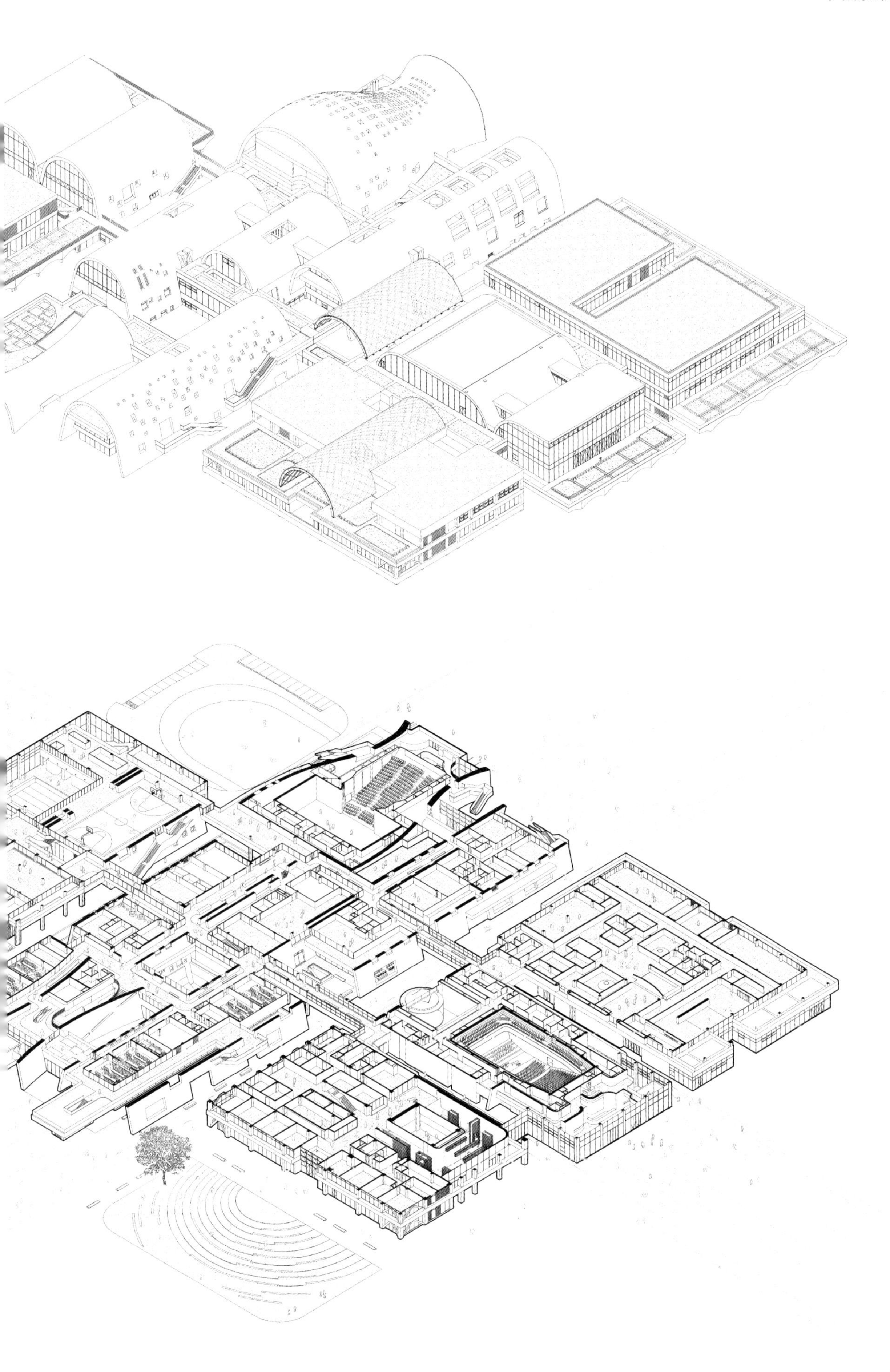

整体轴测图

1. 城市机能的内化——自发生长的共享功能模式

城市的功能并非多个单一功能的简单罗列，它往往需要呈现出一定的多样复合以满足居民各式各样、动态变化的需求。奉贤区市民活动中心内部功能的繁杂和使用人群的混合促使我们在建构逻辑体系上探索不同功能的相互关系和运作模式，建筑群的布局以使用空间的特征为前提，形成对应的空间组织方式和叙事线索，这些主题空间又与整个阡陌交通系统串联，这就形成了一种自发生长的状态，因此空间的丰富性更多的来自于空间的组合方式和结合关系而非空间之外的装饰。此外，空间的有机组合又带来功能共享的可能性。在这样一座综合性文化建筑中，所有功能不再从属于某一特定的使用主体，而是相互之间能够实现共享：中央的餐厅可以为整座文化中心提供配套服务，两座剧场分别上演不同类型的演出活动，体育功能区向整个文化中心开放。于是，分布在各个场馆的活动空间提供差异化的、满足各个年龄段使用者的教育、学习、活动需求，相互间的聚集状态会彼此影响，衍生出更加多样化的使用模式和空间分配，从而使这座文化综合体更加趋近于一座“内化的城市”。

内化城市机能又互相共享的建筑群

1 游泳馆
2 科创体验实验室
3 儿童剧场
4 庭院
5 餐厅
6 活动室
7 服务中心
8 门厅
9 咖啡厅
10 书吧
11 科技体验实验室
12 展示室
13 训练室
14 排练厅
15 舞台
16 办公室
17 展厅
18 鉴定室
19 多功能活动室
20 前厅

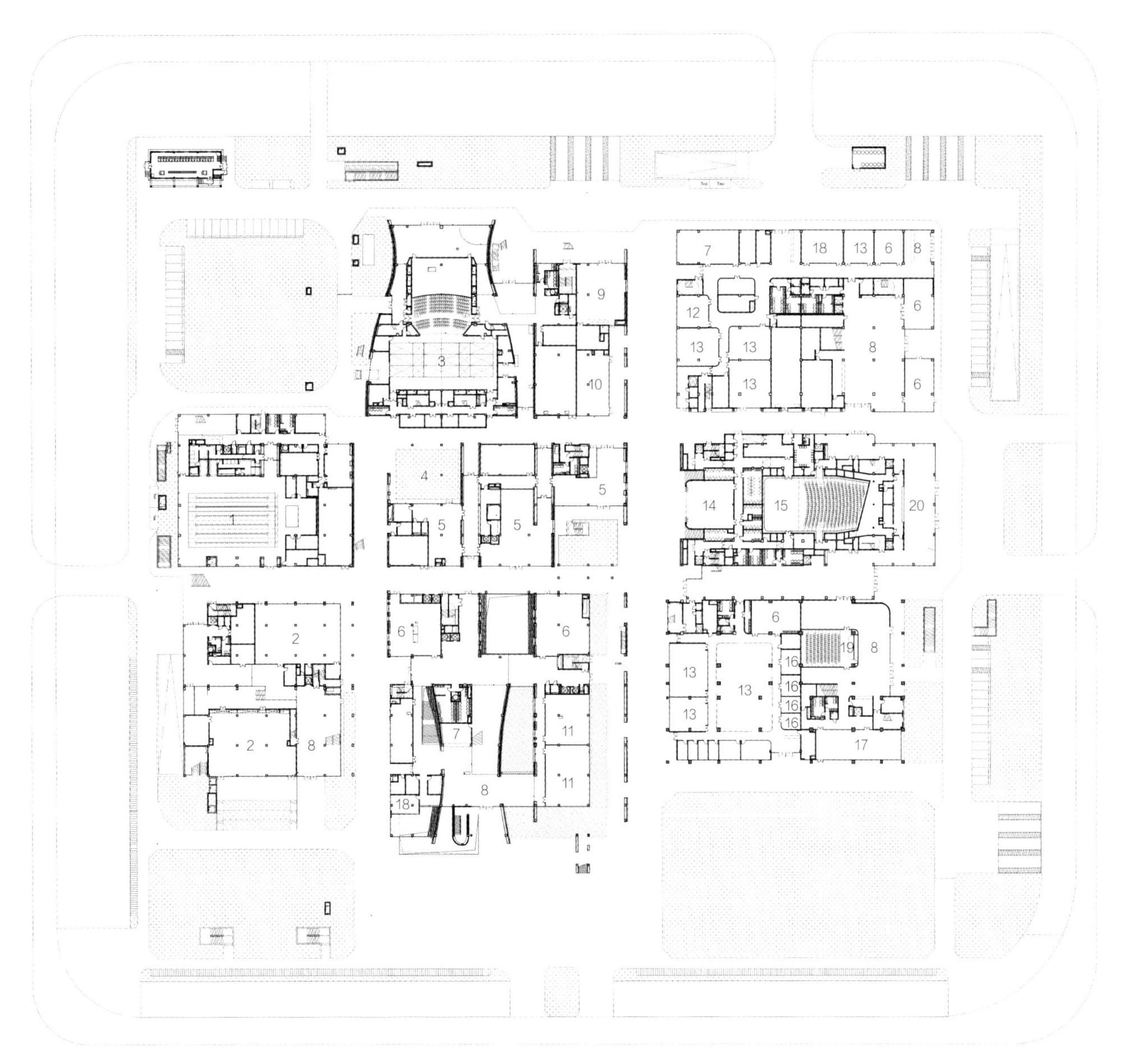

首层平面图

1 上人屋面
2 乒乓球馆
3 游泳馆
4 篮球馆
5 戏水区
6 变电所
7 走廊
8 训练室
9 活动室
10 庭院
11 餐厅
12 消防通道
13 旋转舞台
14 排练厅
15 录音排练厅
16 音乐升降舞台
17 设备用房
18 前厅
19 停车库
20 空调机房

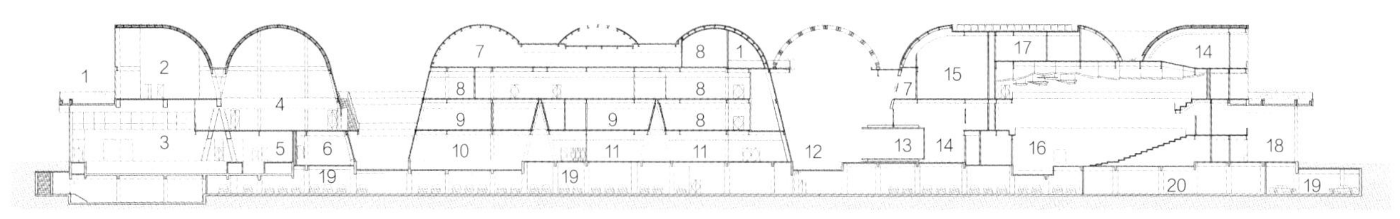

纵剖面图

多样化的空间分配与弥漫式的交通系统

面向城市的开放界面

囊括多重公共文化功能的综合体

木拱屋面肌理

薄壳拱下的空间

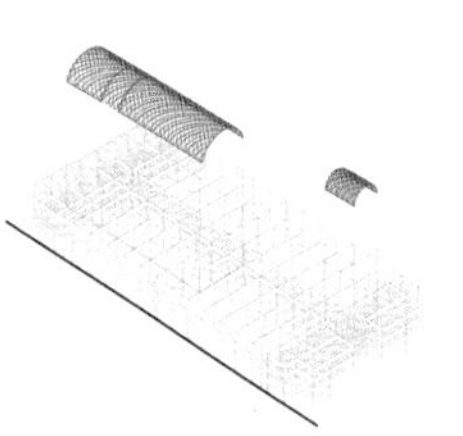

木拱结构

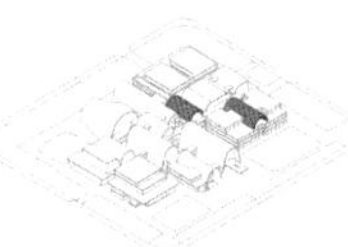

考虑到老厂房的受力极限，在老厂房上面加入木拱的元素，减轻荷载的同时提供温暖轻盈的多功能半室外活动空间。

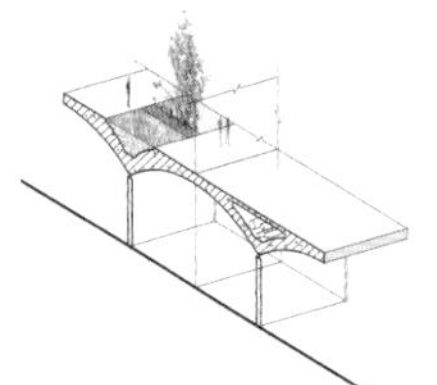

板拱结构

反拱的平台结构呼应了主体的拱状空间，同时整合了绿化和设备管线，形成简洁独特的内部空间。

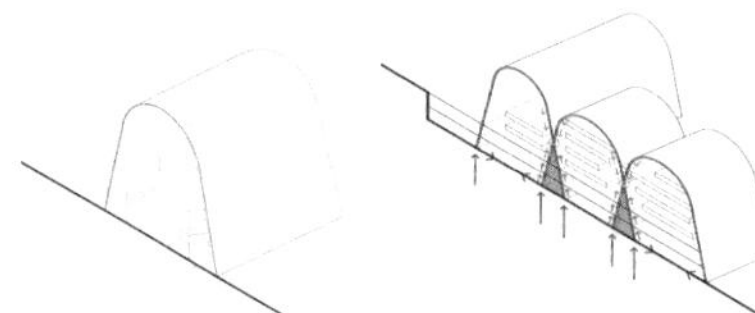

混凝土薄壳拱结构

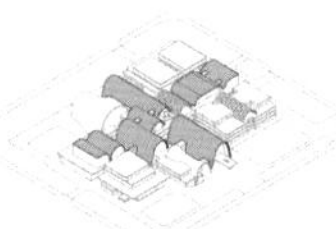

主体空间由混凝土薄壳的拱状空间构成，拱之间相互交叉平衡侧推力，形成无柱大空间；在拱壳之上通过计算机技术计算力流的分布确定开洞位置，形成星空般的采光天窗，同时也体现着力学的美感。

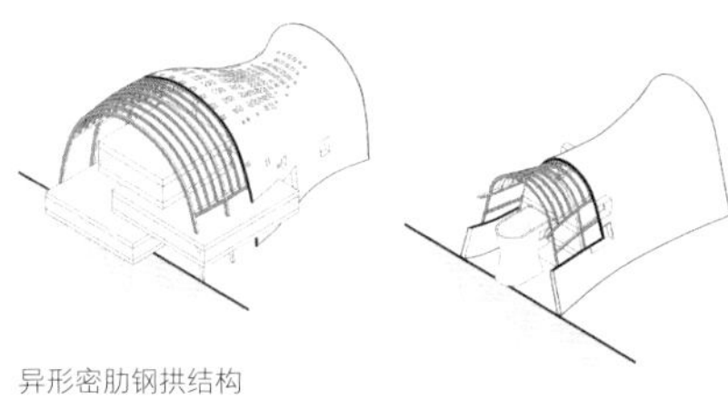

异形密肋钢拱结构

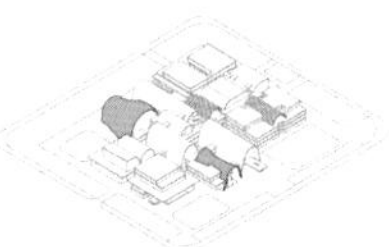

异形密肋钢拱，根据内部功能空间的使用需要，进行特殊演绎：大剧场由“鲸鱼拱”覆盖、“鞍形拱”容纳着游憩的廊厅，从而形成特色化的空间辨识。

不同类型的拱

不同的拱形屋面使多座文化场馆多样而统一

2. 城市脉络的内化——弥漫式的街巷和廊道系统

合宜的城市空间鼓励人们更多地在公共区域行走，并将公共活动引向室外，通过有活力的路径组织引发更多的可能性和空间趣味。文化中心布局中的八个功能组团使整个建筑群自然形成九宫格式的布局，相较于内部的功能空间，我们更关注由场馆界面所限定的公共街巷系统和四通八达的空中廊道系统：首层两横两纵的井字形空间是内化的街巷，鼓励人们从建筑的多个入口进入，二层廊道和连桥构成共享的活力之环，从中心向四周伸展，串联起各个场馆的公共区域，是叠合在首层街巷之上的高效的空中交通体系，将街巷的活力蔓延到各个场馆的二层，形成连接各场馆的全天候的室内交通系统。作为普惠性的大众文化活动场所，我们希望创造一种亲切的、不断产生惊喜的街巷尺度和空间体验，八座文化场馆不再是一座座面目严肃的孤立单体，它们通过街巷空间的弥漫式路径系统相互链接、融合、碰撞、互动，进而融为一体，四通八达的路径系统串联起市民舞台等各个功能节点和主要场馆的出入口，将周边场地也纳入到建筑中，包括东南角的草坡剧场、西南角的绿之丘陵、西北角的运动天地，构成了丰富的路径体验，提供了一种游目观想的视觉空间体验和使用体验。

3. 城市景观的内化——垂直生长的市民公园

在用地紧张的城市中心区域，一小块随机出现的街角绿地更能制造出意外的惊喜。在市民中心的布局中，场地的局限导向了空间的复合使用。以青少年为使用主体的特征导向了建筑对空间层数的控制和布局上的高密度。公共性的要求又推动功能和容量向低层区域聚集，而在三层之上的垂直区域留出大量空白，除了少数布置在其中的屋面的功能性空间和管理用房，屋顶成为创造惊喜最为合适的载体。突出屋面的功能组团，以拱形的聚落形态出现，多层级的屋顶平台穿插其间，构成垂直的市民公园。我们将这些屋面空间在适当的部位通过直曲相济楼梯相互连接，构成连续完整的故事线。从中心下沉庭院的冒险岛、入口门厅的植物迷宫、地面直通四层的通天梯、凌空步道、蓝色花园、雨水花园，再到体育区屋面的秘境探险，以及科创实验中心屋面的天空农场，丰富的主题景观线索时时刻刻能够制造出惊喜，多向的连接和渗透创造出极其丰富的视觉空间体验。

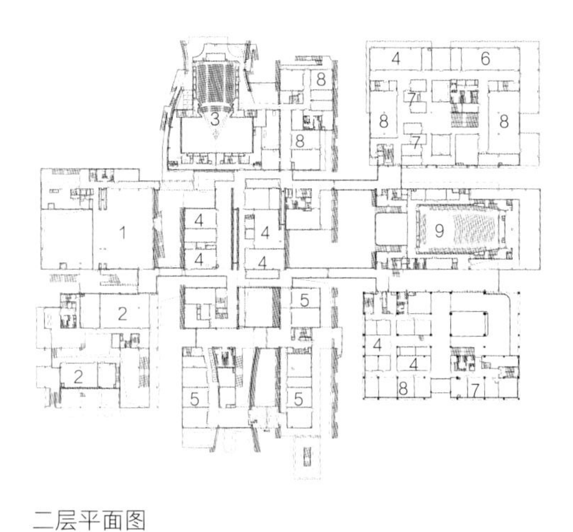

二层平面图

2号楼中庭

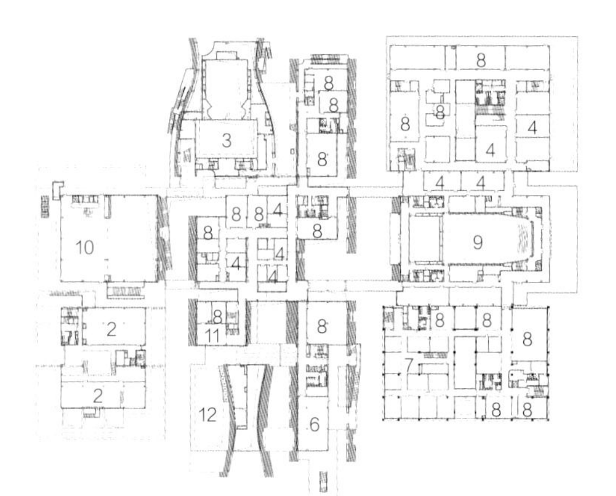

三层平面图

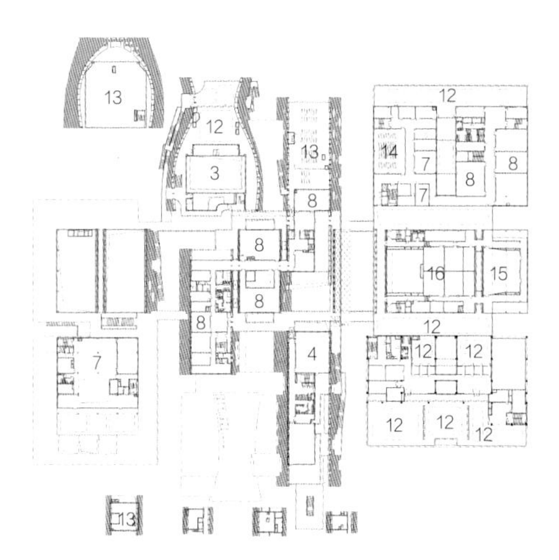

四层平面图

1 篮羽馆
2 科创体验实验室
3 儿童剧场上空
4 活动室
5 科技体验实验室
6 阅览室
7 办公室
8 训练室
9 音乐厅上空
10 乒乓球场
11 休息室
12 上人覆土屋面
13 非上人设备平台屋面
14 多功能活动室
15 排练室
16 排烟机房

1号楼篮球场

1号楼游泳池

7号楼剧场

4．城市生活的内化——多元的活力之城

奉贤区市民活动中心多元共享的功能模式带来了活动内容的丰富性和多样性，能够促进城市不同生活方式之间的共生和融合。以青少年为使用主体的体育运动、艺术培训及科创教育囊括了各个年龄层次青少年的成长需求。以妇女儿童为服务主体的妇儿中心则主要关注幼儿成长启蒙和家长护理经验的学习交流。同时，文化馆和工人文化宫的艺术活动、儿童剧场和共享演艺中心的演出活动为更大年龄范围的使用者提供了文化活动和文化休闲分享的场所。周末苦苦等候孩子下课的家长可以在这里找寻自己的兴趣与乐趣。首层布置的餐饮和休闲空间可以为以上适用人群提供相应的配套服务，进一步将城市的活动和活力引入，为活动中心注入运行的动力。这正是我们策划这座内化的活力之城的初衷，它如同一个万花筒，折射出精彩纷呈的文化与知识内涵，让来到这里的人们能够在知识与艺术文化的海洋中进行一场难忘的奇幻漂流。这也是这个设计希望带给公众的独特体验与感受，它是多义的、弥漫的、有趣的，让人们流连其中、乐在其中。

施工中的木拱

场馆之间的空间交融

施工中的游泳池（陈暘/摄）　混凝土薄壳拱交接处

拱底室内空间（陈暘/摄）　连续的拱板结构（陈暘/摄）

策划与打磨市民活动中心的过程历时三年，使我们逐渐认识到打造一座日常化的市民活动中心的复杂性。当布局的蓝图逐渐展开，一座功能多样、错综复杂的市民中心逐渐展现出来，功能和空间的不断叠加使这座文化设施更趋近于一座“内化的城市”。城市是复合的、多元的、动态的，在基本的逻辑之下充满了随机的、偶然的不确定性和惊喜。随着建设的进行、运营的不断探索，功能空间乃至建筑形象的局部变化和更新将成为一种常态。我们在设计的不断完善中逐渐接纳了这种动态性，也在努力创造更为灵活的机制去应对和引导未来可能的改变，因为我们相信，一座能够自我更新和生长完善的建筑才是有生命力的。

烟囱内部

POWER STATION OF ART

上海当代艺术博物馆

所有初次进入的人都会诧异于眼前的景象：充斥着浮尘的空气中回荡着粗糙的机械钝响，辐射出强大奇异的冲击力量，强悍地挟裹了所有的注意力，让人无从躲避。阳光从高悬的气窗中穿越粉尘斜射而下，照亮了庞大的机器内脏般的空间。它几乎完全颠覆了以往对建筑的理解范式。在那里，任何唯美的想象会比以往更不堪一击，原本理所当然的本位化的设想会被下意识地屏蔽。在那时，我们注视着这具锈迹斑斑的机体，琢磨着怎样为它腾挪出呼吸游动的空间来。

上海市黄浦区花园港路200号 · 2011 · 41000m^2

1. 一个内化的城市

在中国，当代艺术馆好不容易脱离了艺术圣殿的定位，却不自觉地滑入另一类境地——一个陌生的舶来品的滋生之地。本应成为本地域文化及其社会生活忠实代言人的艺术馆，开始急迫地四下寻找可以依附的文化滋养，这种与本地域文化生活相间离的关系很难保持长久的吸引力。事实上，只有当它变得与地域文化和生活方式一致时，真正的归属感才能应运而生。

上海当代艺术博物馆被归类为改造设计，这意味着它是受限度较高的一类设计，但受限度在牵制设计自由度的同时，可能也保证了建筑始终被锚固在地域文化的地基中而不至于游离过远。设计的意图不再指向有着无限可能的创造性描述，而集中于已然存在的特征性的维护与发扬。这反而强化了特征性与建筑本体的关联度，并使这种关联顺理成章地成为设计的主干。因此，当代艺术馆虽受制于南市电厂的物质羁绊，却也更多地受益于其文化认同的繁茂枝叶的庇护。曾经在此、依然在此并将继续在此，形成了一连串熟悉的记忆链条，锁定了关于城市稳定生长的文化共识。虽然新的一环有些陌生，但还是能迅速地找到精神归依的原始样本。实际上，它同时提供了新旧两个样本，并以两个样本间的不断比照引发趣味性与探索热情。熟悉感与陌生感的反复交织贯穿始终。本质上它就是一个内化的城市。在城市中，大的小的、新的旧的、正统的草根的、积极的颓废的、敞亮的闭塞的，都能找到栖身之所。

2. 城市中建造的城市

城市中建造的城市的想法，使我们一开始就提出“有限干预”的主张，目的在于最大限度地让厂房的外部形态与内部空间的原有秩序和工业遗迹特征得以体现。原南市电厂主厂房拥有长128m、宽70m、高50m的庞大体量，165m高的烟囱，其内部空间和外部形态拥有相对完整明显的工业文明特征。

有限干预的原则意味着原有空间特征与新的用途的适应性平衡：根据原有空间的尺度、结构完整度分别改造为与空间特征相匹配的不同用途。根据结构的跨度、安全性、合理性最大限度地体现原有结构的逻辑关系，保留工业美学特征。根据原有保留设备的位置、走向与特征，设定空间与动线安排，使其不留痕迹地融入改造后的体系。根据原有外立面的形制与肌理，针对重点部位进行重点改造与加建，使工业文明遗存得以延续与再生。

对于一座1985年建成的老厂房，结构改造的难度不言而喻：大厅顶部的轻钢屋架需要改造为复合桁架；1号展厅需要抽掉中间一排柱子转化为无柱空间；大厅三层连廊需要从原有结构柱上悬挑，同时要负担两部自动扶梯的重量；南立面入口上方需要在原有结构柱之上增加混凝土悬挑雨篷；北部中庭的错位空间……整个结构设计一直处在坚持与妥协、挑战与退缩的拉锯式的过程中。终于一个相对折中的结果浮出水面：1号展厅的抽柱采取了相对保守的拆除楼板、重置钢梁的做法。屋顶桁架的置换实现了建筑功能和工业美学特征兼容的复合桁架形式，而三层连廊结合了建筑设计和结构安全性的考量，通过结构悬挑和顶部悬吊结合的方式解决悬挑过远、对老结构改造力度过大的问题，悬空的吊杆不仅消除了立柱对原有无柱空间的影响，也增加了当代结构技术的新特征。同时自动扶梯运行振动的问题则通过增加悬挑钢梁根部的刚度来解决。南立面入口处悬挑雨篷最终利用加固后的原有结构柱直接植筋，维持了混凝土现浇做法，减少了对原立面形制的冲击。北部中庭的错位空间本是在原有结构与新结构体系之间腾挪闪躲的结果，但却带来空间体系的启发性扭转。

上海当代艺术博物馆

南市电厂

世博会城市未来馆

改造前室内原状

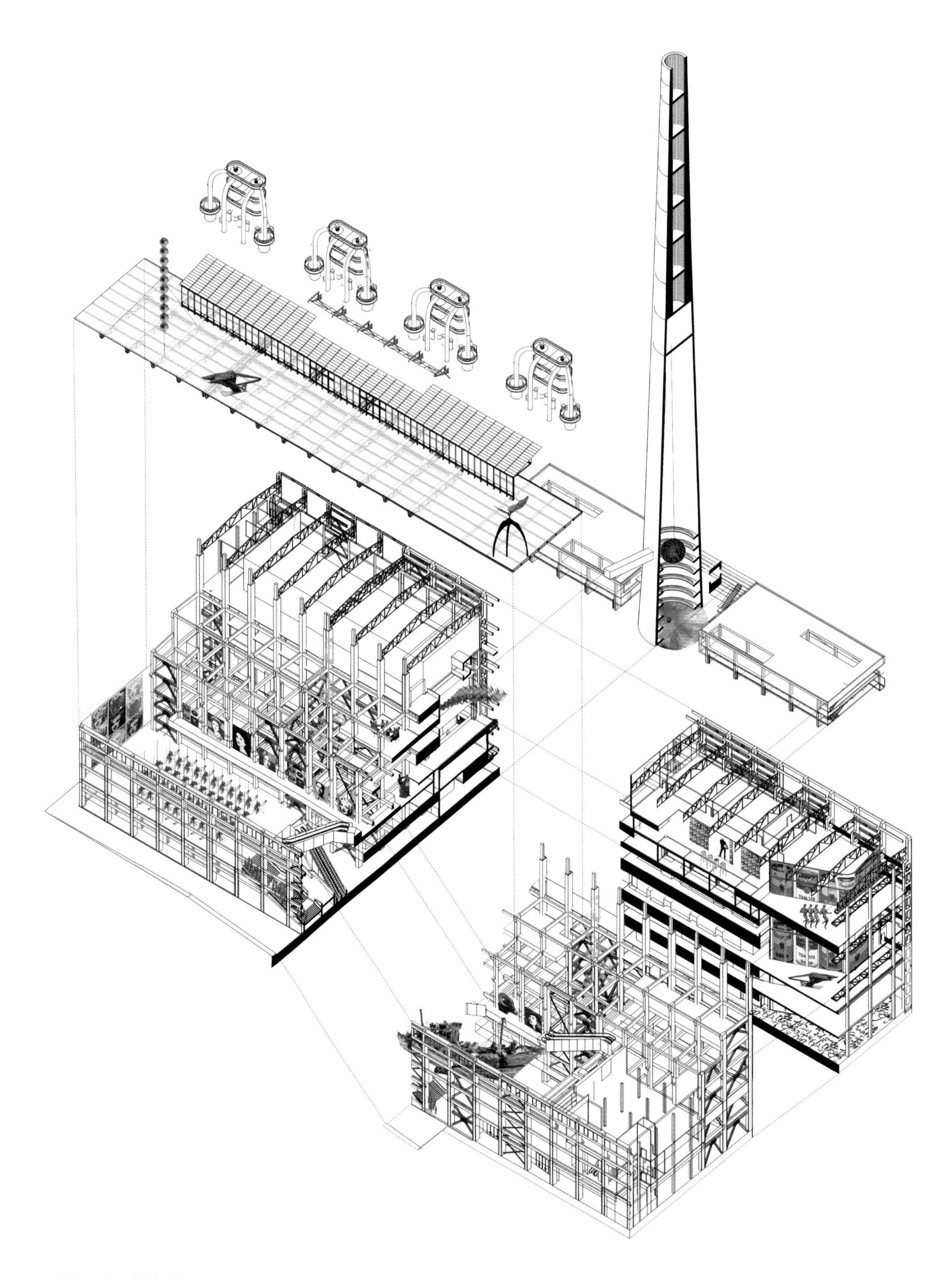

公共空间使用模式分析图

当代艺术博物馆主入口（王远/摄）

同样遵循有限干预的原则，原有建筑的东、南、西三个立面的改造显得相当节制。除了底层的开放度大幅提高外，原有的钛锌板外墙在不停地争论中被保留下来。与此同时，北立面的争议还在持续。128m宽、50m高的庞大体量，纵横交错的裸露钢斜撑，延绵曲折的橙红色消防楼梯都明显提示着工业建筑的明显特征。世博会期间，为未来馆北立面量身定做的方案终因工期及造价原因无疾而终。两年之后，它再次面临抉择。北立面的设计有诸多制约因素：由于烟囱与车库的介入，力图实现北立面完整性的努力注定是徒劳的，因此设计一开始就放弃了形成完整构图的思路。又由于建筑临北侧的空间大多为没有景观与采光需求的展厅，因此北侧界面几乎被完全封闭，它导致主体建筑与烟囱互相独立，与北侧城市景观互相隔离。多种试图美化或优化一个封闭界面的方案均被自我否定。在放弃完整性与封闭性的基础上，一种新的可能产生了：将北部局部空间向北侧打开视觉通道，形成北部中庭，产生与烟囱的多种关联，并将展览空间向烟囱延展，形成独特的盘旋展廊，同时借助打开的视觉通廊形成眺望南浦大桥的最佳视域，也为当代艺术博物馆内部引入自然光线。将消防楼梯的走向自然投影到北立面上，形成与功能完全匹配的线构图形式。由此生动的建筑表情产生了：它不再迁就于某种先入为主的审美意识，也不再是延续主立面的可有可无的陪衬，它第一次主动参与到主体空间的体验流程中来。

临江观景平台（王远/摄）

难以摆脱旁观者宿命的还有主体建筑北侧165m高的烟囱。世博期间，它本有机会变身成为最受瞩目的动态观光塔，却最终在安全性的争论中半途夭折，取而代之的是有具象之嫌的超大温度计，知名度甚至超越城市未来馆。如同一切约定俗成的事物均难改变，在上海当代艺术博物馆改造伊始，它根本就没有被纳入设计范畴。直到设计的最后阶段，一个巨大的另类的展厅形象在设计中隐约呈现：底部直径16.8m、高165m的空间，粗糙斑驳的混凝土内壁，幽深高耸的雕塑感。它终于被卷入完整的改造计划中：不同高度、交错布局的空中连桥与当代艺术博物馆主体建筑相连，使烟囱成为展示空间的有机延续；在内部加设了挑空的螺旋展廊，终于成为当代艺术博物馆15个常规展厅之后最高、最奇特的展厅。与此同时，主体建筑原本封闭的北部空间也特地为其打开，在馆内的不同层面都可以进行视觉沟通。摆脱旁观者命运的烟囱开始积极参与到原本荒凉落寞的北部区域的改造中。艺术家工作室、艺术咖啡厅、汽车库、自行车库、艺术展示平台，诸多功能的叠加产生了多向度的可能性。这是一个未完待续的设计，平静的100m长的清水混凝土外表下，包裹着无限可能……

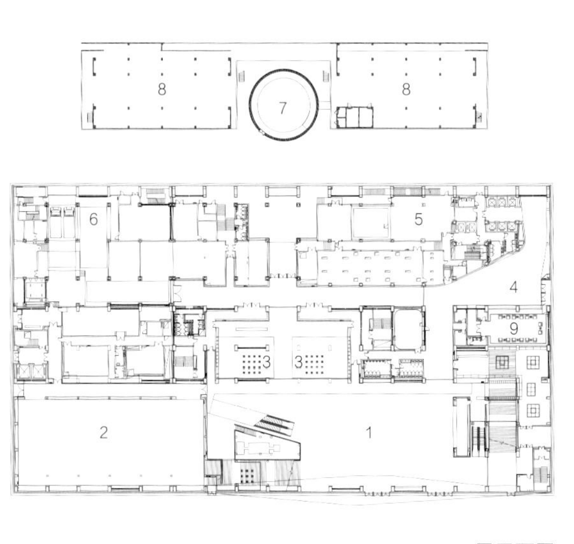

一层平面图

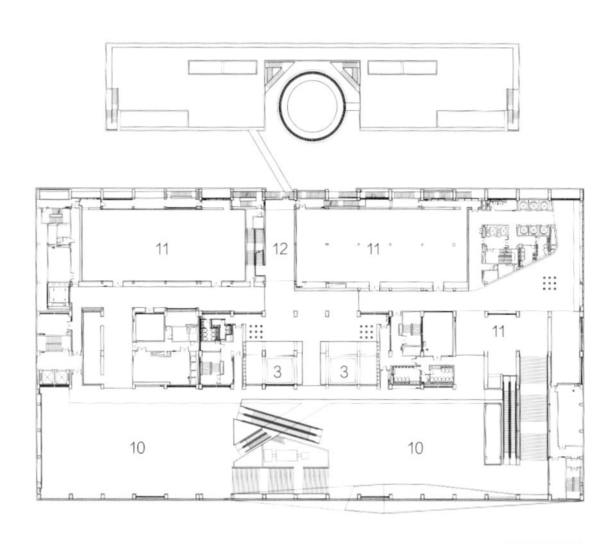

二层平面图

1 一层主展厅（入口门厅）
2 一层独立展厅
3 中庭
4 次入口门厅
5 设备用房
6 卸货区
7 烟囱
8 停车库
9 纪念品商店
10 二层主展厅
11 二层独立展厅
12 北中庭

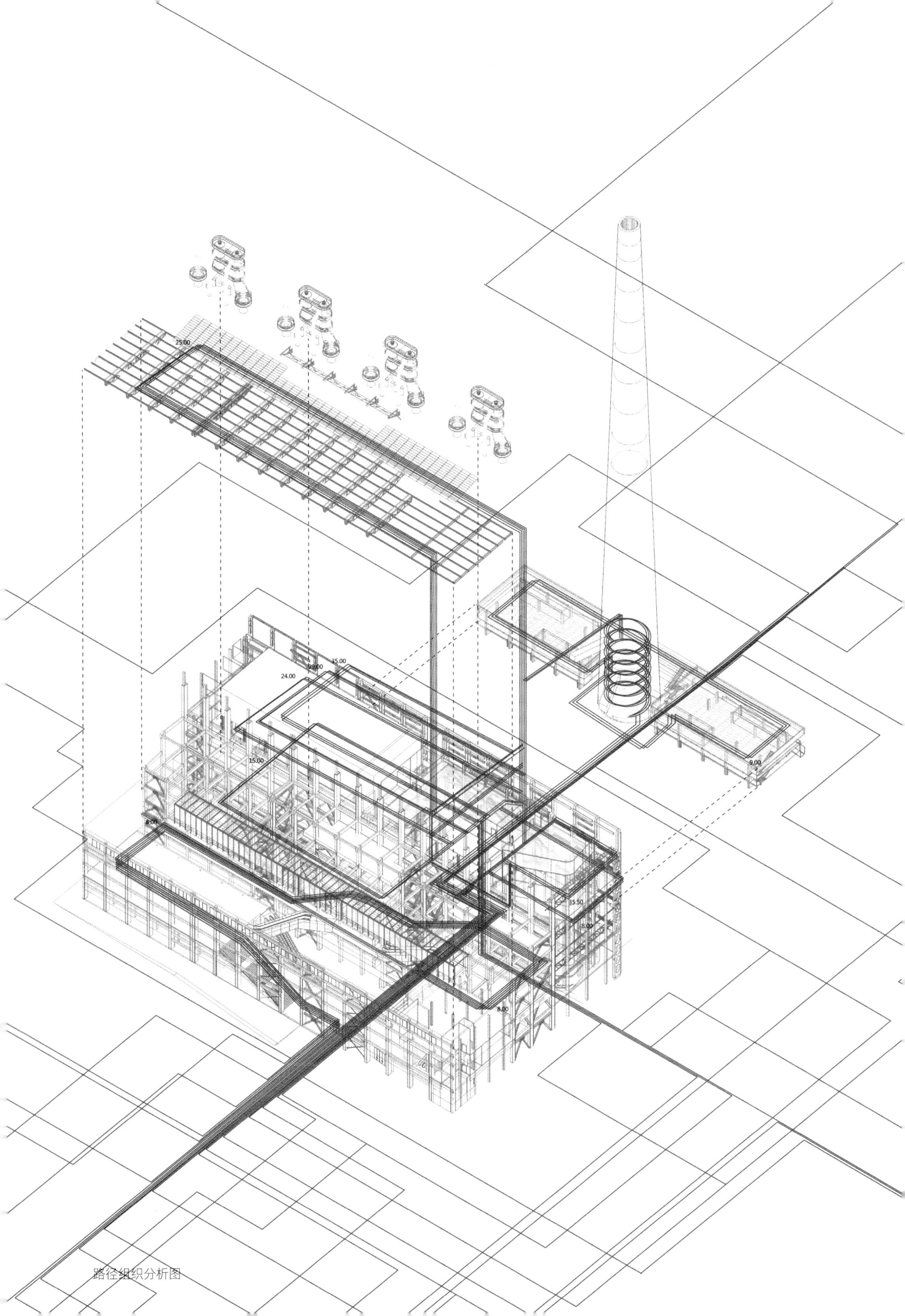

路径组织分析图

在改造之初的设备保留清单上，原发电厂运转流程中最重要的设备节点均被列入保留计划。希望它以一种线索导引的方式提示工业化的精密流程以及这个流程与空间的匹配度。作为一个可以时时参照的旧样本，它始终将新的艺术流程锚固在曾经的城市记忆的框架中。在改造的六年中，设备保留清单上的内容在不断萎缩，但设计仍一如既往地坚守着旧电厂中最重要的特征性元素：高耸的烟囱，平台之上的发电机，分为高、中、低三级梯度的厂房空间，巨型行车以及屋顶上的四个巨大的煤粉分离器。但如何使这些历史遗存的特征性元素成为现实语境中的真实参与者，并对当代艺术产生真正的现实动力，一直是设计中需要重点关照的问题。

烟囱与停车库（张嗣烨/摄）

北立面消防通道和天桥（张嗣烨/摄）

北立面消防通道（张嗣烨/摄）

作为承载原南市电厂工业运作流程中不可或缺的重要部分，屋面上四个体量巨大而造型奇特的煤粉分离器在建筑外部形态中占有突出的位置，也一直谨慎地维持着其原本的金属灰的外观。在对其保护而涂刷防锈漆的施工期间，四个庞然大物一夜间竟从金属灰变成了耀眼的橙色。突如其来的视觉冲击迫使设计重新推敲外立面的色彩方案，并征询艺术家们的意见，最终决定采用与当代艺术氛围更为贴切的橙色方案，在整体灰色基调的环境中凸显鲜明个性与独特地位。于是，橙色理所应当地成为当代艺术博物馆的标志色，它与橙色的煤粉分离器、橙色的巨型行车一起，组成当代艺术博物馆室内外连贯的提示线索，见证当代艺术的真正介入。同时煤粉分离器所在的34.6m标高平台也向公众开放，从七层展厅步入平台可以真切地感受到工业时代的宏大场景。

北立面模型

二层主展厅一（王远/摄）

二层主展厅二（苏圣亮/摄）

一层主展厅（苏圣亮/摄）

二层独立展厅（苏圣亮/摄）

一层独立展厅（苏圣亮/摄）

三层独立展厅

三层独立展厅

北中庭（张嗣烨/摄）

3. 触手可及的城市

日常性的介入在理论上得到大多数人的认可，但在现实语境下却时常遭受阻力。就像当代艺术将原本高悬的偶像直接拉扯到平视的角度，喝彩的喧嚣往往掩盖了原有价值体系吱呀的破裂声响。虽然人们意识到与周边绝缘的东西往往是脆弱而苍白的，把展馆仅仅看作用于封闭的隔墙或是遮光的帷幕的想法已经不合时宜了，但真正要打开原先既定思维中的亮窗则需要一个适应的过程，这同打开艺术馆的一扇门窗相比要艰难得多。

中庭

譬如全方位打开出入口的设想从一开始就遭到阻力。面向广场与临江面的入口需要最大的延展面与通透度，才能确保艺术馆以一种开放的姿态完成最初的关于公民性的承诺，但这与布展提出的艺术品对光线的限制要求相抵触，权益后的策略是尽量顺应自然光线的强度与走向布置展品。事实上，这不仅避免了主大厅的闭塞阴暗，又使艺术品呈现超出预期的更为开放的生动表情。

滨江大天台的开放与否也成为设计初期争论的焦点：上人还是不上？保持屋顶原状还是全面改造利用？保持原状的不上人屋顶可以大大缩短工期，减少造价，但会与一个完全开放的城市阳台和最大的室外艺术展场失之交臂，而全面改造则必然会造成投资增加和工期紧迫。共识在艰难中逐渐达成，但改造的过程复杂而艰辛：拆除旧屋面、加固排架柱、制作安装新桁架、安装直达屋面的自动扶梯、铺设屋面和木地板……在各方的不懈努力下，这座能够容纳数百人，面积达3000m²的多功能滨江天台终于展露出舒展平和的文化图景。滨江天台的标高经过了升高、再升高、又降低的反复调整，只为求得整个空间体验流程的最佳视点：最初设计的24.3m标高充分考虑了中庭室内与室外空间的连贯性，后来提升到25.5m标高，旨在追求天台景观效果的最优化，而最终定格的25.1m标高，是权衡利弊与得失之后的平衡之计。通过高差过渡与半室外玻璃廊的巧妙结合尽量保持室内外的完整度，从五层中庭经由玻璃廊内部的坡道和台阶到达一览无余的大天台，是从紧凑到迂回然后豁然开朗的空间体验。同样开放的平台还有34.6m标高的煤粉分离器平台以及8.8m标高车库平台。

二层主展厅

三层走廊（张嗣烨/摄）

七层艺术家工作室（张嗣烨/摄）

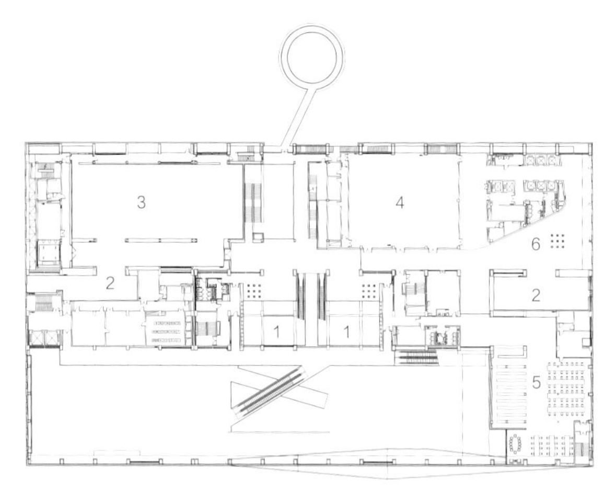

三层平面图

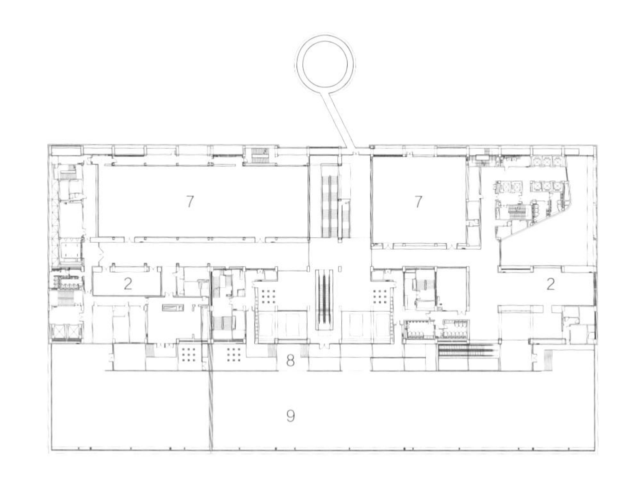

五层平面图

1 中庭
2 小展厅
3 三层独立展厅
4 艺术剧场
5 图书馆
6 东中庭
7 五层独立展厅
8 咖啡廊
9 临江观景平台

4. 自由行走的城市

当代艺术博物馆的展陈空间打破了常规艺术展示空间“白盒了”的传统格局，而将“白盒子”悬置于宏大的公共空间之中。明亮通透的公共空间形成了一个融通连贯、四通八达的体系与联系线索，清晰有力地支撑起一张相互关联的大网，它所网罗的内容不仅是艺术和艺术家的表述，更是普通公众对艺术的感知、触摸、反馈与表述。它以漫游的方式打开了以往展览建筑封闭路径的壁垒，开拓出充满变数的弥漫性的探索氛围。

水平向延展的扁平入口最大限度地消减了滨江广场与主大厅的人为界定。无遮挡的室外光线从保留的高悬气窗上倾泻而下，将主大厅笼罩在如同露天广场般的轻松氛围中。兼具展示与交通功能的大台阶提供了观察艺术品与人的多种视角，途中的发电机平台是触摸历史的喘息之地。可以同时眺望主大厅与浦江江景的图书馆使阅读空间不再是封闭的乏味去处。可由大厅直达的大型临江天台不仅是绝佳的浦江观景场所，还是迄今最大的多功能露天艺术展场。甚至原先完全封闭的烟囱都被改造为螺旋展廊，通过空中连廊与北中庭相连，扩展了展示空间的丰富度与活跃度。主大厅、阳光中庭、北中庭、东中庭串联起一个融通流畅的公共区域，它使穿梭于展厅之间的来访者有机会感受到户外广场上的艺术表演、南浦大桥上的变换光影、浦江上驶过的邮轮及高耸的灰色烟囱。

屋顶粉煤灰分离器

展厅可以是这样的：可以是高悬于中庭的艺术装置统领下的纵向空间；可以是绵延于走道中四处发散的狭长空间；可以是散落于台阶上的层层抬升的梯级空间；可以是由盘旋的坡道引领而下的高耸空间；可以是以巨大机器为背景的开敞空间……展厅的明确界定在空间融通的策略下迅速瓦解，伴随它一起消失的是常规展厅空间产生的疲乏感。

六年的改造实践之后，我们写下一段感言：

一个原本单纯的理念是靠什么托举起来的呢？非勇气，非才情，非异想。这是一个类似于支架在绵软沙丘之上的千斤顶，负荷越重，陷落越快。于建筑师而言，适应思想上的减荷状态是一个修炼过程，它要求你不操控不可控之事，不苛求不可求之完美。在虚弱的文化地基上，该考量的是如何铺开一个充满张力的网，而不是挑战极限。

烟囱内部
（苏圣亮/摄）

关系的诗学

THE POETICS OF RELATION

墨于宣纸之上，并不总是丰盈充沛，而是留有空白和疏漏的。氤氲蕴藉、萧疏劲健，用墨的不同取决于心境的不同。如同干笔渴墨在纸上摩挲作响，疏简淡约地轻轻一笔，总会带出意料之中却又意料之外的感触。

- 透明的姿态

- THE TRANSPARENT POSTURE

- 介入的方式

- WAYS OF INTERVENTION

- 锚固与游离

- ANCHORING AND DISSOCIATION

– 透明的姿态

- THE TRANSPARENT POSTURE

凿掉混凝土柱后完全保留的原轻钢桁架结构

MINGHUA SUGAR FACTORY

明华糖厂

从丹东路至渭南南路，全长近1公里的区段，以杨树浦港为核心聚集了众多工厂，其中上海化工厂占地最大。上海化工厂前身为1924年日商开办的明华糖厂，由日本冈野建筑事务所设计，在20世纪30年代和80年代经历了多次修建、改造，直至2010年搬离。在拆除过程中，于精糖仓库南侧加建的2层建筑被保留了下来——即现存的杨树浦路1500号厂房。它带着一身的时光痕迹和近百年的历史厚度，静静地立于黄浦江畔。

上海市杨浦区杨树浦路 1578 号 · 2018.02 – 2018.10 · 1400m^2

作为浦江与城市空间之间沟通的媒介

1920年代糖厂初建

抗战期间成为日本侵略者军事基地

初见明华糖厂，就可清晰地感知到它是历经多次“缝补”后的产物：建筑上下部分各异的形制，西南侧墙面上新旧不一、大小参差的门和窗洞，东北侧内墙拆除后极富特色的断面……它仿佛是一颗被层层包裹的宝藏，静待我们帮其剥离在时光中堆叠的附着物，展示出它最初的模样。

东立面及后期加建

西立面及后期加建

在浦江与城市之间形成连接

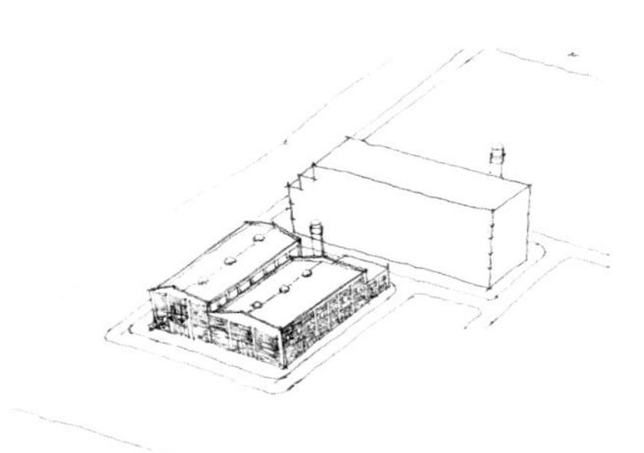

1924年：原有厂房

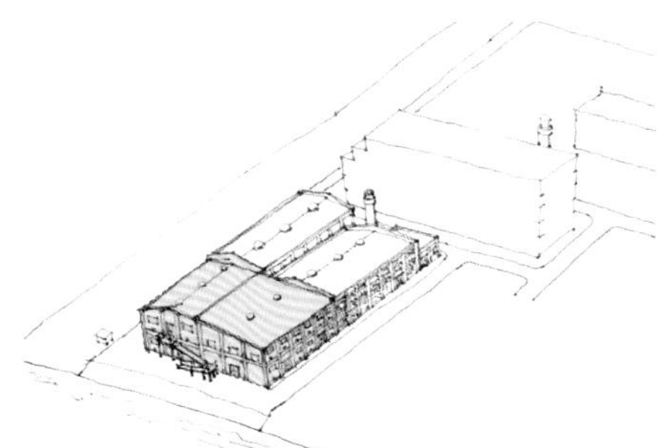

1927~1939年：二次贴建，建筑形制较为简单，结构构件较有特色

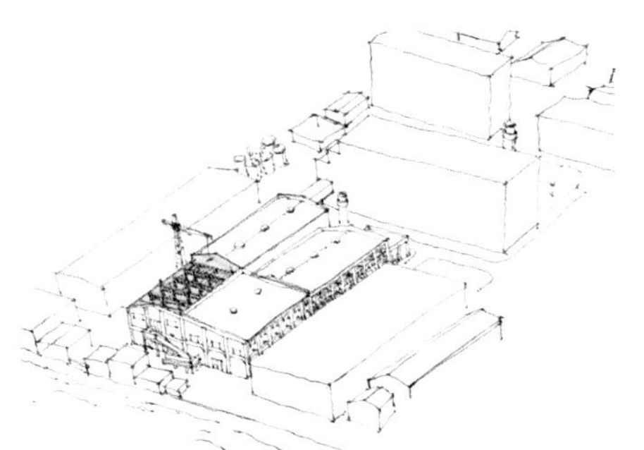

1980年：原有屋面拆除，加建上部两层及新屋顶

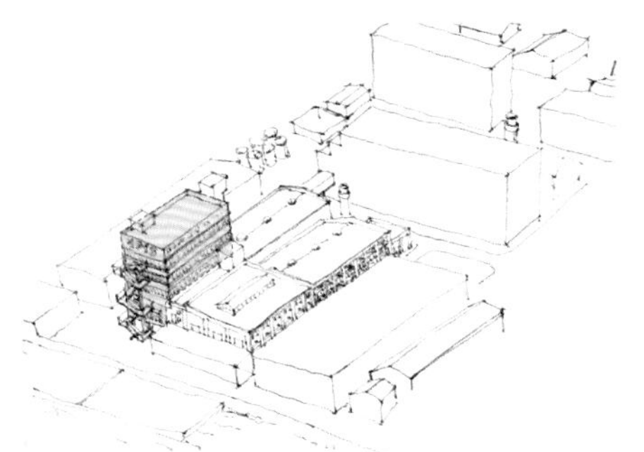

2010年：现存东、北立面为原有建筑间的分隔内墙，历史风貌价值较弱

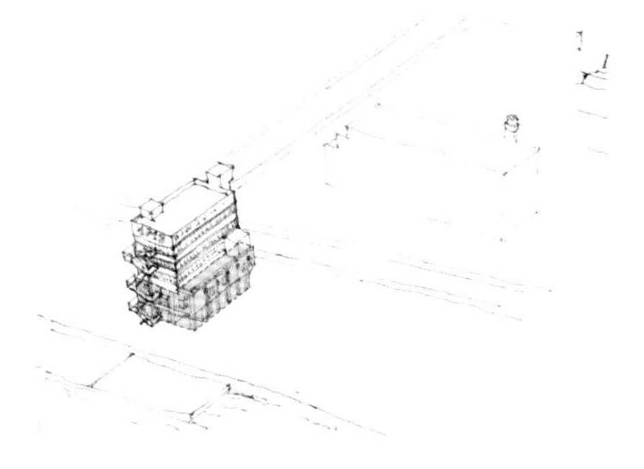

2016年：设计拆除上部两层，保留西、南立面整体形制，再生性改造东、北立面

历史变迁分析

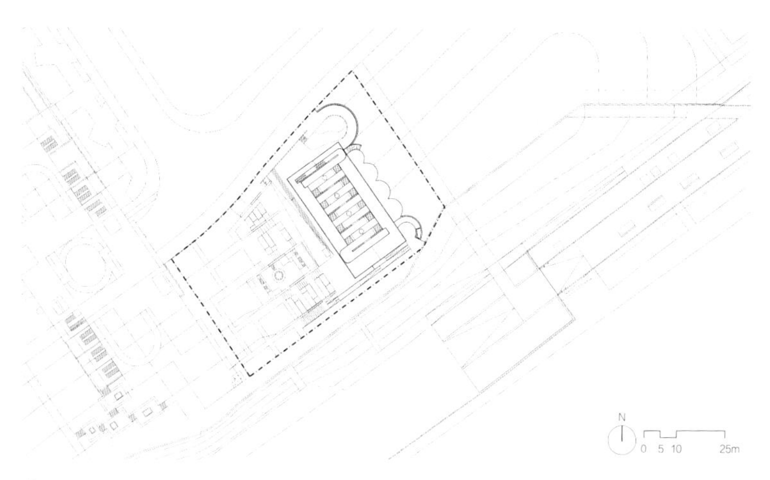

总平面图

1. 时空的透明展现

近百年来，明华糖厂历经多次修补改造，其厚重的墙体内封存着不同时空的记忆。因此，展现其时光透明性注定是一个抽丝剥茧的过程：我们根据对历史图纸的研究，从体量—界面—构件角度步步梳理、层层剥离，试图重述出它历经百年的完整故事。

拆除隔墙形成透明剖断面的北侧入口

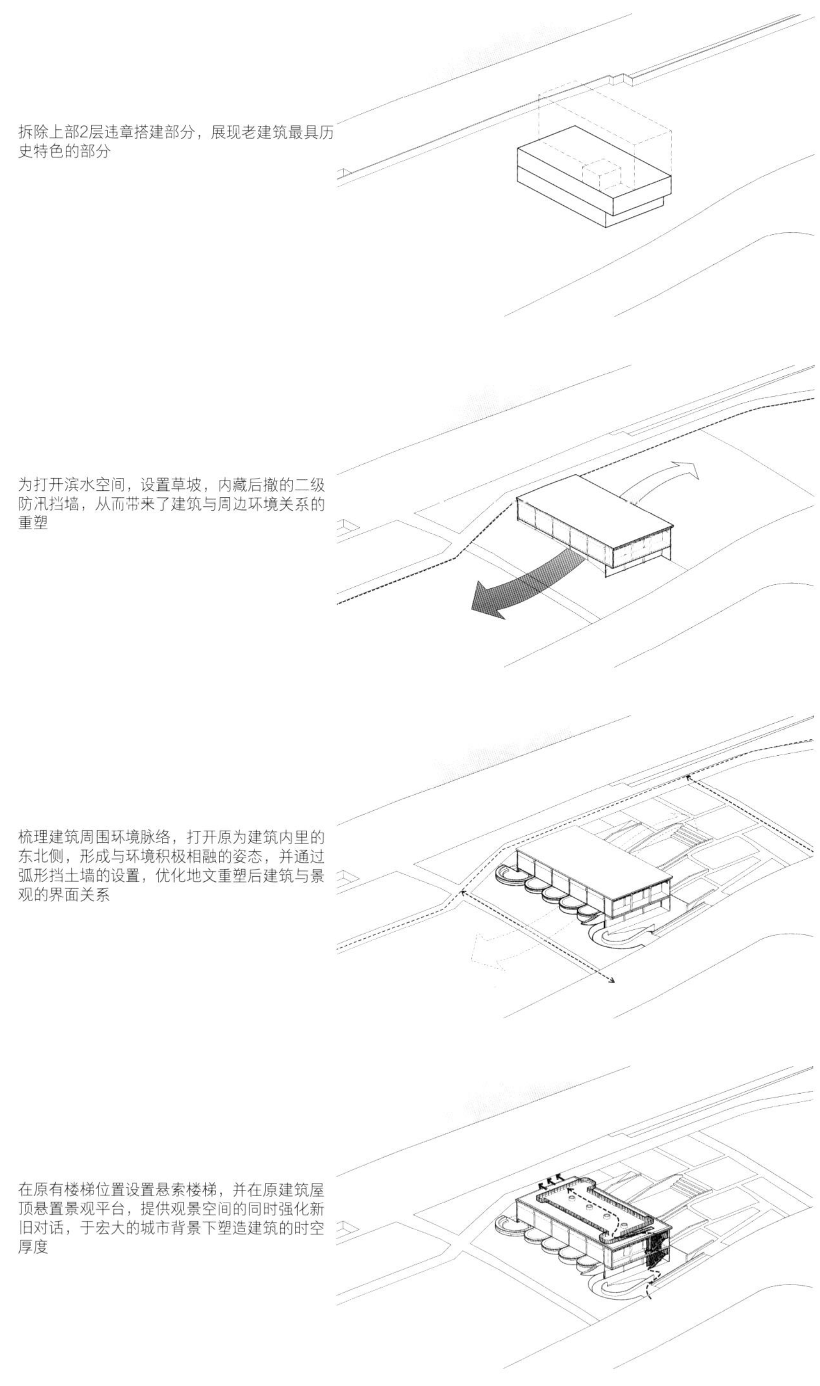

生成过程

如今保留的2层建筑体量占原明华糖厂仓库的四分之一，其余部分由于历史价值不高且形制混乱而被拆除。由此一来，建筑东侧与北侧界面作为原厂房的内隔墙在封闭多年后第一次接触到室外空气：它们仿佛是建筑与周围环境之间的“呼吸气口”，迫不及待地吐纳黄浦江畔迎面而来混杂着青草香味的清新空气。建筑南侧与西侧的界面仍保留原有的外墙形制，墙上分布着形态各异、大小不一的窗洞，展示着时空叠合的痕迹。

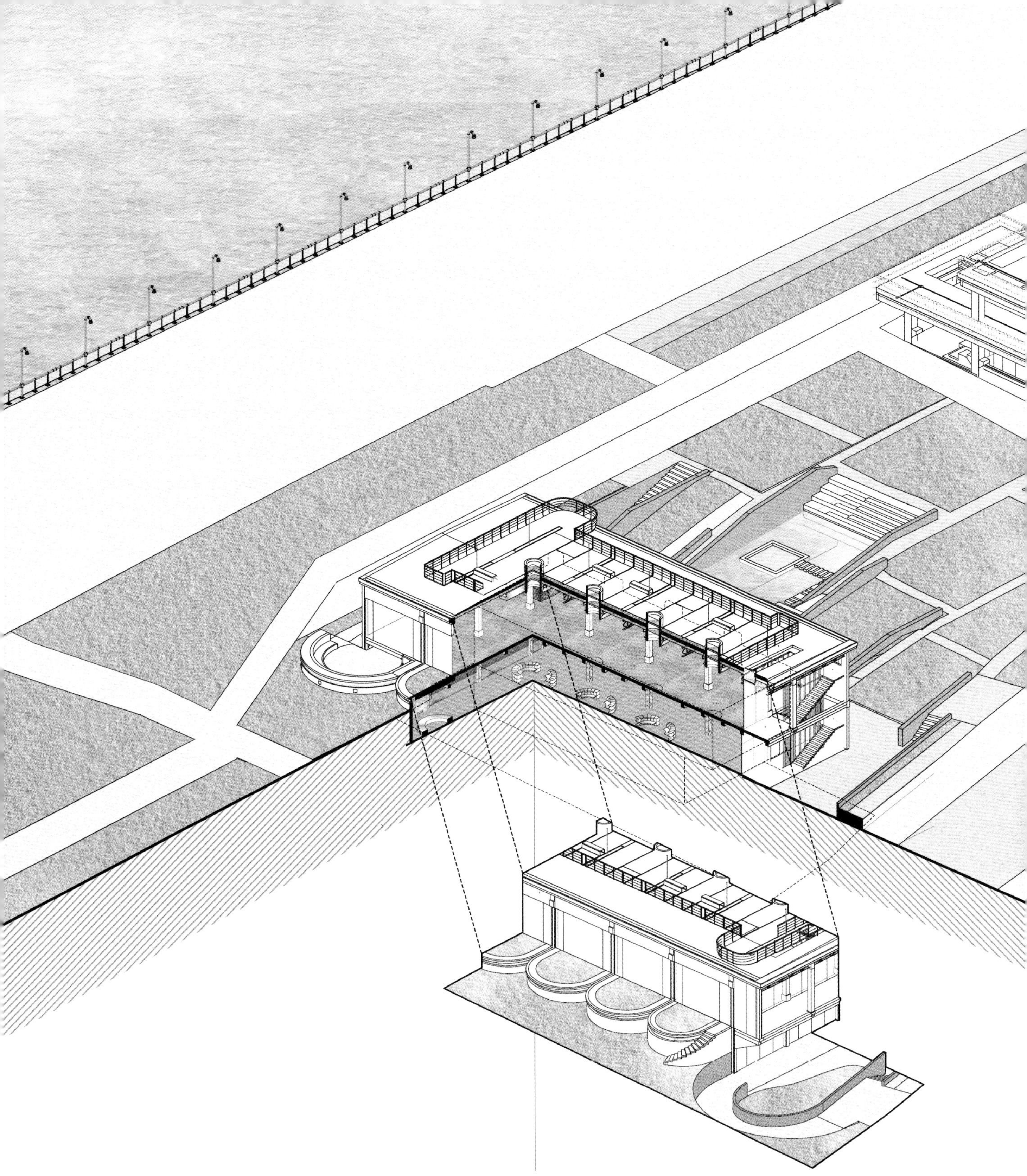

整体剖轴测图

保留30年代混凝土厚实墙体的南侧入口

南立面图

弧形挡土墙与草坡自然相接

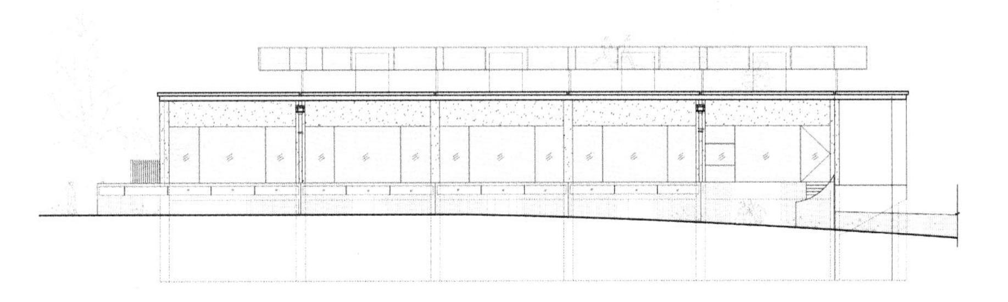

东立面图

作为“呼吸气口”完全打开北侧界面

二层空间中轻盈的桁架结构优雅排列

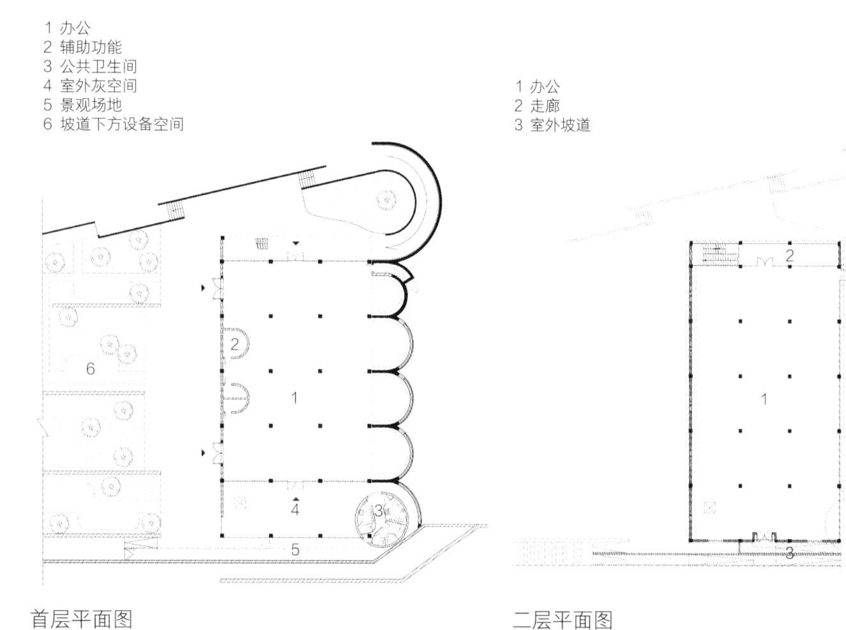

首层平面图

二层平面图

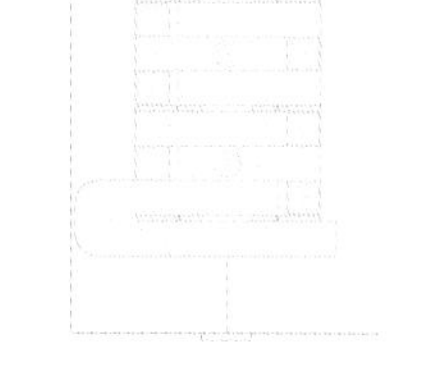

屋顶平面图

保留原建筑特征性加腋结构构件的首层空间

步入室内，夕阳余晖透过参差的窗洞形成散落在地面上的大小不一的光斑，微风推着小圆洞内的通风扇缓缓转动，投射出室内为数不多的动态光影——那一瞬间仿佛进入了时空的涡流，在流转的指针中亲眼见证了百年层叠的记忆。此时，我们意识到极富价值的美就藏匿在这座安静的建筑中：在漂浮的细密灰尘中，一榀榀桁架和结构加腋构件逆着光优雅地排列着。

将所有最具历史价值的部分铺陈于当下，延续着它书写的百年故事，以清晰而透明的姿态塑造老建筑的时空厚度。

原特征性轻钢桁架结构得以保留

2. 环境的透明衔接

杨浦滨江作为上海的滨水工业区，拥有占地面积大且围墙封闭的工厂，这使得居住在杨树浦路北侧的居民有着“临江不见江”的生活体验。如今，随着厂区的搬迁和改造，杨浦滨江公共空间已逐步向城市居民开放。如何衔接黄浦江和沿岸城市空间成为当下首要的课题。

西侧修复后立面

新增加固钢结构

二次改造后形成的包混凝土柱子　柱子表面混凝土剥离　原型钢组合柱结构露出　经表面处理后的型钢组合结构体系

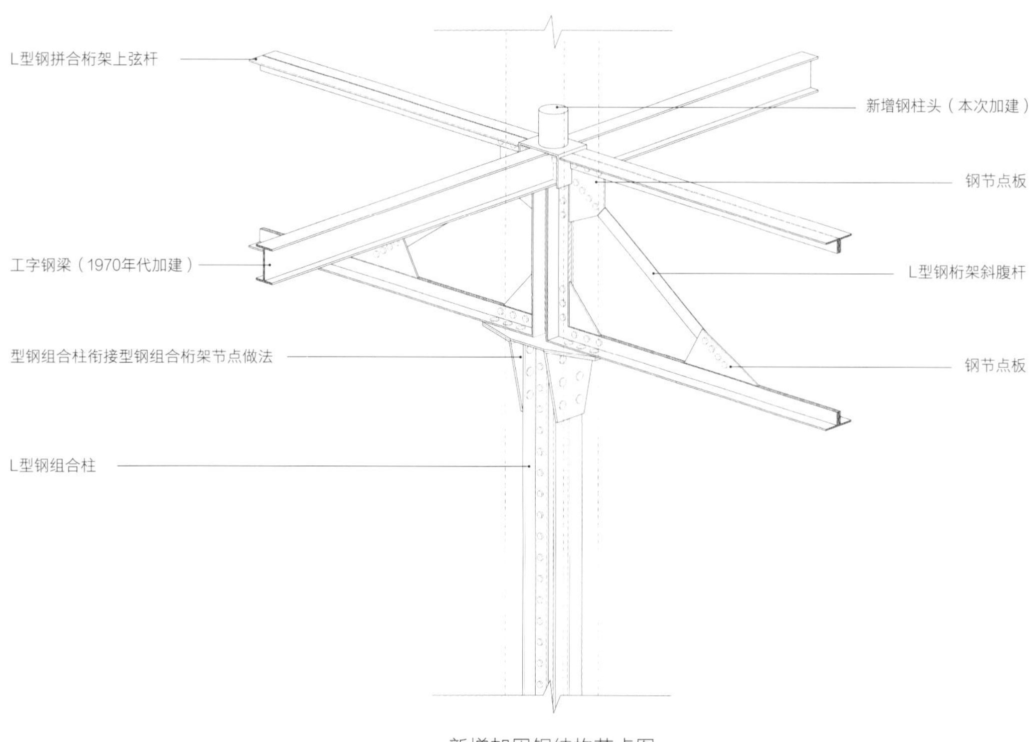

新增加固钢结构节点图

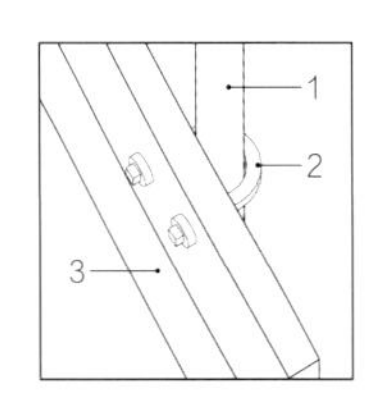
1
2
3
1 钢绞索
2 成品钢绞索卡件
3 钢扶手

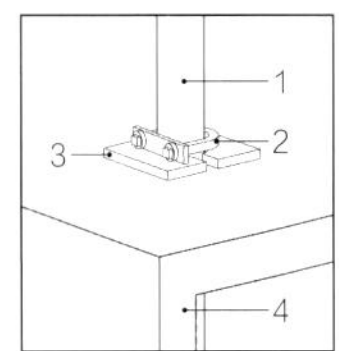
1
2
3
4
1 钢绞索
2 成品钢绞索卡件
3 扁钢80x70x8
4 钢楼梯

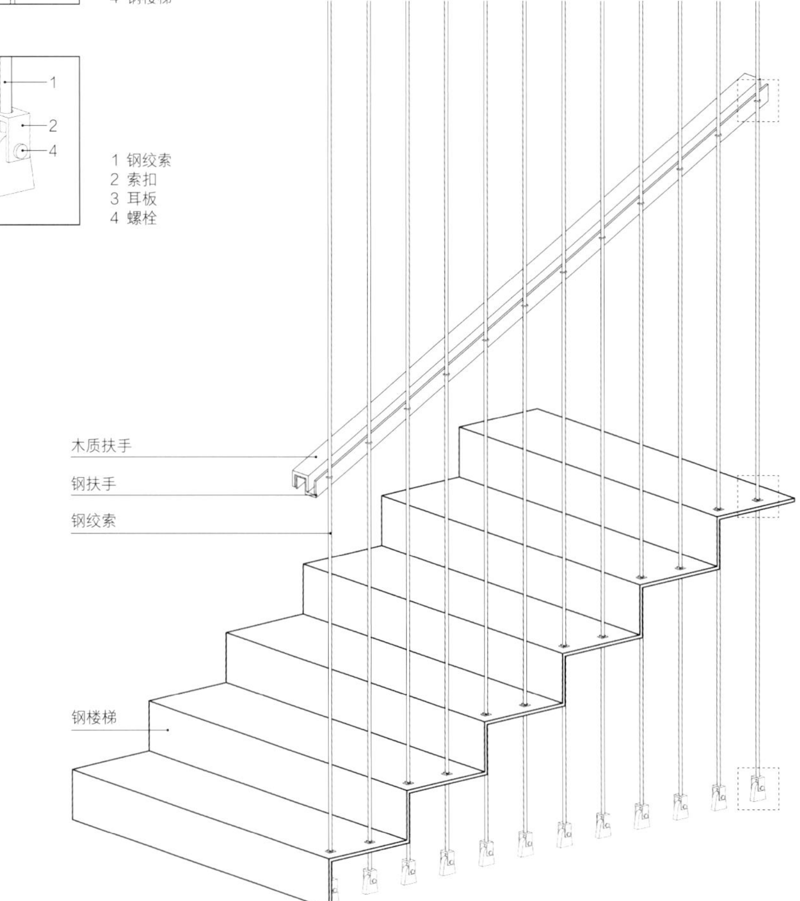
1
2
3
4
1 钢绞索
2 索扣
3 耳板
4 螺栓
木质扶手
钢扶手
钢绞索
钢楼梯

新增钢楼梯节点图

在明华糖厂所在的区域，原有防汛墙横亘在码头和后方厂区之间，以高大厚实的姿态强硬地阻隔了城市空间与水岸的连接。为将珍贵的滨水空间开放给城市居民，我们将二级防汛墙后撤，并藏匿在连续的草坡之中。建筑东侧界面的一层标高较低，我们设置弧形挡土墙与草坡衔接，形成地文重塑后室内外空间积极相融的姿态。而作为“呼吸气口”的东侧二层与北侧界面均设置落地玻璃窗，在充分展现原有建筑内部柱脚加腋、轻钢桁架等特征构件的同时，优化建筑与周边环境的交互关系。与此同时，在作为“第五开放界面”的屋顶平台上，人们可以沐浴着倾泻而下的阳光，眺望着波光粼粼的江面，见证重获新生的老建筑转变为一种流畅而透明的姿态，守望在水岸与城市之间。

新置入的悬索楼梯连通屋面

3. 新旧的透明对话

建筑西侧与南侧的界面采用“修旧如旧”的改造方式：在保留20世纪30年代原有仓库钢筋混凝土厚实墙体形制的同时，精心修复了极具历史特征的南侧门窗木框和西侧排风扇。建筑北侧界面在原隔墙拆除后形成悬挑灰空间，落地玻璃窗轻盈低调地藏于后方，显现出独特的空间断面。为强化其特征，我们在原内部楼梯的位置新置入了轻盈的悬索楼梯，一路延伸至屋顶架设的“漂浮”人行廊道，从而形成公共开放的绝佳望江平台。

新建屋面采用缎面阳极氧化铝，同原有建筑墙顶脱离，浮于结构加固后的原有屋面顶板之上。采光井道结合原有屋面通风井的位置进行设置，改善底层采光。重重新旧对比之下，形成了充满张力的建筑形态。这不是单一的历史回溯，而是很多年代之间“旧”与“新”的并置。立于安浦路一侧望去，“新”屋面在阳光下折射出星星点点的光芒，静静地“悬浮”在历史的厚度之上；微风穿过细密的悬索，仿佛能听到轻盈的乐声飘荡在空气中，和着老建筑的浅吟低唱。更新植入的构件与体量，以低调而透明的姿态延续着历史的笔触，书写着当下与未来的故事。

与室外草坡共同重塑地文的弧形挡土墙

浮于原有屋面顶板之上的新建屋面

糖厂的改造改变了周边居民“临江不见江”的生活体验

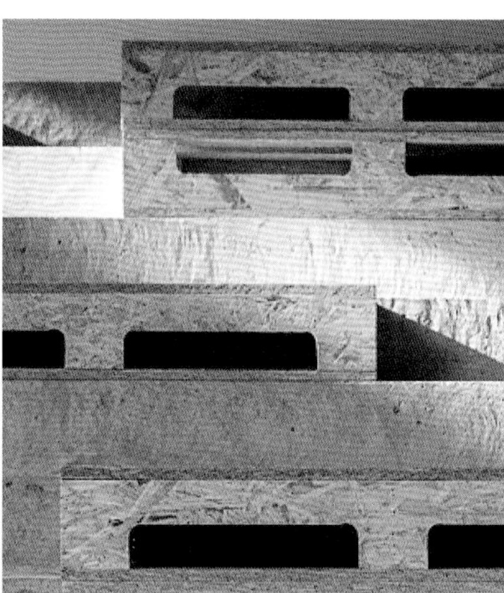

– 介入的方式

- WAYS OF INTERVENTION

社区活动中心南向入口

HUIJIAN COMMUNITY CENTER

慧剑社区中心

作为一次以媒体叙事为载体的建筑改造项目，“慧剑社区”的改造关注的是二十世纪六七十年代因厂而建的小镇在淘汰落后产能的大趋势下，日益空心化的现实问题。

四川省什邡市回澜镇慧剑社区 · 2017.04 – 2017.07 · 4076m^2

改造前原状

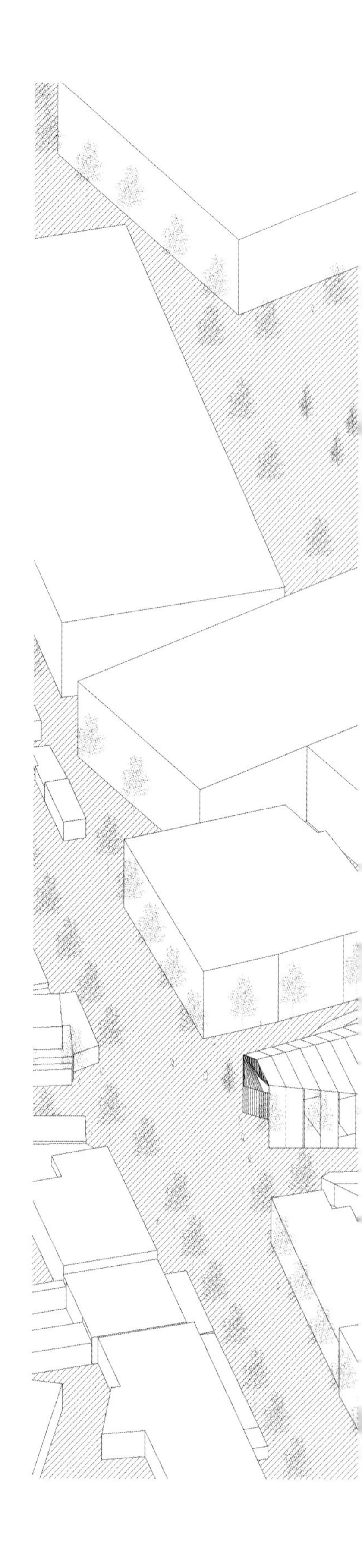

1.“三线厂”与电影院

只有充分了解“三线厂”由来和现状的人，才能深切体会荣光与落寞的含义。位于什邡市郊区的四川石油钻采设备厂建于1966年，曾是当地最大的一座三线厂。它是颇受当地人仰慕的一个工厂、住宅、学校和影剧院等配套设施齐备的自给自足的小社会。在谈起当年盛况时，老职工们眼中流露出的豪迈情绪和如今日渐凋敝的社区形成强烈反差。印证从荣光到落寞的转变的典型例子就是伫立在社区三角地中央的影剧院，与慧剑寺、中心广场一起维系着小镇昔日的情感寄托。几乎所有职工家里的相册中都有以影剧院为背景的全家福，记录了他们的重大人生节点与琐碎日常。关于电影院的最后一张记录定格在2008年“5·12”地震前的某次文艺汇演。我们在社区遇到的几乎都是上了些年纪的退休职工，只有两个百无聊赖的男孩把影剧院前的台阶扶手当作滑梯，爬上滑下地滚了满身的尘土。

在多方商议下，改造的目标终于明确下来——近期完成以厂区影剧院为核心的社区复兴；远期完成以社区复兴、庙宇重生、产业转型多点交织的城镇更新与发展。

以影剧院为核心的社区中心的改造包括：将原有单一功能的影剧院改造成新型的、开放的、复合的社区文化中心，将原有社区食堂改造成集茶室、餐厅、屋顶蔬菜花园于一体的“采食堂”，将原有违章搭建在河道上的店铺拆除，沿河规划适合当地习俗的“市集坊”，沿三角地周边设置满足居民休闲、健身活动的“信步廊”与“彩虹跑道”，以及对周边住宅的外立面进行修葺。2017年4月2日，我们站在油腻得发黑的水渠边，望着杂草丛生的场地和破败的危楼，几乎没有人确信能在规定时间内完成这些任务。

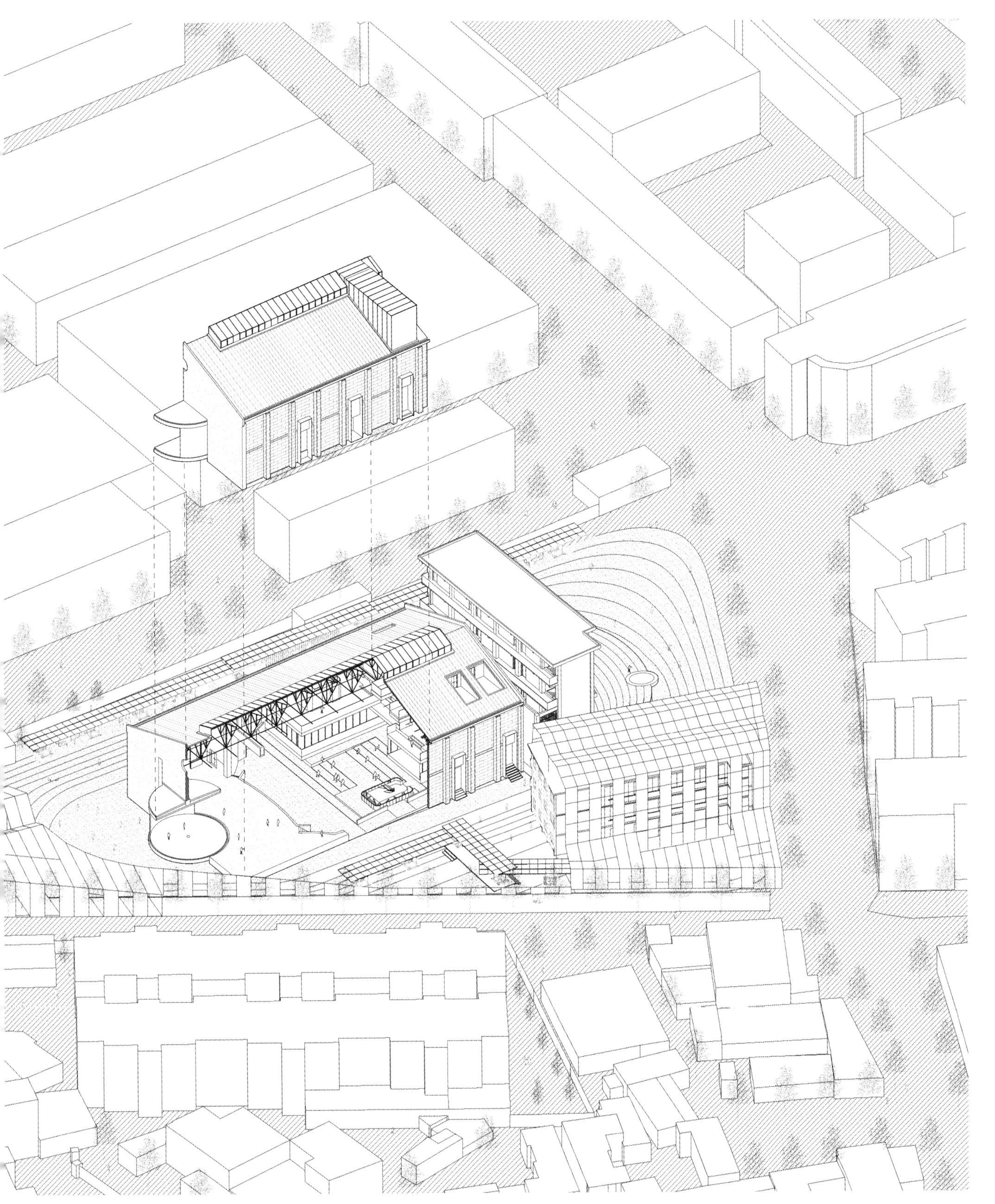

整体剖轴测图

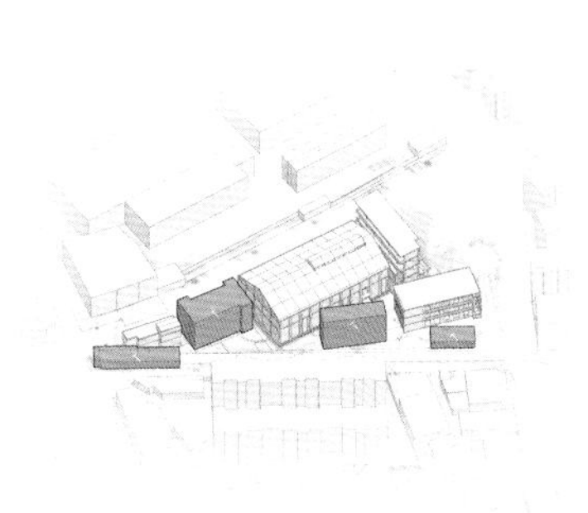

拆除

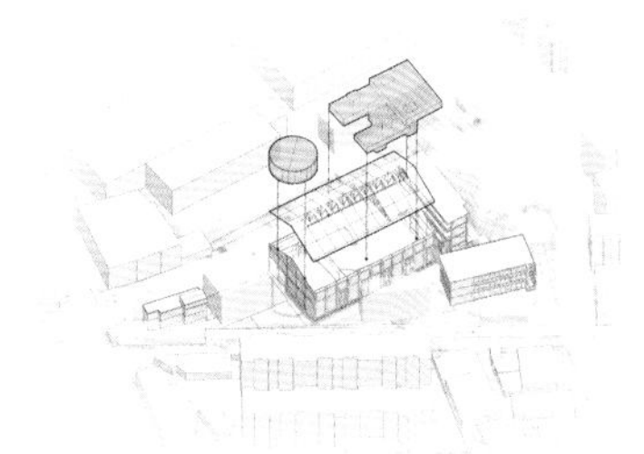

植入

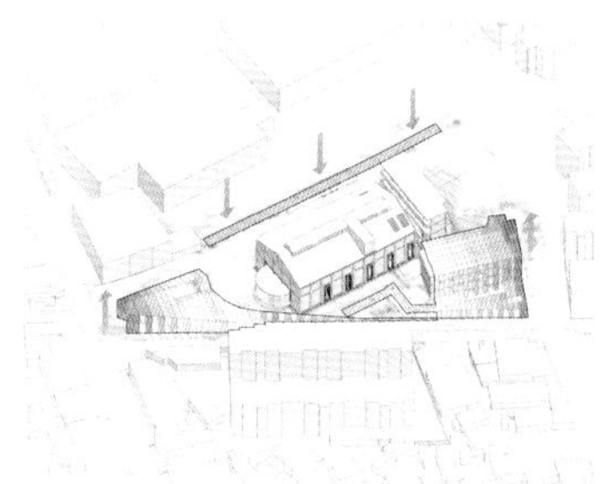

生态

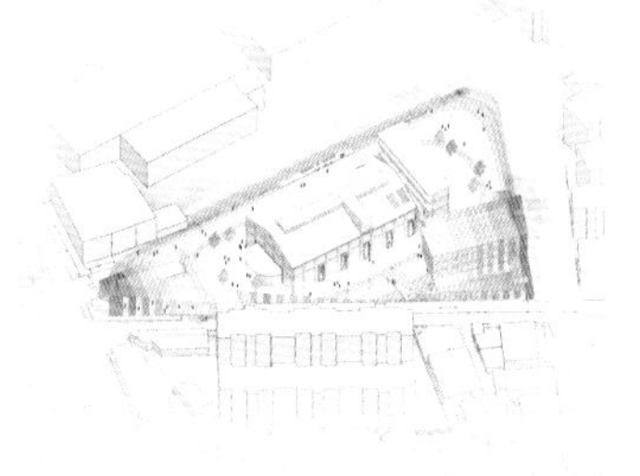

链接

场地生成分析图

改造后社区活动中心东立面

2．保留的立面与托举的屋面

令人诧异的是，影剧院拥有四个不同材质的立面。北侧的沿街立面是保存完好的浅灰色水刷石包裹下的高耸而厚重的实墙，只留有两扇矮小的疏散门。南侧的朝向水渠的立面则迥然不同，清水砖墙与砖柱形成的序列在满地蒿草的衬托下显得质朴而节制。影剧院朝向厂区广场的东侧是四层的附楼，有着七八十年代通用型图则复制出的通用立面，表面褪色的土黄色涂料显得暗淡而落寞。被各种违章搭建的房屋包围的西侧立面，只露出山墙顶端的通风口和粗糙的水泥抹灰。于是，改造尽量保持南北立面的完整性与原有材质，仅仅提高了底层的开放度。在保持东侧立面原有形式的基础上做了门窗形式上的调整，而对西侧立面则进行大幅度改造。

影剧院高耸而有序列感的墙体和立柱都是由砖砌筑而成，建筑基础的深度也仅有2.8m，整体结构完全无法满足现行的建筑规范和抗震规范。为了保留影剧院墙体的原有肌理和时间痕迹，改造采取了复杂但在目前工程技术水平下能接受的主体加固方案。首先，将屋顶与原有砖墙体分离开来。沿建筑横纵墙选取关键的支撑点，在墙体内外向下开挖6m左右到持力层后，灌注混凝土形成“灌注桩”，并穿过墙体在两端搭接工字型钢桥。通过大型机械的吊装，在桩基础钢桥上树立起近百吨的12根钢柱后，再用两条钢横架连接钢柱，承担起整个屋面的荷载，置换掉原来砖墙上的承重。原来的承重墙体就被转换成维护体系，从而把一个不满足抗震要求的建筑变成了符合当下建筑抗震规范要求的建筑。这个陈述起来复杂而拗口的过程被现场的师傅们形象简约地概括为“偷梁换柱”。“偷梁换柱”的工作在8月8日经受了严峻考验，当时九寨沟地区发生了7.0级地震，工地有明显震感。此时的基础加固工作正处于大开挖后待回填的无保护状态，幸运的是建筑本身主体结构完好无损。但它警醒现场的每个人：主体加固的工作必须紧锣密鼓地进行了。

影剧院的附楼也同样采取挖孔桩承托的方式进行基础加固，并抬升了基础标高。为保留外部原始墙面，采取了内部混凝土板墙加固的方式。先以注浆工艺对墙体进行强化并贯穿钢筋，再于内侧浇筑混凝土进行加固，通过扩大墙体的截面提升建筑的整体承载力。

3．植入的筒体与错落的平台

主体建筑的改造策略是尽量让新植入的体系和原有的体系在物理层面上不产生过多接触，不刻意地弱化或弥合两者间的差异性，而以一种比对式的方式存在。由于比对关系，新与老的差异性被凸显出来，从而使老的更老、新的更新。我们在观众厅内部建造一个独立的新系统，16根钢柱的结构基础脱离原有砖砌墙体4m以上，形成四组类似于筒形的主框架，再以主框架为中心向四边挑出不同高度的平台，四组平台在空间上形成搭接或错位关系，连接起一个U形的立体平台体系。然后，将怀旧电影吧、亲子活动、社区活动室、书画摄影展厅、多功能排练厅、天空图书馆等内容分别安插进不同层面，同时形成多个层次的看台区域面向保留的舞台。这就形成了一个不同以往的观看模式：一个浮动在不同高度和角度的观看位置和一种在不同功能空间不断切换的观看体验。我们在各级平台上特意布置了修复过的原有影剧院翻板式座椅，背面油漆喷涂的斑驳的座位号，能令人联想起当年穿着统一的灰蓝色服装的人们挤满影剧院的场景。

舞台处回望

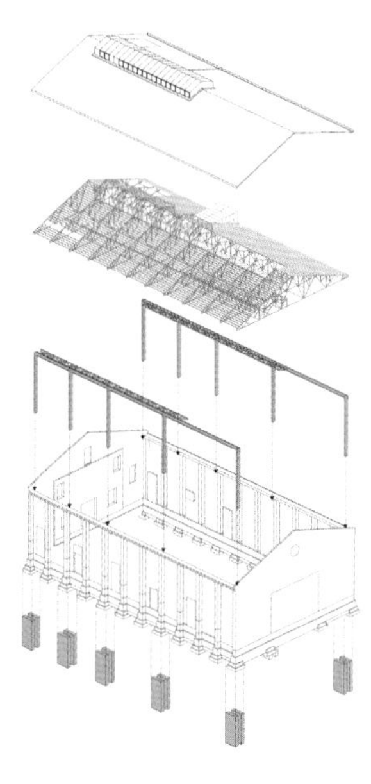

结构生成图

二层外挑平台

室内中庭空间

天窗、钢屋架与天空图书馆

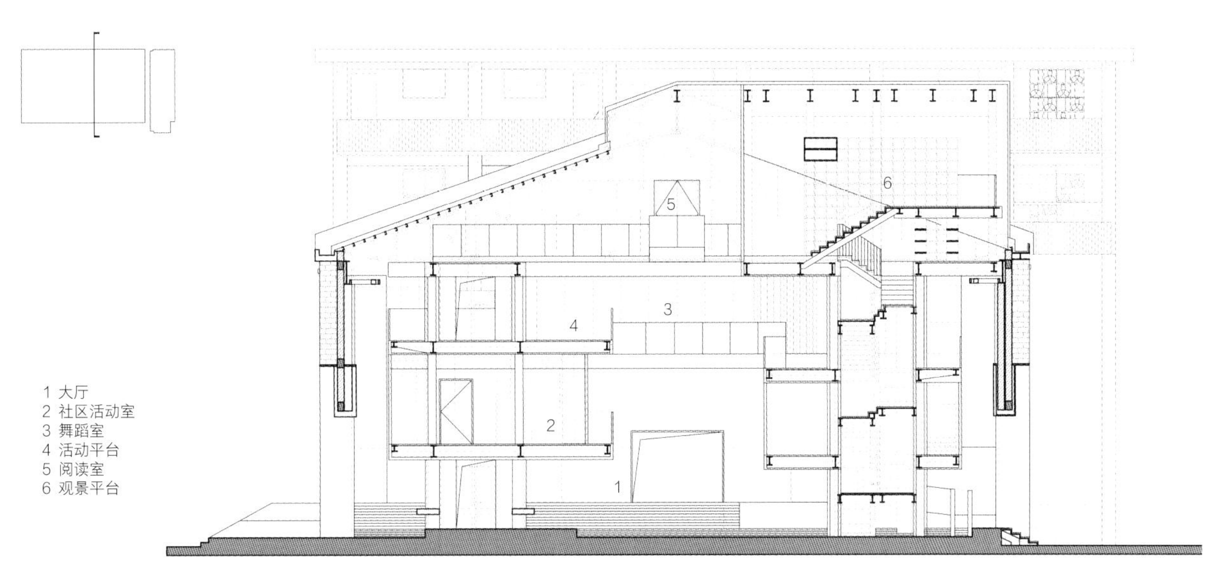

剖面图

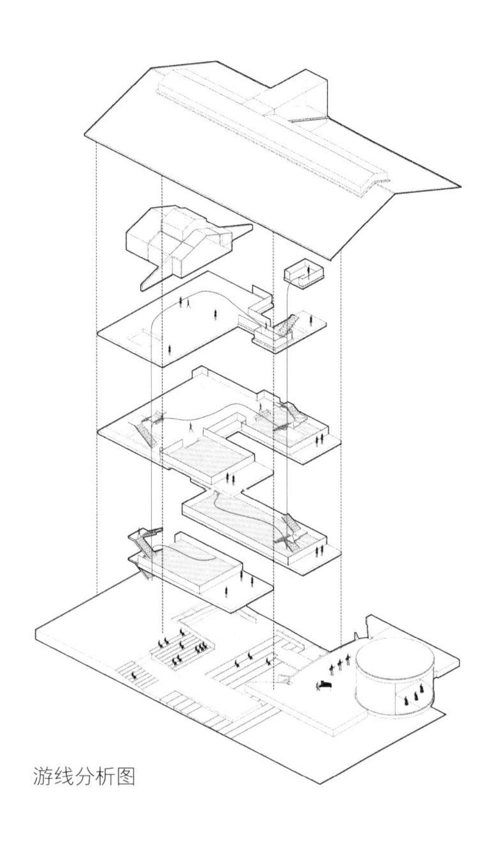
游线分析图

4．开放的底层与旋转的舞台

影剧院作为单一观演建筑的使命随着舞台地面的轰然坍塌而结束。等待它的是全新的、开放的、互动的文化功能的植入。我们希望它是社区的广场，街巷曲折、人群熙攘；它是社区的舞台，每一扇门窗都丰富精彩；它是社区的教室，不同年龄的人都可以从中受益；它是社区的共享花园，每个人都可以自由徜徉。于是我们在影剧院原本完全封闭的南北立面上开辟了八个出入口，分别对应北侧社区的主通道、南侧水岸花园、东侧中心广场、西侧露天剧场与市集。八个窄长的钢质筒状开口既没有削弱原先立面的序列感，又使新的社区中心四通八达，毫无阻隔。按照我们的构想，社区中心是完全开放的体系，气候封闭的部分仅限于新建的筒体和新插入的功能块。它类似于一个有顶部遮盖的广场，光线明亮，气流畅通。其实我们并不确信这种状态能持续多久，就像国内大多数开放场所一样，在后来的使用中都会变成有条件的开放。果然，不久就听说使用方担心管理不便有增加大门的意向。

改造后的西立面：圆形旋转开闭舞台

融通活动空间

在影剧院的附楼的正面入口，我们也插入了五个贯通的楔形钢筒，既作为社区中心的主入口，也是慧剑社区及曾经的钻采厂的历史展示空间。同时在原本的15个方形窗洞的位置委托专业厂家加急定制了15面大型翻转式像素墙，可以变化出不同图案和字体，作为社区中心文化活动发布的新窗口。

原14m宽、7.5m高的舞台台口被完整地保留了下来，并在后部山墙位置新增了一座10m直径、6m高的圆形旋转开闭舞台，可以满足排练、演出、放电影等多种活动。这样原有的单向表演的舞台空间被重新定义。舞台通过两扇可旋转的圆弧形导轨门两个方向的开合，可将小舞台分别朝向室内或室外。于是舞台就变成可变换的双向表演舞台，形成室内舞台表演、室外市集戏台、室内外连通表演空间等多种灵活的使用方式。圆形小舞台在使用时，主舞台就变成了观众席，此处的观众就变成了其他观众眼中的演员，完成了观众与演员的身份切换。项目剪彩当天，舞台被切换为户外模式，广场上摆满了当地人摆龙门阵时常用的竹桌竹椅。台下喝茶聊天、杯盏交错的日常场景与台上川剧变脸表演的浓墨重彩、喷火烈焰的戏剧性场景相叠加，居然相当和谐。

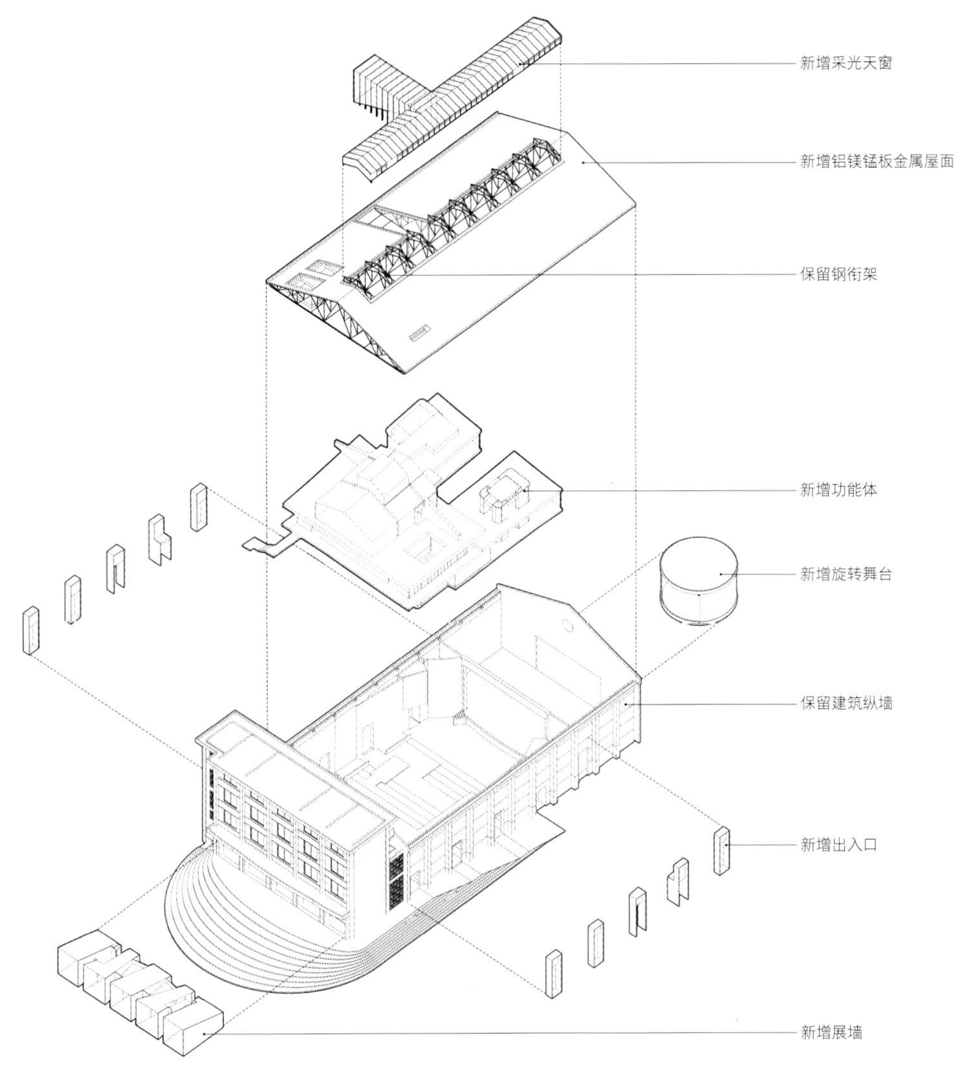

空间结构示意图

1 大厅
2 旁厅
3 理发店
4 走廊
5 水池
6 活动大厅
7 服务用房
8 舞台
9 旋转舞台

一层平面图

1 社区活动室
2 服务用房
3 旁观席
4 设备平台
5 维护室
6 空中通道

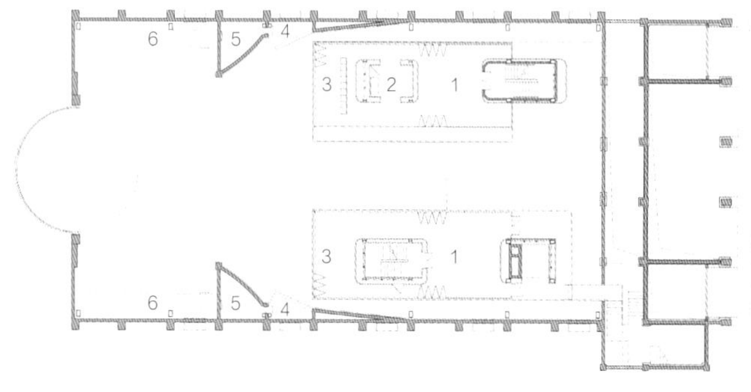

一层夹层平面图

1 排练厅
2 艺术工作室
3 创作室
4 舞蹈室
5 辅助用房
6 活动平台

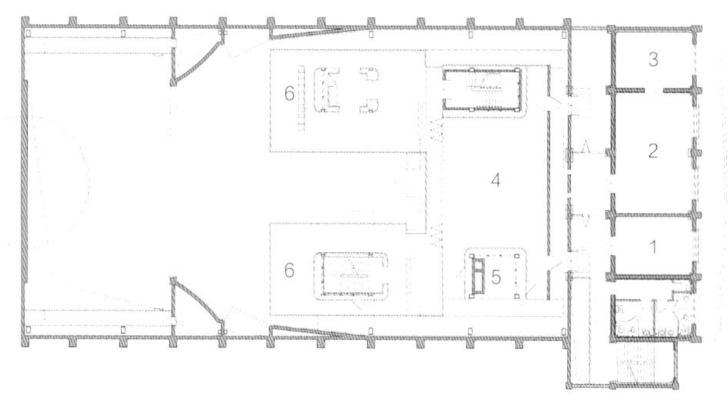

二层平面图

1 非物质文化遗产室
2 创作室
3 艺术工作室
4 阅读室
5 设备平台
6 观景平台

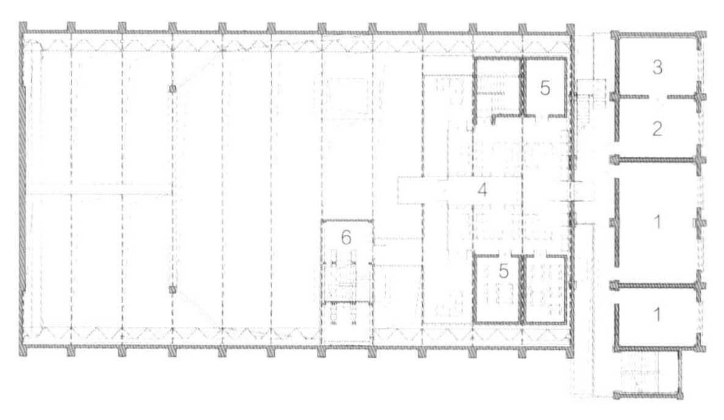

三层平面图

一层怀旧电影吧

改造后社区活动中心北立面夜景

5. 故乡与焦虑的守望者

对于许多离开故土的人们而言，故乡已经成为一个再也回不去的空泛概念。建筑的目的既在于包含过去，又在于将这些过去转向未来。它的作用在于建立起一个关联的脉络，让城市或乡村的昨天、今天、明天在一个连续的轨道上相互对望，而不是让它告别一个荒芜的过去，或是为它嫁接一个无本无源的乌托邦式的未来。

慧剑社区的影剧院就是这样一个精神意义上的守望者，就像故乡村口的那棵繁茂的大树，始终伫立在那里，等你回家。但在现实的语境下，它的守望也显得单薄而前途未卜，因为社区复兴远远不只是建筑物和场所的阶段性改造所能完成的。社区中心的改造能否带动周边的产业调整和功能转化，前期预设功能的植入能否获得后续妥善的经营和维护，慧剑古寺及周边环境的修复能否刺激当地旅游业的兴起从而吸引更多的年轻人回到家乡，火锅街及周边环境的治理和提升能否如我们期望的顺利进行，都是我们在暂别慧剑社区时感到焦虑的事。

夜间的天空图书馆

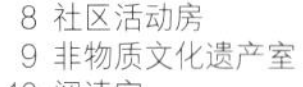

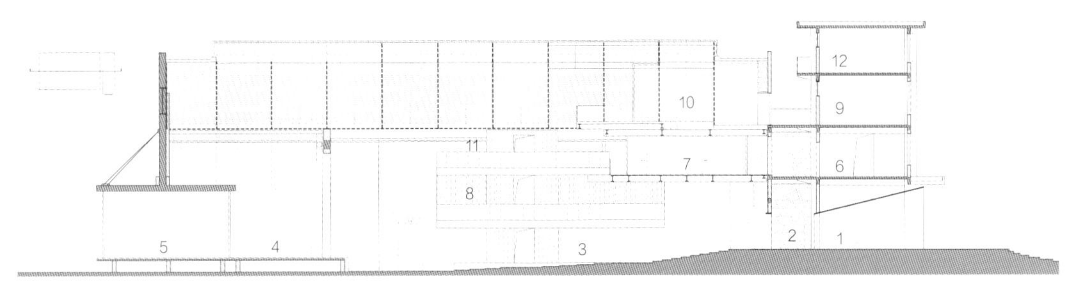

剖面图

北立面夜景

保留的南侧外墙与新增的天空图书馆

一号院日景（高文仲/摄）

ORIGINAL DESIGN STUDIO

原作设计工作室

岁月留在老屋中的气息，弥散在层层叠叠的木屋架之间。这种状态与生俱来地带有静谧的力量感，强烈到可以使人摈弃任何预设的场景，甚至打破以往习惯性的积极的整合意识。它使我们不会马上滑落到先验的主题意识中去，不再以控制全局、贯穿始终的逻辑性作为唯一的标准。在这里，明确的意图开始消隐，取而代之的是“让它自由地发生”的期待。明显的主导全局的规则开始淡出，相反，放弃整合的弥散性思维浮现出来。

上海市杨浦区昆明路 640 号 · 2013.07 · 1200m^2

南侧鸟瞰

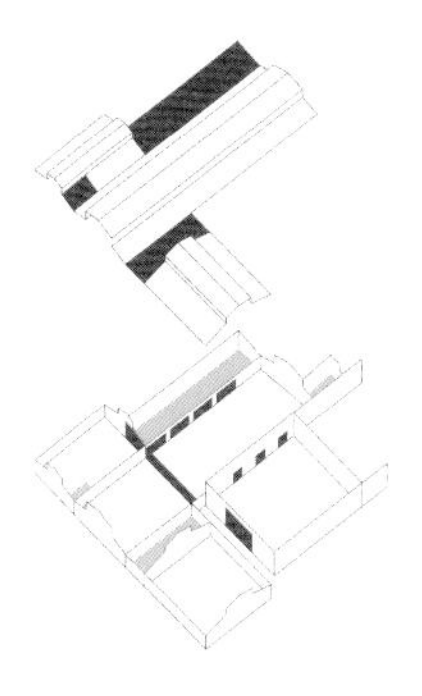

作为异化方式的介入：
去顶成院

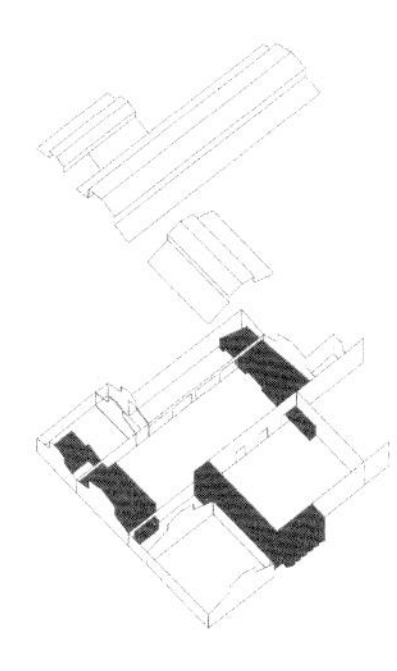

作为过程方式的介入：
体块穿插

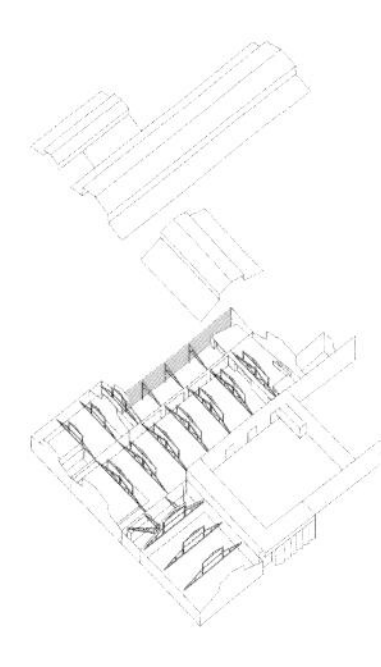

作为有限方式的介入：
保留元素

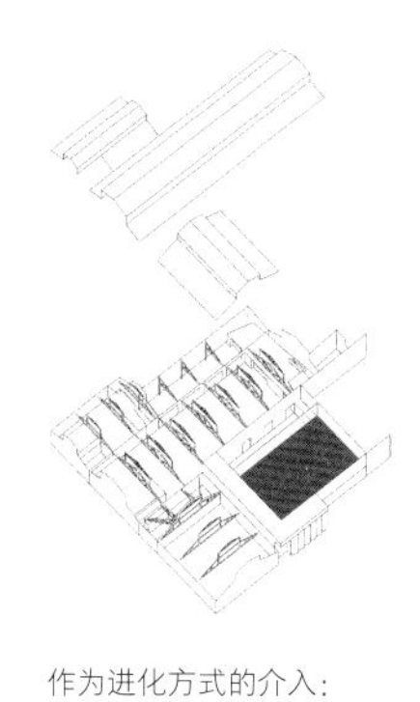

作为进化方式的介入：
复合加层

介入方式分析图

初夏的昆明路，沿街直白地杂陈着各色行当，呈现出北外滩最自然的原生市井状态。阳光打在窄长弄堂的碎石子地面上，一路活泼泼地跳跃着。弄堂的尽端，青灰色的老屋露出半边身形。穿过堆满杂物的曲折空间，我们站定在一处说不清是室内还是室外的地方。一株嵌入院墙的树将遒劲的枝干纠缠于老旧的青砖墙之间，青葱的树冠跃然于墙头之外。倚立在院墙边的木屋架旁散落着残存的瓦片，混杂在一片滋生的杂草之中。越过高窗的阳光倾泻而下，木桁架上加固的钢抱箍在浮尘中显现出斑驳的锈渍。岁月留在老屋中的气息，弥散在层层叠叠的木屋架之间。这种状态与生俱来地带有静谧的力量感，强烈到可以使人摈弃任何预设的场景，甚至打破以往习惯性的积极的整合意识。它使我们不会马上滑落到先验的主题意识中去，不再以控制全局、贯穿始终的逻辑性作为唯一的标准。在这里，明确的意图开始消隐，取而代之的是“让它自由地发生”的期待。明显的主导全局的规则开始淡出，相反，放弃整合的弥散性思维浮现出来。

整体轴测图

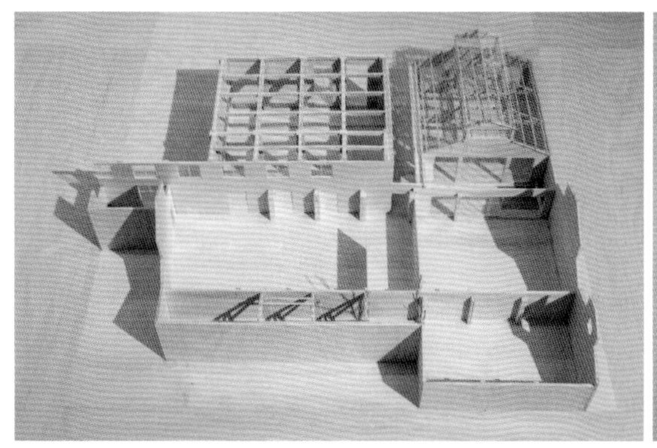

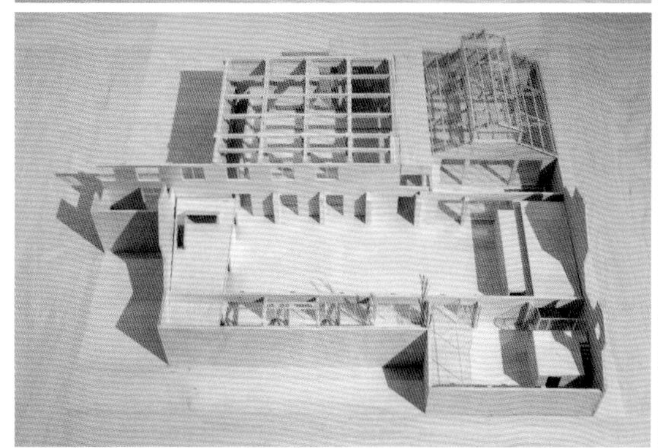
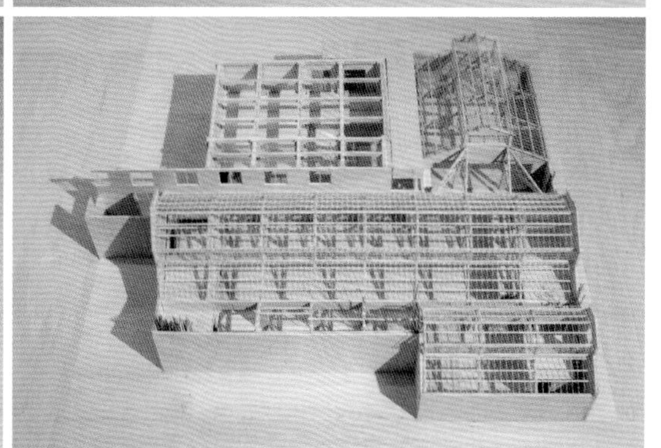

改建过程模型照片

1. 作为过程方式的介入

对于始建于1937年的上海鞋钉厂的残存厂房而言，其历史的模糊性令人疑惑。就像刨开院子的地基呈现出的复杂状态：一层碎砖石，一层混凝土，再一层厚钢板；这种挖掘的场景令人兴奋，它使感知一直处于假设的悬浮状态：这个空间原本是室内抑或室外？是加工车间还是堆场？它的样貌是原本如此还是反复扩建的结果？物理性的挖掘提供了一种可能性的推断：老建筑包括建于20世纪30年代的三跨单层砖木结构厂房和与之毗邻的建于20世纪80年代的4层钢筋混凝土框架结构厂房的一部分。此前使用过程中的各种改动（老厂房增加高跨、结构加固、拆顶成院、部分改造作为售楼处；新厂房拆除行车梁等），使这些共存的片段呈现出各自分离、残缺的面貌。

入口走廊

它迫使得我们尝试采取一种不同以往的思维方式：放弃将新、老融合于单一理念的企图，转而从局部元素及其连接方式出发，顺应和接受自发与偶发的状态，建立一种锚固与游离并存的新关系。独立办公空间、储藏和后勤空间、休闲空间等新增内容作为局部元素介入到既有环境中。改造中设置了三个以钢板幕墙包裹的带状空间，分别穿插在新、老厂房（新厂房指建于20世纪80年代的钢筋混凝土框架结构厂房，老厂房指建于20世纪30年代的砖木结构厂房，下同）之间，一方面如同木结构中的榫卯构件，在原本简单并存的片段之间建立起一种锚固关系；另一方面，微锈钢板作为一种直观的提示性语言，明确指示出新元素与老建筑之间的游离关系。这种关系使得新介入的部分与原有的各个部分一样，作为差异化的片段、作为连续演变过程的一个阶段而存在，暗示着老建筑过去、现在和将来的完整流程。

办公区鸟瞰（王远/摄）

独立办公空间中保留的屋架

独立办公空间

新厂房由标准化的钢筋混凝土梁柱系统支撑起近6m的高大空间，具有明显的纵向延展特性，完全不同于老厂房连续八开间的木桁架提供的水平延展空间。应对这种异质片段游离并存的状态，对新厂房的加层改造并非将这一高大空间生硬地分为上下两层，而是在新老厂房交接处保留了一跨通高空间，用于群体工作、研讨活动、模型制作、图书阅览、餐饮休憩等多种功能。老厂房舒朗的水平延伸感与新厂房挺拔的纵向发展趋势在这个狭长高耸的缓冲空间中呈现、相遇，表现出巨大的空间张力和微妙的对峙关系。同时，5m宽的平缓大台阶用于通行、展览和报告会，将新厂房分层的概念相对弱化，以消除楼层的阻隔。在用于展览与不固定工作的上层空间和用于会议的相邻老厂房之间形成平滑的连接，新老厂房在此同样形成一种类似的离合关系。

老厂房中的水平延展空间

独立办公空间的采光天窗

多重空间的渗透

办公区保留的屋架

2. 作为异化方式的介入

改造前既存的两个“去顶”而成的院子呈现出一种既熟悉且陌生的场景感，其中残留的屋架所暗示的未完成状态，为我们提示出保证后续介入过程清晰可读的有效途径。在“去顶”的过程中仅仅移除了屋面系统的瓦与望板，保留了屋架系统的木桁架和檩条，因而形成的院子呈现出一种疏离的过程状态。改造中我们有意识地延续了这种空间外化的方式，去除部分屋面，屋架经过防虫处理、表面打磨和防水处理后直接暴露在外，又形成了另外两处院子，以改善新工作室的局部环境。这种看似未完成的结果与一般意义上内外概念之间形成了微妙差异：它以直白的方式表现出室外空间的所有特性及与内部的差异性，但同时保留的屋架又暗示出不同于一般意义上的室外空间的方面——场所演变留下的印记。

屋架部分模型照片

借鉴传统的十二时辰命名方式，五个院子分别被命名为平旦、隅中、日昳、日入、人定，与时光的流逝产生了一种象征性的关联，暗含对场所精神的回应。院子的介入促使相邻界面有效开放，使院子里的自然环境和室内空间产生了视觉和空间上的关联，这些与院子直接关联的室内空间都被用作长期固定使用的空间。

办公区改建前照片

三号院改建前照片

独立办公室改建前照片

办公区日景

人定院南望

人定院改建过程

新老厂房建造年代相差近半个世纪，在新厂房的山墙和老厂房之间人为地留出两米多宽的小巷。这个原本处于两个实体之间的消极地带，由于新厂房首层的一部分和老厂房共同被新工作室租用而突然出现在中心的位置。这条小巷作为局部元素介入总体之中，被内化为室内空间，作为门廊、前厅使用。伴随着新厂房的山墙面被彻底打开，老厂房的窗部分被扩大为门，原本消极的界面被打散，形成最大限度的融通。和室内空间的外化一样，室外窄巷的内化同样遵循了保有原有特征的异化方式，老厂房粗犷的青砖外墙及依附其上的室外管道，甚至原本小巷中的燃气接口都直接呈现在改造后的室内空间中，提示出此处作为外部空间的记忆。

3. 作为有限方式的介入

先后作为日占时期的仓库、上海鞋钉厂厂房的七十多年历史的老建筑，基本维持了建成之初的基本状态，其屋架系统（室内及室外残留部分）尤为完整。改造中对此只做最低限度的修护：对年久脱落的部分榫口进行修补，对部分明显腐朽、状态不佳的构件进行包钢加固，同时用砂轮打磨去除木屋架表面的浮尘和受火碳化表层，展现出木材的质地与纹理，并全部涂刷透明哑光木蜡油作为保护。屋面同样得到完整的修复。在增加了保温和防水性能的同时，将望板底面涂刷成和墙体一样的白色，有意强化了屋架系统的木桁架和檩条作为特征性元素的存在感。

由古旧青砖砌筑而成的老砖墙上隐约可见的砖窑窑印昭示出其年代的久远，局部小范围的松脱处长出青青草木。同屋架系统一样，我们对老砖墙采取了最谨慎的措施：轻微刷掉表层浮土，不露痕迹地加固松动的部分，除此之外，连同砖缝间的植物一起完整地保存下来。

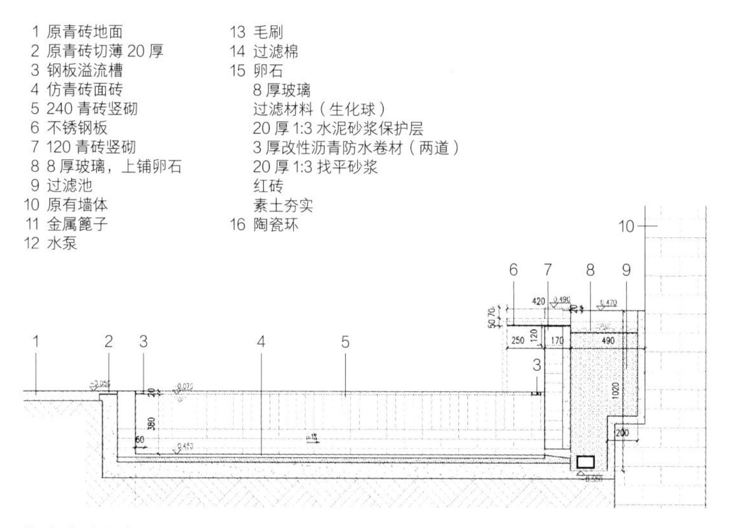

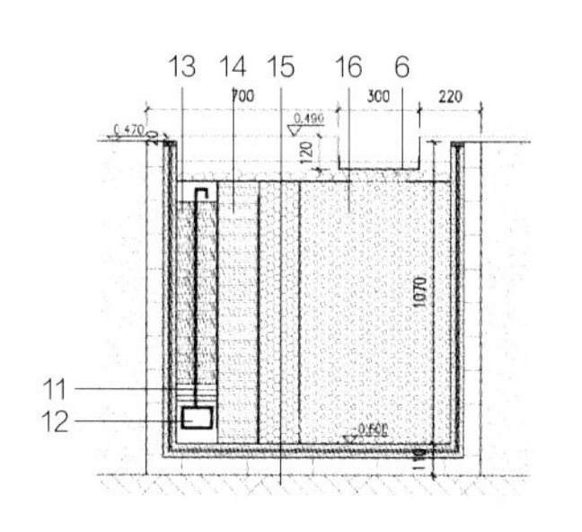

花池构造细部

人定院北望

人定院雨后日景

大会议室

1 会议区
2 大台阶一层
3 接待区
4 后勤区
5 储藏区
6 图书区
7 模型区
8 办公区
9 休闲区
10 缺角亭
11 独立办公室
12 5号院
13 1号院
14 2号院
15 3号院
16 4号院
17 闲区二层
18 展示区
19 台阶二层
20 模型区上空

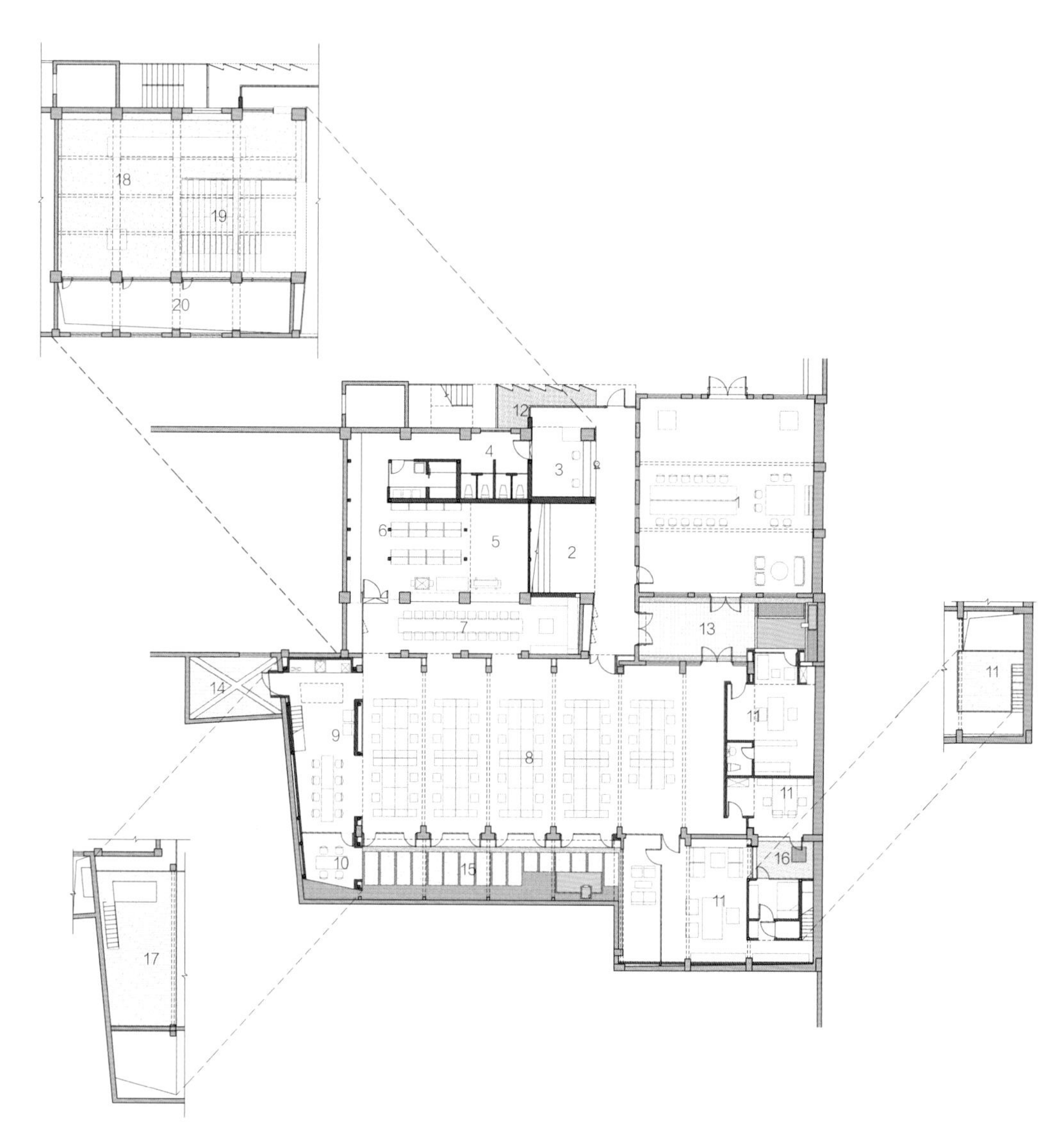

一层平面图

所有室内外地坪均采用现浇混凝土直磨工艺，我们希望混凝土原始的质感和工业建筑朴素粗犷的特征相匹配。相同现浇混凝土材料在打磨工艺上的差异得到的不同结果，一方面满足不同空间的使用需求，另一方面也揭示出有趣的材料特性：50~100目的打磨次数形成的质朴的毛面混凝土被用于院子中的室外地坪，与老砖墙的古旧感相匹配；200~400目则能保持中等光滑度的哑光面混凝土质感，被用于工作空间的室内地坪；高达1500目的打磨次数被用于需要高光滑度的镜面混凝土质感的展厅室内地坪。

新工作室标识系统采用原钢板雕刻而成。钢板天然的工业感以及安装后在露天环境中迅速锈蚀老化的特性，使之以相对消隐的姿态融入既有环境之中。

会议区日景（高文仲/摄）

模型区日景（高文仲/摄）

4. 作为进化方式的介入

建筑师们偏爱改造老屋的情结，可能源自于内心深处对空间模式的规避。建筑类型的差异使得远离模式的可能性大大增加：一个用于工业生产的空间如何适应建筑工作室的使用状态，在适应过程中产生的变更是否会带来某种扭转性的启发？原有的厂区空间呈现较为散乱的格局，隔墙多为反复改建过程中新增的轻质墙体。当轻松地移除隔墙后，一个连续的空间开始还原出原本的样貌：沿东西方向的七榀木屋架连续展开，不间断地定义了一个序列化并置的带状空间。阳光越过高窗铺洒在场地上的同时，传递出一个讯息：不再需要以功能之名重新界定空间，让局部顺理成章地进入，在场所中并置并存，甚至并行重叠。

模型区改建过程

同濟大學建築與城市規劃學院現代木構實驗室
MODERN TIMBER ARCHITECTURE TECHNOLOGY LAB / CAUP
作木

木作实验室

木作实验室内部空间

工作室标识

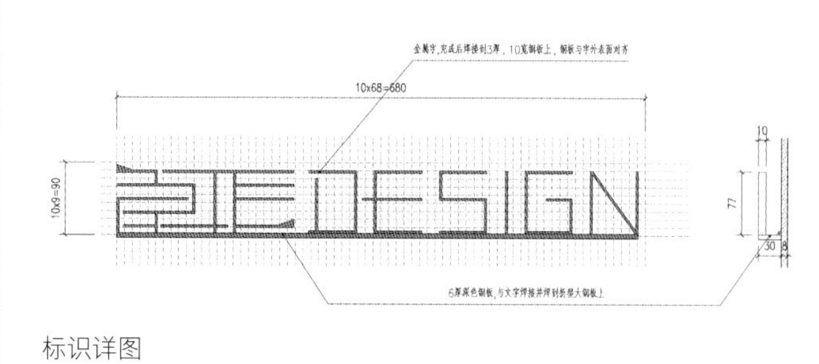

标识详图

工作室标识

标识详图

院名标识

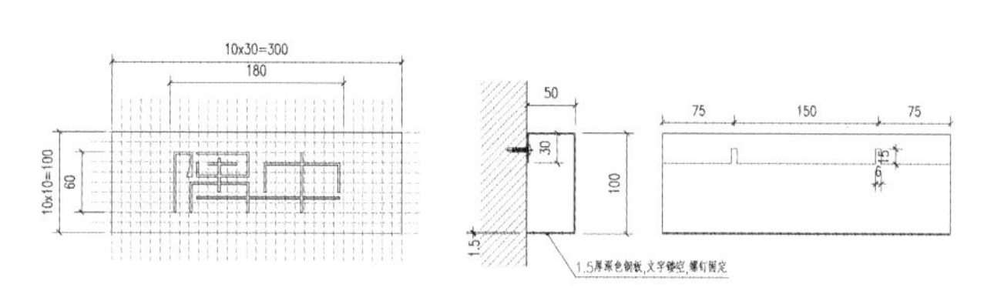

标识详图

院名标识

三号院局部

一号院保留屋架（高文仲/摄）

固定工作、临时工作、群体工作、独立工作、研讨活动、模型制作、图书阅览、餐饮休憩，各种功能需求分别作为局部介入，每个由局部构成的空间始终处于非收敛的状态，并在与他者的关系中呈现其意义。这种被我们称为弥散的状态，有效地保有了原有空间的穿越性特征，并使新的空间远离模式的诱导。日后的使用充分证实，最活跃的空间往往是局部之间交叠关系之所在：例如混合了模型制作、小型聚餐、内部讨论用途的通高空间，混合了学术报告、模型展示、小型展览、日常通行用途的大台阶，混合了大型聚会、餐饮休憩、临时讨论用途的院落空间等。大台阶上的活动展台及桌椅的设计、制作充分反映了这种复合功能空间对多样化事件的适应方式。受到物流叉车托盘的启发，我们利用常见的欧松板亲手制作了可组合的单元模块，每个模块形式单一，但便于搬运组装，可通过多个模块的不同组合方式，在大台阶上创造出丰富的空间使用的可能性。

我们开始意识到沉潜于建筑制度下的诗学源头：它是一个通过深入挖掘和层层剥离得到自我认证的过程，是一个可以包容不同个体及其存在方式的混全场所，是一个允许不断校正与自我平衡的体系，同时也是规避既有模式与寻求更广泛可能性的探索。

– 锚固与游离

- ANCHORING AND DISSOCIATION

1号、2号码头之间搭建的钢栈桥

YANGPU RIVERSIDE DEMONSTRATION SECTION

杨浦滨江示范段

场所精神，既存在于锚固于场地的物质存留，又存在于游离于场地的诗意呈现。杨浦滨江公共空间（一期示范段项目）就是基于这一理念的城市更新实践。

上海市杨浦区杨树浦路 1088 号 · 2015.05 – 2016.03 · 30000m²

2004

2008

2015

1. 踏勘

生活在杨浦，居然近三十年了。但依然没找到所谓的归属感。

从原作设计工作室到杨浦滨江不过10分钟的车程，沿途无甚章法地混杂着20世纪初的里弄与老厂房、七八十年代建造的老公房、已改造成为创意产业园的新中国成立初期建成的厂区、近年新建的高层办公楼和住宅。这几乎就是20世纪末至21世纪初城市产业结构调整的缩影，伴随着区域内大量的工厂停产迁出，城市生活空间开始见缝插针式地向江边渗透。

确切地说，当我们接手杨浦滨江段的改造设计时，现场施工已经展开。当时接受的委托是对原方案进行修改与提升。但是现场踏勘使我们意识到：如果依照原有方案向前推进，就意味着我们会落入一个模式化的既有逻辑，而放弃我们一贯坚持的在场所的残留痕迹中挖掘价值与寻求线索的主张。曾经高速而粗放的城市化进程，已经几乎抹去了原有场地上的历史痕迹，而与此同时，一种“喜闻乐见”的滨水景观模式在黄埔江岸边不断复制。这种模式化的景观通常有着类似的线形流畅的曲线路径、植物园般丰富多样的植物配置、各色花岗岩铺装的广场台阶与步道、似曾相识的景观雕塑及直接成品采购而来的景观小品。然而，时至今日，在城市发展逐步从粗放扩张转向品质提升的趋势下，越来越多的人开始意识到原有模式所存在的问题，我们也就是在这样的“机缘”下踏上了这条注定充满挑战的改造之路。

改造前的杨浦滨江

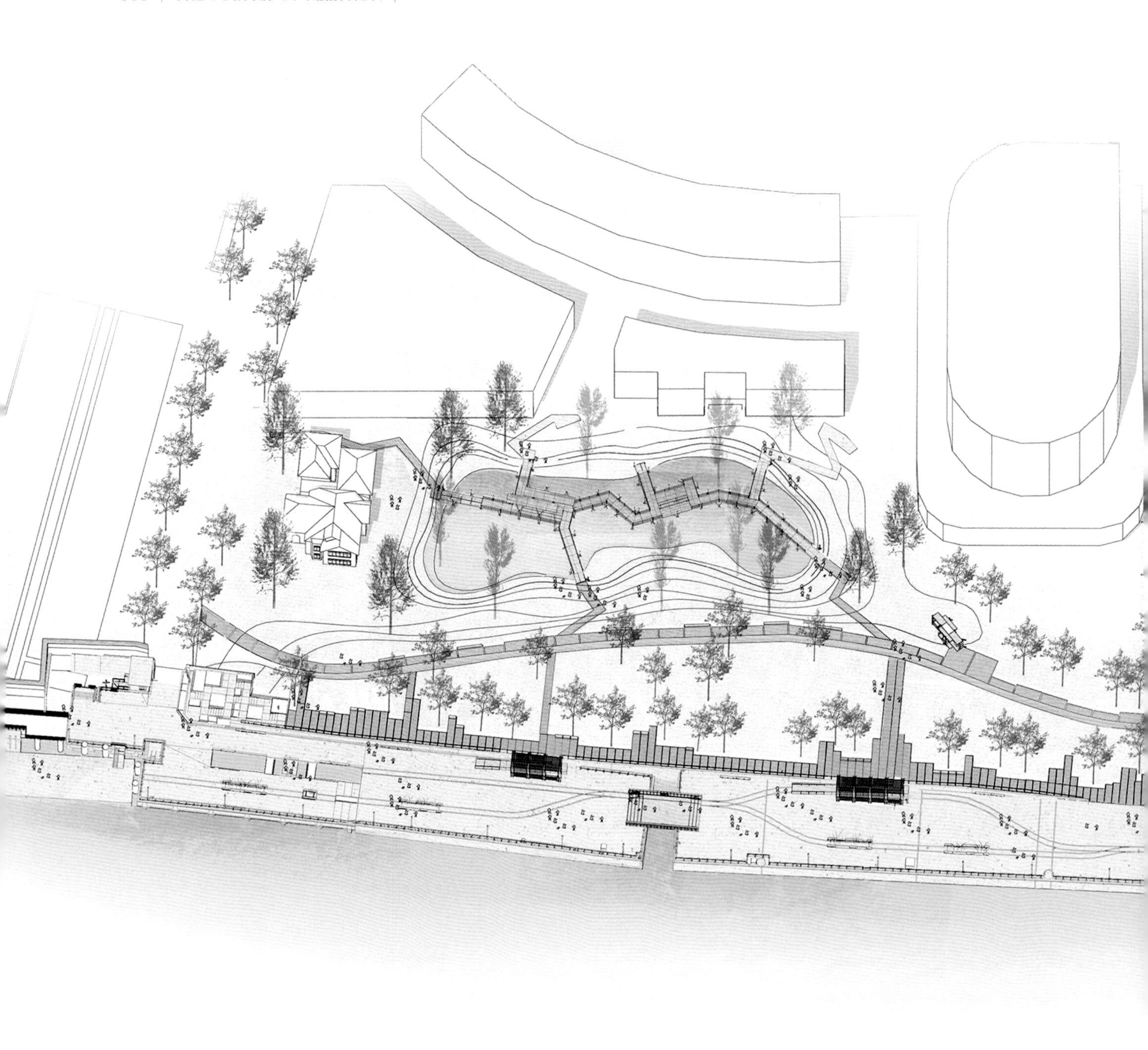

2. 锚固

锚固是一个专业术语，简单说就是锚的引申，是用类似锚的方法使物体牢固地固定其位置。譬如钢筋的锚固就是指钢筋被包裹在混凝土中，目的是使两者能共同工作以承担各种应力（协同工作承受来自各种荷载产生压力、拉力以及弯矩、扭矩等）。之所以套用锚固的概念，是因为如果要致力于发掘场所的潜在价值与精神，就无法脱离场地上的各种物质存留。它们就像时间以隐秘的方式留在场地上的印迹，或是开启历史叙事的密钥。“在场所中，时间总是被隐匿的层面叠合覆盖起来。当我们把层面逐一厘清之后，时间的质感就逐渐呈现出来。而且时间是只属于这个场所的，始终在这里隐匿地流动着，也只能在这个场所中追溯和体验。我们所做的只不过是剥离出时间的剖断面。”[2]

由于设计与施工几乎同时展开，场地上几乎每一处特征物的留存都面临巨大的阻力与时间压力，有些特征物几乎是在拆除的前一刻被“抢救”式地保留下来。

总平面图

雨水花园段系列栈桥全景鸟瞰

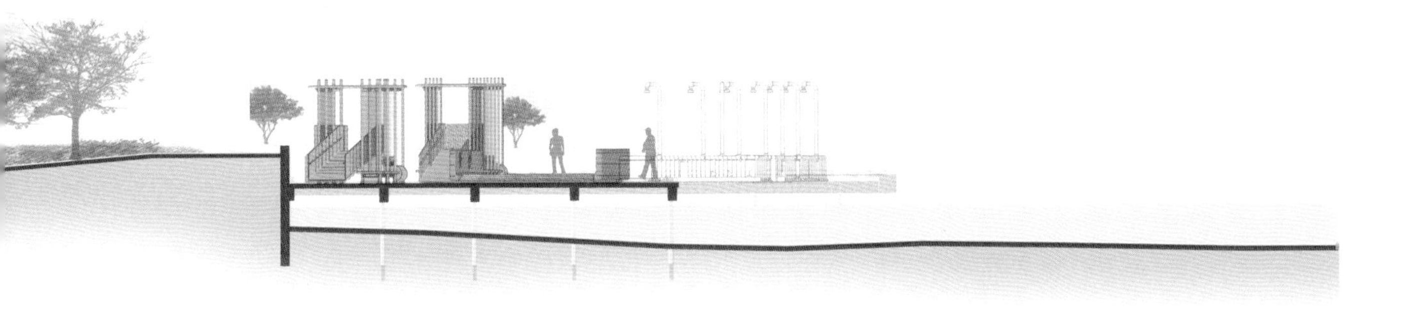

雨水花园栈桥系列横断面高差关系示意图

防汛墙是滨江改造中的重要环节，一般有两种改造方式：保留原有防汛墙，或是远离水岸新建埋于绿坡之下的隐蔽式防汛墙。现有的滨江规划中除了用地过于紧张的区段外大多采用后者，目的是增加公共空间的亲水性。而在我们看来，原有防汛墙是原有场地遗存的重要特征物与识别物，因此针对杨浦滨江的工业特征，因地制宜地分别采取两种方式可能是更适宜的策略。在这个策略下，一期示范段保留了近300m的防汛墙，斑驳的墙面与厚重的墙体提示着往昔工业码头的记忆。同时我们适当提升了防汛墙内侧的地面高度，形成视角理想的望江平台，避免了防汛墙对滨江公共空间视觉上的阻挡。

然而保留原有渔市货运通道和防汛闸门的设计提案却遇到阻力。原设计将这部分的防汛闸门和防汛墙全部拆除，改造成为全新的翻板式防汛墙，并且已经向制作单位订货。同时我们提议的保留原防汛墙的方案由于必须重新提请水务部门报批而面临压力。然而我们坚持认为凹凸的防汛墙和防汛闸门是对昔日辉煌的渔业最真实的见证。大尺度厚重的闸门、粗犷的防汛墙都是场地中极富感染力的特征元素。最后经过和后区开发公司以及水务部门的多次沟通，最终实现了防汛闸门的保留。设计通过调整防汛墙后区地面标高、搭建新的镂空钢栈道，并利用闸口空间种植乌桕，实现了保存工业遗迹与满足使用功能的平衡。

另一个努力保留下来的特征物是原有趸船的浮动限位桩，粗壮的混凝土墩和箍在上面的双排钢柱，极具工业感，同时也是滨水空间入口的对景，是重要的场地特征元素。然而原方案忽略了它的存在，以至于新建高桩平台的预制构件设计也没有考虑到这个因素。为了保留浮动限位桩，我们经过同施工单位的多次磋商，最终以最小的预制构件折损方案以及节省墩柱拆除费用等充分理由，在拆除作业船已然到港的状态下，将这个当时不起眼的浮动限位桩保留了下来。

往昔的工业码头如今成为人民喜爱的城市公共空间（战长恒/摄）

草海掩映中的钢栈道（苏圣亮/摄）

老码头的地面肌理也是几经波折才得以保留。原设计中整个码头区均为花岗岩铺装，当时施工单位与石材供应商已经完成了样板制作。可是若按原设计实施，老码头在岁月磨砺中显露出来的沧桑肌理会随之被完全覆盖。为了保持杨浦滨江的工业特色不受损减，我们坚持取消石材铺装。但随之而来的便是诸多现实问题：如何处理码头地面的凹凸不平？如何控制地面材料的均匀度？如何处理粗糙地面的积水和扬尘？应对这些问题，我们携手混凝土直磨技术的专业团队，通过多次试验，最终确定了局部地面修补、混凝土直磨、机器抛丸、表层固化的施工工艺，从而实现了老码头表面原有肌理的保留与品质提升。

和老码头的粗糙肌理一同被保留下来的还有大小不一的钢质栓船桩和混凝土系缆墩。由于这些遗存物与新增围护栏杆存在位置上的冲突，于是我们针对每个墩座都做了针对性的节点设计，使栏杆有意避让栓船桩和系缆墩。如今的码头上有一个混凝土系缆墩显得十分特殊，那是因为我们赶到工地时工人正在使用冲击钻实施拆除，在我们的执意要求下才停了下来。最后这个墩座的形态就被定格在一个边角被凿开、露出少许钢筋的状态。

广场上用栓船桩布置形成的矩阵

镂空钢板的雕塑小品（苏圣亮/摄）

浦江对望（苏圣亮/摄）

在最终效果呈现之前，人们并不能完全理解为什么要大费周章地保留这些陈旧的工业遗存。这里可以参考的是对工业建筑遗产的价值判断。按照李格尔（Alois Riegl）的分类，工业建筑遗产都是“无意为之”的文物（unintentional monument），建造之初用于生产实践，并不考虑长久保存与文化意义的流传。但在长期使用之后，由于观念转变，其中的一些结构与建筑因为各种原因，成为被观赏、欣赏的对象。工业遗存尽管在法律层面还没有得到相应的承认，当这些建筑与结构一旦被认为是值得保存的东西，而不再是与人无益的工业废物，在观念上就成为工业建筑遗产。而在具体的遗产化过程中，工业遗存也面临多重利益相关者对它的命运决策，而选择遗产的标准则体现了选择主体对于工业遗产的价值序列判断。

富有工业特征的杨浦滨江公共空间（苏圣亮/摄）

“如果一个空间足够敏感，它就能呈现这样的一种品质：成为过去真实生活的见证。”[1]那些保留下来的工业遗存是场地中对于时间最真实、生动、敏感的映射，也就是我们所强调的记忆的空间化和物质化。历史不再以纪念碑式的凝固的状态被呈现，“而是将历史看作一个‘流程’，看作连续且不断叠加的过程。历史的原真性不再以一种封闭的法则或系统呈现，而是在充分尊重原始状态的基础上承认并接受不断叠加的历史过程。”站在老码头上，倚靠着曾经的拴船桩，遥望黄浦江对岸陆家嘴CBD的场景，比任何符号化的记述方式都显得更加具有感染力。正如卢永毅在《新老之间的都市叙事》中论述的那样：“城市文化只有在这样的时间厚度中，才有可能得以延续”。[2]

同水厂建筑相结合的坡道

保留的混凝土系缆墩与U形栈桥

3. 游离

游离，是指在化学反应上，某一元素不与其他元素化合而能单独存在的状态。元素以单质形态存在则为游离状态。游离状态也称为自由状态，就好比油在水中一样。改造实践中，新介入的元素既保持着对既有环境的尊重，有限度地介入现存空间之中，同时又以一种清晰可辨的方式避免和既有环境的附着与粘连，并和老的部分形成比对性的并置关系。就像后人评价斯卡帕的设计时提到的那样："设计流露的传统情感看起来那么熟悉，但有点陌生；这些设计的细部既是对过去的眷顾，也是现在与未来的投射。"[3]

为解决防汛墙后区和码头区的高差所形成的交通阻断，我们新建了两组交通复合体——集合了坡道、座椅、展示、爬藤花池等功能的钢廊架。通过双柱相连的形式将廊架立柱的截面尺寸有效地缩减和有意识地控制，从而形成坡道和廊架顶部的轻盈感，使整个廊架形成脱离于场地之上的漂浮态势。而整个廊架的建构原型则来源于纺纱厂历史照片中整经机上线与柱的缠绕关系，我们有意识地将这个建构关系重新演绎为座椅、攀爬索和遮阳棚等功能，线性排列的钢索在阳光下形成丰富的层次关系。顺坡道而下，穿梭于钢索形成的朦胧界面之间，一侧是斑驳古旧的防汛墙，一侧是水城辉映的浦江景观。

防汛墙后的望江平台（苏圣亮/摄）

日暮后含蓄亮起的灯光（苏圣亮/摄）

3号码头有一处落差1米多的下凹地段，影响了滨江空间通行的连续性。我们并没有采纳将码头整体抬高的提案，而是新建了一组悬浮于原码头之上、可连通多个方向的钢栈道，同时满足了通行、休闲、坐憩和凭江远眺等多项活动需求。在原码头上种满芒草，形成凌空穿越草海的景观体验。同时透过钢栈桥面透空的格栅网板，能依稀看到老码头粗糙的混凝土地面。

在1、2号码头之间存在七八米的断裂带，我们同样采取搭建钢栈桥的方式解决连通问题。断面呈U形的钢栈桥结构外露，形成格构状的桥身外观。透过底板局部透空的格栅网板能看到高桩码头粗壮的混凝土桩柱插入河床的状态，能观察到桥下黄埔江水的涨落变化，还能清晰地听到江水通过原先的夹缝拍打防汛墙的回响。

此外，码头上取名为“工业之舟”的景观小品复合了花池与座椅的功能，采取了类似于漂浮于江面的舟船的形态，并以轮式支撑的形式架空于码头钢轨之上。这种“临时性”同老码头混凝土质感的“永久性”形成清晰可读的对比，让新介入的元素轻轻游离于既有环境之上，又依然保持着同既有环境的关联。

栏杆与灯柱的设计源自于老工厂中管道林立的状态。通过单一元素“水管”的组合变化形成适应不同线型、不同位置的栏杆与灯柱系列，并将其赋予照明和防护的功能，让原来流淌着水的管道变成流淌着光的管道。粗壮的钢管及其锈蚀的质感传递着工业遗存的记忆和气息。

防汛墙之后原本是一片低洼积水区，水生植物丛生，略显杂乱无章却也透露出原始的蓬勃生命力。我们运用低冲击开发（low impact development，LID）和海绵城市设计理念，保留了原本的地貌状态，形成可以汇集雨水的低洼湿地。池底不做封闭防渗水处理，使汇集的雨水可以自由地下渗到土地中，补充地下水。同时既解决了紧邻历史建筑地坪标高低、排水压力大的问题，也改善了区域内的水文系统。大雨时还能起到调蓄降水、滞缓雨水排入市政管网的作用。另外通过设置水泵和灌溉系统，湿地中汇集的水还可用于整个景观场地的浇灌。在低洼湿地中配种原生水生植物和耐水乔木池杉，形成别具特色的景观环境。在雨水湿地中新建的钢结构廊桥体系轻盈地穿梭在池杉林之中，连接各个方向的路径，同时结合露台、凉亭及展示等功能形成悬置于湿地之上的多功能景观小品。不同长度的圆形钢管形成自由的高低跳跃的状态，圆形的钢梁随之呈对角布置，有意与钢板铺就的主路径脱离开来。通过这样的手法，清晰表达了建构方式和受力关系，凸显了钢结构自身的表征，使功能与结构间表现出游离之感。傍晚时分，钢管顶部的LED灯光点阵亮起，星星点点的光线因自由的建构方式呈现出随性轻松的氛围，与湿地中的池杉林和芦苇丛的自然野趣相映衬。

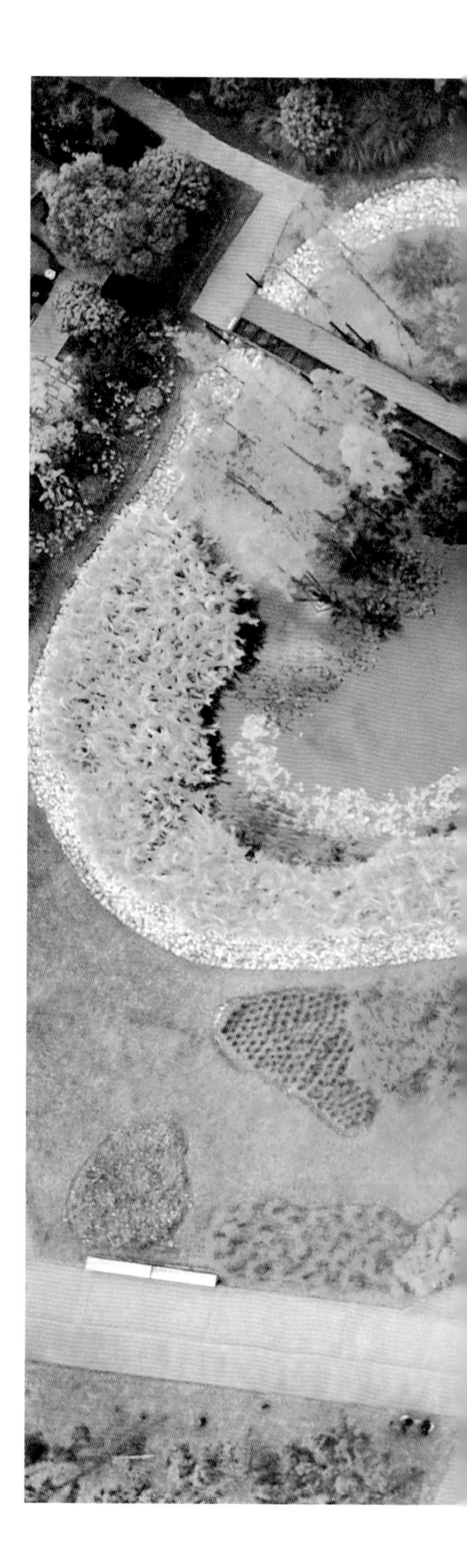

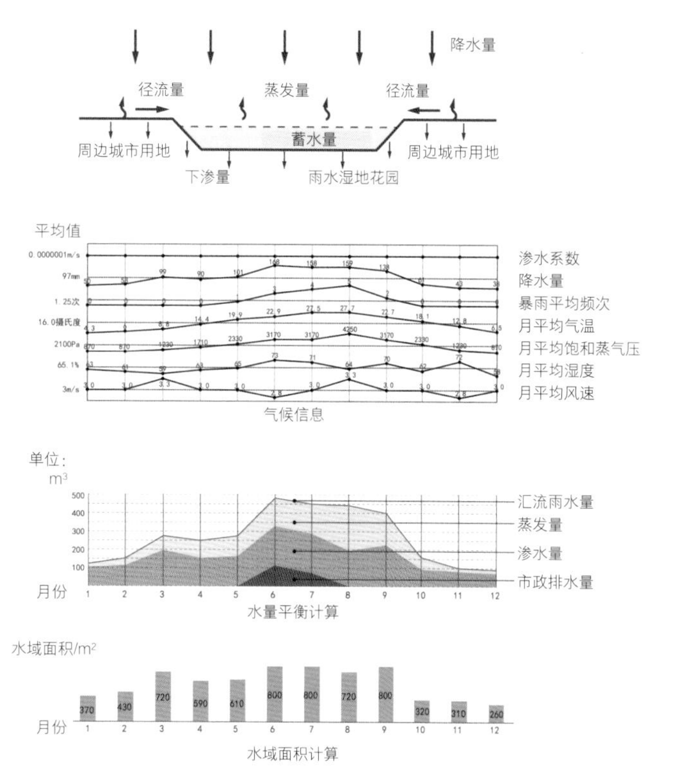

雨水湿地指标分析图

雨水花园俯瞰

4. 示范

场所精神，既存在于锚固于场地的物质存留，又存在于游离于场地的诗意呈现。杨浦滨江公共空间（一期示范段项目）就是基于这一理念的城市更新实践。

在总体布局上摒弃了忽视时间脉络对空间特质作用的模式化、图案化的设计方式，而是从对既有环境的空间脉络梳理出发，从场地肌理着手展开设计，努力营造富有时间厚度的城市公共滨水空间。避免斩断时间延续性的“城市重建”，以寻求城市空间的存续与再生；尊重历史遗存和历史痕迹，但避免对历史简单的符号化表达，以寻求场所记忆的诗意呈现，实现场所精神的留存。

我们提出有限介入和低冲击开发的设计理念，并将其概况为以下四个方面：（1）工业遗存再生利用——强化场所记忆、增强居民归属感和认同感；（2）路径线索重新梳理——营造公众体验、提供丰富多彩的公共生活，实现社会公共资源的共享；（3）原生植物复原保留——植根生态理念、运用海绵城市设计技术，打造绿色友好型城市景观；（4）周边地块沟通联系——促进城市更新、通过公共空间营造，以线带面推动城市更新，激发城市活力。

在空间设计完成后，我们又主动承担了历史文脉展陈、钢板镂空雕塑、景观小品的设计。对历史背景作充分调查和挖掘，将历史展陈融入景观体验之中。例如老防汛墙上的涂鸦设计、湿地栈桥上的镂空钢板时间轴系列、钢板镂空人物雕塑系列。与此同时，还以二维码的形式将电子展陈内容也在空间脉络之中布置开来，形成了有拓展、有深度的空间体验和历史展陈。

我们打破常规景观模式化的植物配置方式，依照空间序列进行布置：码头区利用保留闸门及渔货通道于防汛墙外种植亲水乔木乌桕，秋季形成红叶景色。防汛墙后临江眺望的漫步道旁种植高大的东京樱花树列，形成春日满江樱花、夏日遮阴坐憩的空间体验。慢跑道两旁成排错位种植高大榉树，秋日榉树将变为金黄色。雨水花园区种植水生乔木，形成密集的池杉林。采用多种观赏草相搭配的景观配置，形成了同后工业景观粗犷的精神气质相吻合、独具野趣的景观风貌。

融入日常生活的“工业之舟”（战长恒/摄）

穿越草海的钢栈桥（苏圣亮/摄）

5. 后续

28公里——随着城市转型升级，黄浦江从杨浦大桥至徐浦大桥两岸28公里岸线公共空间将全面贯通开放，成为这座城市最重要的公共空间脉络。

15.5公里——被称为近代工业发源地的杨浦区，坐拥上海浦西中心城区最长岸线。杨浦滨江全长15.5公里，分为南、中、北段三段。在城市空间转型之际，原有生产岸线即将转型成为生活岸线。

5.5公里——先期开发的杨浦滨江南段西起秦皇岛路东至定海路，岸线全长约5.5公里。

550米——从怀德路至丹东路共550米长的杨浦滨江公共空间（一期示范段项目）于2016年7月完工，交付使用。

2016年6月的傍晚，还未正式开放的杨浦滨江已是游人如织，甚至到了摩肩接踵的地步。可以想象周围的居民们是如何突破施工护栏进入场地的，由此也反映出杨浦滨江这片生活岸线的稀缺性。还在进行最后施工验收的我们与散步的人群完全混杂在一起。在和施工方紧张磋商时，热心的杨浦市民也自发地参与到讨论之中，不同语境下的沟通居然显得相当热烈融洽。此时，华灯初上，江风微拂，我们顺着人群缓慢行进，途中时不时地听到人们对杨浦滨江最真切的感叹。这时候，我们不再以设计者的目光审视这个场所，而是欣慰于能为我们长期栖居之地做些力所能及的事。不知这是不是所谓的归属感？

ARTICLES INFORMATION AND REFERENCES

文章信息及参考文献

关系的散文

原文发表于《城市·环境·设计》2015年第1期

[1] 骆文. 我的散文观[J]. 散文. 1994（6）：20.

M2 游船码头

节选自《城市水岸边的"弧"步舞——上海白莲泾M2游船码头的形式解读》
原文发表于《时代建筑》2019年第2期
作者：张洁，章明，孙嘉龙

[1] SCULLY V. Louis I. Kahn and the Ruins of Rome [J]. MoMA. 1992(12).
[2] NEUMANN D. The Guastavino System in Context: History and Dissemination of a Revolutionary Vaulting Method[J]. APT Bulletin: The Journal of Preservation Technology, 1999(4): 7-13.
[3] 柯林·罗，罗伯特·斯拉茨基. 透明性[M]. 金秋野，王又译，译. 北京：中国建筑工业出版社，2008.
[4] 伊塔洛·卡尔维诺. 看不见的城市[M]. 张密，译. 南京：译林出版社，2012.

燕罗体育公园

节选自《池畔垄行——燕罗体育公园的风景建构》
原文发表于《建筑学报》2021年5月刊
作者：章明，秦曙（通讯），苏婷，张洁

[1] 查尔斯·瓦尔德海姆，基本宣言[M]//查尔斯·瓦尔德海姆. 景观都市主义. 刘海龙，刘东云，孙璐，译. 北京：中国建筑工业出版社. 2010：3-6.
[2] 詹姆斯·科纳. 流动的土地[M]//查尔斯·瓦尔德海姆. 景观都市主义. 刘海龙，刘东云，孙璐，译. 北京：中国建筑工业出版社. 2010：9
[3] SERENYI P. Le Corbusier, Fourier, and the Monastery of Ema[J]. The Art Bulletin. 1967, 49(4): 277-286.
[4] LE CORBUSIER. Oeuvre complète: Vol. 1, 1910-1929 [M]. Paris: Editions d'Architecture, 1990.
[5] LE CORBUSIER. Oeuvre complète: Vol. 7, 1957-1965 [M]. Paris: Editions d'Architecture, 1990: 32-53.
[6] LE CORBUSIER. Oeuvre complète Vol. 8, 1965-1969 [M]. Paris: Editions d'Architecture, 1990: 132-141.

灰仓艺术空间

节选自《灰仓艺术空间——工业遗存的再生改造实践》
原文发表于《当代建筑》2021年第4期
作者：秦曙，朱承哲，章明

范曾艺术馆

原文发表于《城市・环境・设计》2015年第1期

青浦区体育文化活动中心

节选自《体用为常——化解"宏大"秩序的上海青浦区体育文化活动中心》
原文发表于《时代建筑》2020年第6期
作者：莫羚卉子，陈波

[1] 黎清德. 朱子语类[M]. 北京：中华书局，1986：101.
[2] 胡勇. 中国哲学体用思想研究[D]. 南京：南京大学，2013：379-380.
[3] 金银日. 城市居民休闲体育行为的空间需求与供给研究[D]. 上海：上海体育学院，2013.
[4] 蔡玉军，周鹏，张本家，等. 城市居民公共体育空间感知与体育活动行为的关系[J]. 成都体育学院学报. 2018，44（4）：48-53.
[5] 章明，高小宇. 建筑的日常性介入——以原作设计工作室的作品为例[J]. 新建筑. 2014（6）：20-25.
[6] 孙嘉龙，章明. 上海市青浦区体育文化活动中心[J]. 当代建筑. 2020（1）：72-81.
[7] 亨利・列斐伏尔. 日常生活批判：第2卷 日常生活社会学基础[M]. 叶齐茂，倪晓晖，译. 北京：社会科学文献出版社，2018.
[8] 章明，张姿. 事件之后2010年上海世博会的可持续发展思考[J]. 时代建筑，2011（1）：48-51.
[9] 刘秉果. 中国体育史 插图本[M]. 上海：上海古籍出版社，2003.
[10] 章明. 从书本位到人本位——纪念性的消解与日常性的介入[J]. 城市・环境・设计，2015（5）：174.
[11] 章明，孙嘉龙. 显性的日常——上海黄浦江水岸码头与都市滨水空间[J]. 时代建筑，2017（4）：44-47.
[12] 张宇轩，章明. 原得终始，作而新之——专访章明[J]. 建筑实践. 2020（1）：184-197.

第一百货商业中心六合路商业街

节选自《六合路半室外商业廊街——城市更新背景下，一次复合商业空间的营造探索》
原文发表于《设计新潮》2019年第2期
作者：肖镭，范鹏

南开大学新校区核心教学区

原文发表于《城市・环境・设计》2015年第1期

咸阳市民文化中心

原文发表于《城市·环境·设计》2015年第1期

[1] 戴圣．礼记[M]．南京：凤凰出版社．2011.
[2] （汉）刘安．淮南子：下册[M]．陈广忠，译注．北京：中华书局．2012：937.
[3] （春秋）孔子．论语[M]．金良年，注评．南京：凤凰出版社，2010：133.
[4] 岳华．民主的空间表述——当代行政建筑的空间等同性设计探讨[J]．华中建筑，2008（10）：77.
[5] 王僧达．祭颜光禄文[M]//萧统．昭明文选．北京：华夏出版社．2000：2343.

复旦大学相辉堂

节选自《“显相”与“隐相”——复旦大学相辉堂的修缮与扩建》
原文发表于《建筑遗产》2019年第4期
作者：张洁，章明，肖镭

[1] 芦原义信．街道的美学[M]．尹培桐，译．天津：百花文艺出版社．2006.
[2] S. E. 拉斯姆森．建筑体验[M]．刘亚芬，译．北京：知识产权出版社．2003.
[3] 章明，张姿，张洁，等．“丘陵城市”与其“回应性”体系——上海杨浦滨江“绿之丘”[J]．建筑学报，2020（1）：1-7.

解放日报社新址

节选自《向史而新 延安中路816号“严同春”宅（解放日报社）修缮及改造项目》
原文发表于《时代建筑》2016年第4期
作者：章明，高小宇，张姿

[1] 张姿．关系的散文[J]．城市·环境·设计，2015（1）：48.
[2] 褚瑞基．卡罗·史卡帕：空间中流动的诗性[M]．台北：田园城市文化事业有限公司，2014.
[3] 福柯．什么是作者？[M]//王潮．后现代主义的突破：外国后现代主义理论．兰州：敦煌文艺出版社，1996：270-291.

绿之丘

节选自《“丘陵城市”与其“回应性”体系——上海杨浦滨江“绿之丘”》
原文发表于《建筑学报》2020年第1期
作者：章明，张姿，张洁，秦曙

上海当代艺术博物馆

原文发表于《城市·环境·设计》2015年第1期

慧剑社区中心

节选自《焦虑的守望者——慧剑社区中心（原四川石油钻采设备厂影剧院）改造札记》
原文发表于《建筑学报》2018年第10期
作者：张姿，章明，章昊

原作设计工作室

原文发表于《城市·环境·设计》2015年第1期

杨浦滨江示范段

节选自《锚固与游离——上海杨浦滨江公共空间一期》
原文发表于《时代建筑》2017年第1期
作者：章明，张姿，秦曙

[1] 彼得·卒姆托. 思考建筑[M]. 张宇，译. 北京：中国建筑工业出版社，2010.
[2] 章明，高小宇，张姿. 向史而新延安中路816号"严同春"宅（解放日报社）修缮及改造项目[J]. 时代建筑. 2016（4）：97-105.
[3] 褚瑞基. 卡罗·史卡帕：空间中流动的诗性[M]. 台北：田园城市文化事业有限公司，2014.

INFORMATION OF SELECTED WORKS

项目信息

项目名称 M2 游船码头
项目地点 上海市浦东新区世博大道 970 号
建筑面积 7230 m^2
设计时间 2016.08 - 2017.08
建成时间 2018.12

设计团队 章明、张姿、孙嘉龙、李贸、陶妮娜、陈炜、刘垄鑫
获奖情况 2019 年亚洲建筑师协会建筑奖金奖
2020 年自然建造 Architecture China Award 评委会特别项目奖

项目名称 燕罗体育公园
项目地点 深圳市宝安区燕罗街道牛角路
建筑面积 46000 m^2
设计时间 2020.02 - 2020.05
建成时间 2020.12

设计团队 章明、张姿、秦曙、苏婷、李雪峰、李晶晶、武筠松、羊青园、田雅琴

项目名称 东风农场
项目地点 上海市崇明区东风公路东风老场部
建筑面积 14110 m^2
设计时间 2018.12 - 2020.07
建成时间 2021.04

设计团队 章明、张姿、范鹏、肖镭、费利菊、冯珊珊、黄晓倩、潘思、常哲晖、黄麟、杨瀚

项目名称 灰仓艺术空间
项目地点 上海市杨浦区杨树浦路 2800 号
建筑面积 3840 m^2
设计时间 2019
建成时间 2019

设计团队 章明、张姿、秦曙、李雪峰、武筠松、朱承哲（实习生）、张奕晨（实习生）、刘静怡（实习生）

项目名称 范曾艺术馆
项目地点 南通市南通大学校区内
建筑面积 7029 m^2
设计时间 2010.11 - 2013.01
建成时间 2014.09

设计团队 章明、张姿、李雪峰、孙嘉龙、张之光、苏婷
获奖情况 2011 年同济大学设计研究院（集团）有限公司建筑创作奖二等奖
2013 年第五届上海市建筑学会建筑创作奖优秀奖及佳作奖
2015 年度教育部优秀工程勘察设计优秀建筑工程设计类一等奖
2015 年全国优秀工程勘察设计行业奖公建一等奖
2016 年中国建筑学会建筑创作奖金奖
2017 年香港建筑师学会两岸四地建筑设计大奖金奖
2017 年第九届中国威海国际建筑设计大奖赛金奖
2009 - 2019 年中国建筑学会建筑创作大奖

项目名称 青浦区体育文化活动中心
项目地点 上海市青浦区
建筑面积 30880 m^2
设计时间 2014.05 - 2019.12
建成时间 2019.12

设计团队 章明、张姿、孙嘉龙、李雪峰、陈波、罗锐、刘垄鑫
获奖情况 2017 年度上海市建筑学会建筑创作奖优秀奖
2020 年同济大学建筑设计研究院（集团）有限公司建筑创作奖二等奖

项目名称 泵坑艺术空间
项目地点 上海市杨浦区杨树浦路 2800 号
建筑面积 370 m^2
设计时间 2015.05 - 2018.12
建成时间 2019.09

设计团队 章明、张姿、秦曙、李雪峰、李晶晶、武筠松、张奕晨（实习生）、余点（实习生）

项目名称 李庄文化抗战博物馆
项目地点 四川省宜宾市翠屏区李庄古镇
建筑面积 10082 m^2
设计时间 2019.08 - 2020.03
建成时间 2020.03

设计团队 章明、张姿、孙嘉龙、陈波、刘垄鑫、牟筱童

项目名称 第一百货商业中心六合路商业街
项目地点 上海市黄浦区南京东路 800 号
建筑面积 1000 m^2
设计时间 2016.09
建成时间 2018.09

设计团队 章明、张姿、肖镭、席伟东、范鹏、费利菊
获奖情况 2019 年香港建筑师学会两岸四地建筑设计大奖银奖
2019 年第八届建筑上海市建筑学会建筑创作奖优秀奖

项目名称 南开大学新校区核心教学区
项目地点 天津市海河教育园区南部
建筑面积 112030 m^2
设计时间 2011
建成时间 2015

设计团队 章明、张姿、肖镭、冯珊珊、丁阔、丁纯、黄晓倩、罗锐
获奖情况 2012 年同济大学建筑设计研究院（集团）有限公司建筑创作奖二等奖
2013 年第五届上海市建筑学会建筑创作奖佳作奖
2016 - 2017 年度国家优质工程奖
2017 年度上海市优秀工程设计一等奖
2019 年全国优秀工程勘察建筑设计行业优秀（公共）建筑设计二等奖

项目名称 咸阳市民文化中心
项目地点 咸阳市北塬新城起步区
建筑面积 155000 m^2
设计时间 2012.11 - 2016.10
建成时间 2017.03

设计团队 章明、张姿、丁阔、肖镭、李雪峰、丁纯、孙嘉龙、冯珊珊、王绪男、林佳一、章昊、王绪峰、黄晓倩、席伟东、王瑶、罗锐、秦曙
获奖情况 2013 年第五届上海市建筑学会建筑创作奖佳作奖
2013 年集团第九届建筑创作奖一等奖
2015 年第十一届同济大学建筑设计研究院（集团）有限公司建筑创作奖二等奖
2017 - 2018 年中国建筑设计奖（建筑创作）金奖
2019 年香港建筑师学会两岸四地建筑设计大奖卓越奖
2019 年度教育部优秀工程勘察设计优秀建筑工程设计一等奖
2019 年全国优秀工程勘察建筑设计行业优秀（公共）建筑设计一等奖

项目名称 复旦大学相辉堂
项目地点 上海市杨浦区邯郸路 220 号
建筑面积 5047 m^2
设计时间 2016 - 2017
建成时间 2017.08

设计团队 章明、张姿、肖镭、冯珊珊、费利菊、黄晓倩、濮圣睿、席伟东
获奖情况 2016 年第十二届同济大学建筑设计研究院（集团）有限公司建筑创作奖二等奖
2017 年度上海市建筑学会建筑创作奖佳作奖

项目名称 解放日报社新址
项目地点 上海市延安中路 816 号
建筑面积 5370 m^2
设计时间 2015
建成时间 2015.12

设计团队 章明、张姿、肖镭、冯珊珊、席伟东、王瑶、王维一、张之光
获奖情况 2016 年中国建筑学会建筑创作奖银奖
2017 年香港建筑师学会两岸四地建筑设计大奖银奖
2017 年教育部优秀工程勘察设计优秀建筑工程设计类一等奖
2017 年度上海市建筑学会建筑创作奖优秀奖

项目名称 绿之丘
项目地点 上海市杨浦区杨树浦路 1500 号
建筑面积 17500 m^2
设计时间 2019
建成时间 2019

设计团队 章明、张姿、秦曙、陶妮娜、陈波、罗锐、李雪峰、孙嘉龙、李晶晶、羊青园、余点（实习生）、张奕晨（实习生）、朱承哲（实习生）
获奖情况 2020 年度 WAF 世界建筑节评审团特别推荐项目奖

项目名称 左岸科技公园
项目地点 深圳市光明区公明北环大道与民生大道交界
建筑面积 7118 m^2
设计时间 2020.03 - 2020.04
建成时间 2020.09

设计团队 章明、张姿、秦曙、武筠松、李雪峰、李晶晶、羊青园、张奕晨（实习生）
获奖情况 2020 年同济大学建筑设计研究院（集团）有限公司建筑创作奖一等奖

项目名称 奉贤区市民活动中心
项目地点 上海市奉贤区南桥镇奉浦大道环城东路
建筑面积 93777 m^2
设计时间 2016.11 - 2018.08
建成时间 在建

设计团队 章明、张姿、丁阔、丁纯、林佳一、王绪男、刘炳瑞、张林琦、陈凯扬、郭璐炜、吴炎阳、章昊、鞠曦、王绪峰、王祥、岳阳、夏孔深、孙佩佩、吴屹豪（实习生）、朱达轩（实习生）

项目名称 上海当代艺术博物馆
项目地点 上海市黄浦区花园港路 200 号
建筑面积 41000 m^2
设计时间 2011
建成时间 2012.10

设计团队 章明、张姿、丁阔、丁纯、孙嘉龙、王志刚、章昊
获奖情况 2012 年优化生活贡献奖
2012 年同济大学建筑设计研究院（集团）有限公司建筑创作奖一等奖
2013 年第二届 UED 博物馆建筑设计奖杰出奖
2013 年第五届上海市建筑学会建筑创作奖优秀奖
2014 年入围第八届远东建筑奖
2014 年 WAACA 中国建筑奖 WA 城市贡献奖佳作奖
2015 年城建集团杯 . 第八届中国威海国际设计大奖特别奖
2019 年度上海市优秀工程勘察设计一等奖
2019 年全国优秀工程勘察建筑设计行业优秀（公共）建筑设计二等奖
2009 - 2019 中国建筑学会建筑创作大奖

项目名称 明华糖厂
项目地点 上海市杨浦区杨树浦路 1578 号
建筑面积 1400 m^2
设计时间 2018.02 - 2018.10
建成时间 2019.11

设计团队 章明、张姿、秦曙、李雪峰、羊青园、余点（实习生）、朱承哲（实习生）

项目名称 慧剑社区中心
项目地点 四川省什邡市回澜镇慧剑社区
建筑面积 4076 m^2
设计时间 2017.04 - 2017.07
建成时间 2018.12

设计团队 章明、张姿、丁阔、丁纯、章昊、王绪峰、林佳一、王绪男、张林琦、孙佩佩
获奖情况 2019 年第八届建筑上海市建筑学会建筑创作奖优秀奖
2021 年中国建筑设计奖公共建筑类二等奖

项目名称 原作设计工作室
项目地点 上海市杨浦区昆明路 640 号
建筑面积 1200 m^2
设计时间 2013.07
建成时间 2013.11

设计团队 章明、张姿、丁阔、肖镭、李雪峰、丁纯、冯珊珊、席伟东、王维一、孙嘉龙、吴雄峰
获奖情况 2014 中国建筑学会建筑创作奖建筑保护与再利用类银奖
2015 年香港建筑师学会两岸四地建筑设计大奖银奖
2015 年城建集团杯　第八届中国威海国际设计大奖金奖
2015 年亚洲建筑师协会建筑奖荣誉提名奖

项目名称 杨浦滨江示范段
项目地点 上海市杨浦区杨树浦路 1088 号
建筑面积 30000 m^2
设计时间 2015.05 - 2016.03
建成时间 2016.07

设计团队 章明、张姿、秦曙、王绪男、李雪峰、丁阔
获奖情况 2017 年度上海市建筑学会建筑创作奖优秀奖
2018 年亚洲建筑师协会建筑奖金奖
2018 年 WAACA 中国建筑奖 WA 城市贡献奖佳作奖
2017 - 2018 年中国建筑设计奖园林景观类一等奖
2019 年度 WAF 世界建筑节城市景观类别奖及年度景观大奖

ABOUT THE AUTHORS

作者简介

章明

同济大学教授，博士生导师，2011年至今先后任建筑系副主任和景观学系主任；同济大学建筑设计研究院（集团）有限公司原作设计工作室主持建筑师，国家一级注册建筑师，英国皇家建筑师协会RIBA特许会员。分别于1992年、1995年、2008年于同济大学获建筑学学士、建筑学硕士和工学博士学位，曾赴日本研修，法国留学。

兼任住房和城乡建设部科学技术委员会建筑设计专业委员会委员，中国建筑学会竞赛工作委员会、科普工作委员会委员，中国建筑学会建筑改造和城市更新专业委员会副主任，中国建筑学会小城镇建筑分会副会长，上海市历史风貌区和优秀历史建筑保护专家委员会委员，上海市建筑学会建筑创作学术部主任、建筑设计专业委员会副主任、注册建筑师分会副会长，“高密度人居环境生态与节能教育部重点实验室”成员。

张姿

同济大学建筑设计研究院（集团）有限公司原作设计工作室设计总监，国家一级注册建筑师，英国皇家建筑师协会RIBA特许会员。分别于1991年、1995年于同济大学获工学（城市规划）学士、建筑学硕士学位，曾赴意大利帕维亚大学研修。兼任上海市建筑学会建筑创作学术部委员。连续三年荣获AD100“中国最具影响力建筑设计精英”。

章明和张姿将设计视为建筑与建筑、建筑与环境、建筑与人之间相互关系的感知与应答方式，其作品获得包括亚洲建筑师协会建筑奖金奖、全国优秀工程勘察设计行业奖一等奖、中国建筑学会建筑创作金奖、中国建筑设计奖金奖、WAF世界建筑节年度大奖、香港建筑师学会两岸四地建筑设计大奖金奖、中国威海国际建筑设计大奖赛金奖、教育部优秀工程勘察设计奖一等奖等诸多国内外建筑奖项。

作品多次赴境外展出，曾参与法国里昂中国建成遗产展、意大利米兰三年展、德国柏林Aedes展、美国哈佛设计学院展、釜山国际建筑文化季、韩国首尔世界建筑大会等；作品曾刊载于《Architectural Review》、《Casabella》、《Architecture China》、《建筑学报》、《时代建筑》、《世界建筑》、《城市·环境·设计》、《建筑技艺》、《当代建筑》、Archidaily网站、谷德设计网等重要建筑媒体。

图书在版编目（CIP）数据

关系的建筑学：原作2010－2021创作实践 / 章明，张姿著. —北京：中国建筑工业出版社，2021.8
ISBN 978-7-112-26369-1

Ⅰ. ①关… Ⅱ. ①章… ②张… Ⅲ. ①建筑学－文集 Ⅳ. ①TU-53

中国版本图书馆CIP数据核字（2021）第140879号

统筹策划：莫羚卉子　鞠　曦
平面设计：莫羚卉子　李妍慧　鞠　曦
英文校对：莫羚卉子
图纸绘制：余　点　张奕晨　范　鹏　吴炎阳　刘垄鑫　刘静怡　莫羚卉子　等
项目摄影：章鱼见筑（原状照片及图下特殊标注照片除外）
责任编辑：刘　静　陆新之
责任校对：王　烨

关系的建筑学
原作2010—2021创作实践
章明　张姿　著
*
中国建筑工业出版社出版、发行（北京海淀三里河路9号）
各地新华书店、建筑书店经销
北京锋尚制版有限公司制版
北京雅昌艺术印刷有限公司印刷
*
开本：880毫米×1230毫米　1/16　印张：37¼　字数：1232千字
2022年2月第一版　2022年2月第一次印刷
定价：**398.00**元
ISBN 978-7-112-26369-1
（37946）